從一到無限大

科學中的事實與臆測

ONE

TWO

THREE

INFINITY

Facts and Speculations of Science, Revised Edition

喬治・加莫夫 ——著　　GEORGE GAMOW　　　　　譯——暴永寧

本繁體字中文譯稿由中國科技出版傳媒股份有限公司（科學出版社）授權使用

自由學習 27

從一到無限大：科學中的事實與臆測

作　　　者	喬治‧加莫夫（George Gamow）
譯　　　者	暴永寧
審　校　者	吳伯澤
責 任 編 輯	林博華
行 銷 業 務	劉順眾、顏宏紋、李君宜

總　編　輯	林博華
發　行　人	涂玉雲
出　　　版	經濟新潮社
	104台北市中山區民生東路二段141號5樓
	電話：（02）2500-7696　傳真：（02）2500-1955
	經濟新潮社部落格：http://ecocite.pixnet.net
發　　　行	英屬蓋曼群島商家庭傳媒股份有限公司城邦分公司
	104台北市中山區民生東路二段141號11樓
	客服務專線：02-25007718；25007719
	24小時傳真專線：02-25001990；25001991
	服務時間：週一至週五上午09:30~12:00；下午13:30~17:00
	劃撥帳號：19863813　戶名：書虫股份有限公司
	讀者服務信箱：service@readingclub.com.tw
香港發行所	城邦（香港）出版集團有限公司
	香港灣仔駱克道193號東超商業中心1樓
	電話：852-25086231　傳真：852-25789337
	E-mail: hkcite@biznetvigator.com
馬新發行所	城邦（馬新）出版集團Cite（M）Sdn. Bhd.（458372 U）
	41, Jalan Radin Anum, Bandar Baru Sri Petaling,
	57000 Kuala Lumpur, Malaysia.
	電話：（603）90578822　傳真：（603）90576622
	E-mail: cite@cite.com.my
印　　　刷	漾格科技股份有限公司
初 版 一 刷	2020年4月16日

城邦讀書花園
www.cite.com.tw

ISBN：978-986-98680-4-4

定價：480元

科普界的奇人奇書
——加莫夫的《從一到無限大》

高崇文

　　《從一到無限大：科學中的事實與臆測》這本書可以說是一本奇人寫的奇書。很高興看到這本書終於與廣大的中文讀者見面。說這本書的作者喬治·加莫夫（George Gamow, 1904~1968）是奇人絕非言過其實。他不僅在許多物理領域有卓越的原創貢獻，甚至連遺傳學也頗有研究，更特別的是他那沒有邊界的好奇心，搭配上獨特的幽默感，再加上行雲流水的說故事能力，讓他成為非常成功的科普作家。說到底，到底是從什麼樣的背景冒出這樣一個奇人的呢？

　　加莫夫於 1904 年生於烏克蘭的奧德薩，原本他的博士論文的指導教授是最早提出膨脹宇宙模型的宇宙學家亞力山大·弗里德曼（Alexander Friedmann），但是很不幸的，弗里德曼在加莫夫畢業前就過世了，所以他只好換老闆，但還是在 1928 年獲得博士學位。1928 年到 1931 年間曾先後在德國哥廷根大學、丹麥哥本哈根大學尼爾斯·波耳研究所和英國劍橋大學卡文迪許實驗室從事研究工作。在哥廷根大學期間，加莫夫拿量子理論中的穿隧效應（tunnelling effect）來解釋 α 粒子如何穿透庫侖位能障壁而造成核衰變。1931 年，加莫夫回到蘇聯，但是在史達林的鐵腕統治下，加莫夫感到自己富於想像力的天性受到壓制，所以他在 1933 年趁出席在比利時布魯塞爾召開的第七次索爾維會議時，離開了蘇聯。1934 年移居美國，在

密西根大學擔任講師，同年秋天被喬治華盛頓大學聘為教授。這段期間，加莫夫取得了一系列重要的研究成果，其中最著名的首推熱大爆炸宇宙學模型。現代宇宙大爆炸理論是在 1932 年由比利時牧師勒梅特首次提出的。1940 年代，加莫夫提出了熱大爆炸宇宙學模型，他主張宇宙最初開始於高溫高密的原始物質，溫度超過幾十億度。隨著宇宙膨脹，溫度逐漸下降，形成了現在的星系等天體。他們還預言了宇宙微波背景輻射的存在，後來在 1964 年被美國無線電工程師阿諾・彭齊亞斯和羅伯特・威爾遜在偶然中證實了他們的預言！

在他的學生阿爾菲（Ralph Alpher）1948 年提交了有關大爆炸後元素合成的理論的博士論文時，加莫夫說服了漢斯・貝特（Hans Bethe）把他的名字署在了論文上，又把自己的名字署在最後，這樣，三個人名字的諧音恰好組成前三個希臘字母 α、β、γ。於是這份標誌宇宙大爆炸模型的論文以阿爾菲、貝特、加莫夫三人的名義，特地選在 1948 年 4 月 1 日愚人節那天發表，稱為 $\alpha\beta\gamma$ 論文，這種令人哭笑不得的惡作劇正是加莫夫的招牌特色。接下來加莫夫卻把注意力轉到了遺傳學上。1954 年起，加莫夫擔任加州大學柏克萊分校客座教授，1956 年起任科羅拉多大學教授。這期間，加莫夫提出了 DNA 分子的「遺傳密碼」。加莫夫隨後在加大柏克萊分校與華生（James Watson）共同組織了一個非正式的研究小組，稱為 RNA 領帶俱樂部（RNA Tie Club），針對 RNA 遺傳密碼進行研究。他於 1968 年在科羅拉多州過世。

介紹完加莫夫這個奇人，接下來就要來聊聊他的這本奇書：《從一到無限大》，1947 年首次出版，1961 年又修訂了一次。這本書是寫給中學生看的，所以加莫夫極力避免高深的數學，而是利用生動的比喻和插圖來表達各種相當抽象的觀念，這本書的插圖還是加莫

夫親手畫的呢。

　　加莫夫從整數開始，然後擴展到有理數、實數，簡單地介紹與質數相關的一些數論之後帶出了康托（Georg Cantor）關於無窮大的理論，接著他介紹了虛數與複數。討論完空間的拓樸性質後他話鋒一轉，講起了四維的閔考夫斯基空間，並且將相對論的來龍去脈一氣呵成地講了一遍。連錯綜複雜的「以太之謎」都講得井井有條。到了第六章，加莫夫卻從古希臘的原子論一路講到拉塞福的原子模型、波耳的原子模型與量子理論的發展。順著這個思路，加莫夫接著講起了核分裂、連鎖反應和核融合。妙的是到了第八章，加莫夫又跳到物理中最難解釋的熵的概念以及熱力學第二定律。這是為了後頭要討論生命的源起作準備。最後加莫夫帶領讀者鳥瞰整個世界，首先從空間著手，從地球講到太陽系、銀河系，再到整個宇宙，再來是做一趟時間之旅，帶領讀者一路從恆星的演化、星系的形成，一直看到宇宙的歷史！

　　雖然乍看之下，整本書似乎漫無章法，作者隨心所欲地跳來跳去，仔細一看卻會發現其實裏面暗含玄機，像是最前面關於數的討論，帶出了虛數，到了討論相對論的地方才發現它的用處，這個梗埋得可真深！而第八章討論的熵則是針對接下來生物的演化，還有星球、星系，乃至於宇宙的演化。因為演化是從無序趨向於有序，但是熱力學第二定律卻告訴我們描述無序的熵應該是要變大的！這背後頗值得讀者推敲。加莫夫不只是一流的說故事高手，在故事背後隱含的還是一個充滿洞察力的高超心智。特別是加莫夫本身是核融合、天體物理和宇宙論的專家，講起相關主題，自然是信手捻來，如數家珍，讀起來真是令人愛不釋手呢。當然，他那招牌的幽默敘事風格更是一絕，原來，科學可以是這麼有趣！

　　最後一個小提醒，在台灣，中微子通常譯為微中子，因為 neutrino 的意思是 little neutron，也就是小的中子。翻成微中子更為傳神。而衍射在台灣一般譯為繞射，這個詞 diffraction 源於拉丁語詞彙 diffringere，意為「成為碎片」，即波原來的傳播方向被「打碎」、彎散至不同的方向。翻成繞射似乎較為接近原意。還有，由於這本書在上世紀的六〇年代修訂，有些內容需要被更新，譯者在這方面花了不少心思在註解上，令人感佩。期待這本充滿趣味的書能引領更多人走進物理的殿堂，驚嘆造物之奇。

（本文作者為中原大學物理學系教授、《物理雙月刊》專欄〈阿文開講〉作者）

科學頑童的物理世界漫遊記

黃貞祥

　　科學，尤其是理論物理學，有大量抽象的概念，並不是一門易懂的學科。然而，就因為其艱澀，就懷疑諸如宇宙論、相對論、量子力學等等對社會大眾的魅力，卻又實在太小看生而為人，對宇宙萬物之源尋求一個合理解釋和想像的強烈需求了，畢竟《時間簡史》（*A Brief History of Time: from the Big Bang to Black Holes*）也是出版史上的奇蹟，而且有紮實科學理論基礎的《星際效應》（*Interstellar*）也叫好又叫座。

　　人生而好奇，滿足好奇心的需求，重要性並不比吃喝拉撒低，否則為何每個文明都要編故事來解釋自然現象呢？然而，只有古希臘誕生了科學思維，我想這並非是因為古希臘人特別好奇，而是因為他們勇於發掘和承認未知，而非一味用超自然來解釋，因為當任何現象都能用神明的喜怒哀樂來解釋時，那麼能解釋所有事物的理論，就什麼都解釋不了。

　　還好我們有了科學。當我們用科學方法來探索這個新奇的世界後，科學的知識就高效爆炸式地增長了，就要不斷地分門別類，專業分工愈來愈細緻，以致於在同一個系所，教授們不清楚隔壁同事的研究內容，似乎是常態了；另外，當我們更加深入地了解諸多宏觀或微觀的自然現象，常常發現背後的原理比想像中複雜許多，有不少甚至強烈違反直覺和常識，讓科學知識離人們的日常生活似乎

愈加遙不可及，科學家的圈子彷彿只是充斥拗口的術語和高不可攀的觀念。

　　然而，不管乍看之下有多高深莫測的科學理論，都是要用來解釋一個現實的現象或問題，只是有沒有高手能夠把科學理論轉化成大眾都多少能略懂一二的通俗白話文。雖然做起來可能吃力不討好，但是仍有熱愛科學的大師迫不及待地想要和鄉民們分享科學發現的喜悅，因此樂意寫些科普書，而這本《從一到無限大：科學中的事實與臆測》（*One Two Three... Infinity: Facts and Speculations of Science*）是理論物理大師喬治‧加莫夫（George Gamow, 1904-1968）的經典之作！

　　《從一到無限大》的第一版出版於 1947 年，然後在 1961 年再版，迄今已超過了半個世紀，裡頭有些當時還待解決的數學或物理難題，有了很大的進展，但是書中呈現出來科學大師深思而建構的數理世界大體上仍不變，加上其趣味性歷久彌新，依然雋永！他最著名的作品《物理世界奇遇記》（The New World of Mr Tompkins）還讓他榮獲 1956 年聯合國教科文組織（UNESCO）的卡林加科普獎（Kalinga Prize for the Popularization of Science）。

　　加莫夫主要從事宇宙學和天體物理學研究，發展了大爆炸宇宙模型。他在理論物理學上的貢獻卓越，但他仍滿腔熱血地投入分子生物學的研究，他和 DNA 雙股螺旋的發現者華生（James D. Watson, 1928-）及克里克（Francis H. C. Crick, 1916-2004）是好友。加莫夫在和他們的通信中，先提出了 DNA 的四種核苷酸為二十種胺基酸進行編碼的想法，建立了一個數學模型。他是首位以密碼學角度來思考 DNA 資訊的學者。

　　加莫夫和華生隨後在加州大學柏克萊分校組織了一個非正式的研究小組，稱為「RNA 領帶俱樂部」（RNA Tie Club），針對 RNA

遺傳密碼進行研究，每個小組成員都用了一個胺基酸作為代號，加莫夫的是丙胺酸（ALA）。加莫夫根據胺基酸出現在蛋白質中的頻率進行分類，提出三個核苷酸一組為二十個胺基酸編碼的概念，形成遺傳密碼學說。他也提出了理論說明三個核苷酸如何巧妙地編碼出二十種胺基酸，在他的模型中，遺傳密碼是重疊的，每個遺傳密碼是移動了一個核苷酸，剛好可以完美地解釋為何胺基酸有二十種。他的理論雖然後來被證實是錯誤的，但仍被許多遺傳學家譽為史上最漂亮的錯誤理論！

　　就因為加莫夫是這麼一位跨領域、多才多藝的科學大師，這本《從一到無限大》能讓我們在他的科學世界中遨遊，為此他也手繪了不少插圖。許多科學大師在撰寫科普書時，就先避開數學，彷彿沒了方程式，就能更親近大眾。然而加莫夫卻毫不避諱地在前兩章就拿數學來大作文章，充分展現藝高人膽大的氣魄，連我這個有數學恐懼症的人都覺得是全書最生動有趣的兩章！接著，他對物理世界的談論，都像是要帶我們去遊樂場大玩特玩一樣！

　　近代物理顛覆了過去絕對時空的認知，讓人類的時空觀從此產生了不可逆的轉變，而量子力學又呈現出微觀世界各種不可思議的性質，對熟悉這些理論的加莫夫來說，他信手拈來地用上許多生活中熟悉的元素把它們描述得非常生動活潑，也影響了不少頂尖學者投身科普工作，包括近年出版的不少科普好書之作者，例如《詩性的宇宙：一位物理學家尋找生命起源、宇宙與意義的旅程》（*The Big Picture: On the Origins of Life, Meaning, and the Universe Itself*）的作者蕭恩・卡羅爾（Sean M. Carroll）、《宇宙必修課：給大忙人的天文物理學入門攻略》（*Astrophysics for People in a Hurry*）的作者泰森（Neil deGrasse Tyson），以及《人性中的良善天使：暴力如何從我們的世

界中逐漸消失》（*The Better Angels of Our Nature: Why Violence Has Declined*）和《再啟蒙的年代：為理性、科學、人文主義和進步辯護》（*Enlightenment Now: The Case for Reason, Science, Humanism, and Progress*）的作者史蒂芬·平克（Steven Pinker），這就是為何這本書歷經半世紀仍值得一讀！

物理學世界的科學頑童並不是只有費曼（Richard P. Feynman, 1918-1988），如果你想見識一下另一位科學頑童是如何理解和描繪這個多姿多彩的數理世界，這本書肯定會給你帶來許多樂趣！

（本文作者為清華大學生命科學系助理教授）

〔推薦序〕

喚起好奇，就能啟動思考

蔡志浩

　　我念高中時因為數學、物理和化學不及格而無法畢業。剛開始讀《從一到無限大：科學中的事實與臆測》很惶恐，因為想起當年的畏懼。後來很快轉為驚喜，因為這本書讓我重新對這些領域感到興趣。

　　我在升學主義仍盛、大學聯考錄取率僅三成的 1985 到 1988 年念高中。當年老師授課非常考試導向，每堂課都是大量的事實填鴨以及解題練習。沒有老師覺得需要喚起學生的興趣。我學得特別辛苦，總是落在全班最後。

　　高中畢不了業，我只能拿肄業證書以同等學力考大學。還真的考上了。後來念了碩士，出國念了博士。我的專長，包括認知科學、認知心理學與語言心理學，或許與本書的領域有點距離，但依然屬於基礎研究。

　　2001 年回國任教，新的挑戰開始了。學生對知覺與認知等基本心理歷程的刻板印象總是「太抽象，難理解，不實用」。就像我的中學時期，只是師生角色對換。但我不想讓他們經歷一樣的痛苦。

　　我跟學生說，愈基礎的學科和生活愈有關聯。你每分每秒經歷的現象都一定和課堂上講的知識有關，只是自己沒有意識到。說是這麼說啦，那我要怎麼讓他們意識到呢？

　　現象，特別是學生有機會親身觀察與體驗的那些，永遠是故事的起點。我會試著讓他們注意到這些現象並感到好奇。然後告訴他

們科學家們對「為什麼」的臆測，如何檢驗各種假設，以及到目前為止最接近事實的發現是什麼。

我的目的很清楚：喚起學生的好奇心，讓他們有動機主動探索這個領域，包括但不限於認真讀教科書。我不會鉅細靡遺地逐章逐節講解，因為那不會讓我有時間從現象展開故事。

事實上，當你能喚起好奇心，你也不需要講太多。學生自己會去閱讀、思考、舉一反三，並且來找你討論。我自己當學生的時候最能啟發我的老師也是如此。上課時就講幾個故事，但課後我們會非常熱切地想把那章書念完。

說到底，科學的本質正是如此。從現象、解釋、預測到控制，從經驗到抽象，一層一層上來。當然每個學科都有其嚴謹的研究方法。但一開始你總是得先注意現象、感到好奇並大膽臆測，之後才用得上那些方法。

讓事情變得有意義（making sense of things）一直是我認為跨領域溝通、或是任何日常溝通中最關鍵也最困難的事。意義是在溝通對象的心中形成的。你得讀他們的心，講他們的語言。

這本經典科普書正是如此。用最貼近讀者生活經驗的方式串連並講解（本書出版時）幾個基礎領域的最新知識，以及更根本的：知識形成的過程。

知識怎麼來的呢？重要的發現往往來自一開始的大膽臆測（speculations）。你得先想到些什麼，才提得出假設，也才有後續的實驗驗證。而臆測的能力其實是需要訓練的。

數學定理可以證明。但是科學理論永遠不能被證明為真，只能被否證（也就是說，證明為偽）。當大家用各種方式都無法推翻一個理論時，它就最可能接近事實。當然日後仍可能被推翻。科學知

識就是這樣逐漸更新與累積的。

　　不只基礎研究需要大膽臆測的能力，實務工作與生活中其實更需要。我們每天面對各種紛紛擾擾的現象，不也一樣要試著回歸現象，理出頭緒？而且也需要像科學家一樣，大膽臆測，並想個聰明的辦法驗證。

　　用白話來說好了。你要敢對某個現象大膽講出自己的猜想，講完不僅要盡全力試著打自己的臉，還要歡迎別人來試著打臉。但愛面子、怕講錯、怕犯錯、怕別人笑的文化讓我們很不擅長臆測。

　　提出假設之後就得驗證。未受過嚴謹科學訓練的人沒有否證的概念，總是傾向尋找支持自己假設的證據，而不是試著思考還有沒有別的可能。到最後很多人只相信自己想相信的事，實際上卻沒有足夠的證據支持。

　　臆測能力之所以需要訓練，還有一個原因。面對同樣的現象（證據），一般人傾向思考最複雜的假設。但受過良好訓練的科學家懂得奧卡姆剃刀（Occam's razor）原則，思考符合證據的最簡單假設，不去過度推論。

　　各個領域的專家經常有很強的直覺或洞察力。這樣的能力的本質基本上就是以敏銳的觀察力為基礎，敢大膽臆測，但也不過度推論；懂得驗證自己的想法，尤其是要懂得推翻自己。而這是需要長期修練的。

　　近年國內各個領域的科普出版品相當豐富，但整體來說仍以科學知識的彙整與傳播為主，談科學推理能力者較少。讀者的心態多半也只是從權威來源獲取零碎科學知識，而不是訓練自己的科學推理能力。

　　加莫夫的《從一到無限大：科學中的事實與臆測》這本書相當

難得地聚焦在我一直覺得科普出版最需要補強的面向。更難得的是原著約七十四年前（第二版則是六十年前）就出版了，但讀來依舊新鮮。不論你原本對數學、物理與化學等基礎科學有沒有興趣，這本書都會重新喚起你的好奇，啟動你的思考。

（本文作者為認知科學家，美國伊利諾大學香檳分校博士。曾任教高雄醫學大學，離開學界後致力於結合基礎知識與真實需求驅動企業創新。現任台灣應用心理學會常務監事，台灣使用者經驗設計協會監事，悠識數位創新策略總監。）

送給我的兒子伊戈（Igor），
這個想要去當牛仔的小子

目錄

初版前言

「是時候了，」海象說，「我們好好聊聊吧。」
——路易斯・卡羅（Lewis Carroll），《鏡中奇緣》（*Through the Looking-Glass*）

  原子、恆星和星雲是怎樣構成的？熵和基因又是什麼東西？究竟能不能使空間彎曲？為什麼火箭在飛行時會縮短？……事實上，我們將要在這本書裏，循序漸進地討論這些問題，以及其他許多同樣有趣的事物。

  我寫這本書的出發點，是想盡量蒐集現代科學中最有趣的一些事實和理論，依當今科學家眼中所見，從微觀和宏觀的角度，為讀者提供一幅宇宙的總體圖像。在執行這個偉大計畫時，我完全不想從頭到尾、仔仔細細地討論各種問題，因為我知道，任何想這麼做的意圖都必定會把這本書寫成一大套的百科全書。與此同時，我選來進行討論的各種課題卻簡單扼要地涵蓋了基本科學知識的所有領域，不留下什麼死角。

  由於書中的課題是根據其重要性和趣味性，而不是根據其簡單性而選出來的，在介紹它們時就難免出現某些參差不齊的情況。因此，書中有些章節簡單得連小孩也能讀懂，而另一些章節卻需要多費點心、集中精力去閱讀才能完全理解。不過我希望，即使是還沒有跨進科學大門的讀者，在閱讀本書時也不會碰到太大的困難。

　　大家將會注意到，本書最後討論「宏觀宇宙」那部分要比介紹「微觀宇宙」的篇幅短得多。這主要是因為，和宏觀宇宙有關的許許多多問題，我已經在《太陽的生與死》（*The Birth and Death of the Sun*）和《地球自傳》（*Biography of the Earth*）❶ 這兩本書中仔細討論過了，如果在這裏進一步詳細討論，就會因重複太多而讓讀者感到厭煩。因此在這部分，或只限於一般地提一提行星、恆星和星雲世界裏的各種物理事實和事件，以及控制它們的物理規律，只有對於最近幾年的一些新的科學進展，才進行比較詳細的討論。依照這個原則，我特別注意下面兩個方面的新進展：第一個是新近提出的，認為巨大的恆星爆發（即所謂「超新星」）是由物理學中已知的最小粒子（即所謂「微中子」）所引起的；第二個是新的行星系形成理論，這個理論摒棄了過去被普遍接受的、認為各個行星的誕生是太陽與某個別的恆星碰撞的結果的觀點，從而重新確立了康德和拉普拉斯幾乎被人遺忘的舊觀點。

　　我得感謝許多運用拓樸學變形法作畫的畫家和插圖家，他們的作品給了我很大的啟發，並成為本書許多插圖❷ 的基礎（見第三章第二節）。我還想提一提我的青年朋友瑪麗娜・馮・諾伊曼（Marina von Neumann），她曾大言不慚地說，在所有的問題上，她都比她那出名的父親❸ 懂得更透徹，只有數學例外；她說，在數學方面，她只能跟她父親打個平手。她讀了本書某些章節的手稿之後對我說，裏面有許多東西是她無法理解的。這本書我原來是打算寫給我那剛滿 12 歲、

❶ 這兩本書是由紐約的Viking Press分別於1940年和1941年出版。
❷ 本書的全部插圖都是作者自己所畫的。——編者
❸ 這裏指的是約翰・馮・諾伊曼（John von Neumann, 1903-1957），美國數學家，現代電腦與賽局理論的重要奠基者。——編者

一心想當個牛仔的兒子伊戈（Igor）和他的同齡人看的，可是聽了瑪麗娜的話之後，我考慮再三，終於決定不再以孩子們為對象，而寫成現在這個樣子。因此，我要特別對她表示感謝。

G・加莫夫

1946 年 12 月 1 日

1961 年版前言

　　所有的科學著作都很容易在出版幾年之後就變得過時，尤其是那些屬於正在迅速發展的分支學科的作品更是如此。從這一點來說，我這本在 13 年前出版的《從一到無限大》倒是挺幸運的。它是在科學剛剛取得了許多重大進展之後寫成的，並且已經把這些進展都寫了進去，所以只需對它進行相對來說不算太多的修改和補充，就可以趕上時代的潮流了。

　　這些年來的一個重大進展，就是已經成功地以氫彈的形式利用熱核反應（thermonuclear reaction）釋放出大量的原子核能，並且慢慢朝著透過受控的熱核過程和平地利用核能的目標，穩定地進展。由於熱核反應的原理及其在天文物理學中的應用已經在本書第一版的第十一章裏討論過了，所以關於人們朝著同一個目標前進的過程，只要簡單地在第七章的末尾補充一些新資料，就可以照顧到了。

　　另外一些變動是利用加州帕洛馬山上那台新的 200 英寸❶海爾望遠鏡（Hale telescope）進行探測的結果，已經把宇宙的既定年齡從

---

❶ 本書中經常使用英制長度單位，如英里、英尺、英寸等，它們與公制的換算關係如下：

$$1英里＝1.609公里，$$
$$1英尺＝30.48公分，$$
$$1英寸＝2.54公分。$$

另外，英制單位的進位也比較複雜（如1英尺＝12英寸），也必須加以注意。——譯者

二三十億年增加到五十億年以上❷，並且修正了天文距離的尺度。

　　生物化學新近的進展，讓我必須重新繪製圖 101 和修改相關的文字，並且在第九章末尾補充一些關於合成簡單的生命有機體的新資料。在第一版（原文第 266 頁）裏我曾經寫道：「是的，在活的物質與非活的物質之間肯定存在過渡的一步。要是有一天──也許就在不久的將來，有一位天才的生物化學家能夠用普通的化學元素合成一個病毒分子，他就有權向全世界宣布說：『我剛剛已經給一塊死的物質注入了生命的氣息！』」事實上，幾年前在加州就做到了這一點（或者應該說差不多做到了），讀者可以在第九章末尾找到這項工作的簡短介紹。

　　還有另外一項變動：我在本書第一版提到我的兒子伊戈一心想當個牛仔，於是有許多讀者便寫信來問我，想知道他是不是真的成了牛仔。我的回答是：不！他現在正在大學裏攻讀生物學，明年夏天畢業，並且計畫以後從事遺傳學方面的工作。

G・加莫夫

1960 年 11 月於科羅拉多大學

---

❷ 最新的研究表明，宇宙的年齡應該是在130億年至140億年之間。──編者

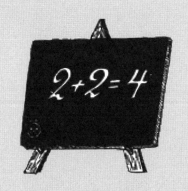

第一部
做做數字遊戲

1
大數

一、你能數到多少？

有這麼一個故事，說的是兩個匈牙利貴族決定玩一個數數遊戲——誰說出的數字最大誰贏。

「好，」一個貴族說：「你先說吧！」

另一個絞盡腦汁想了好幾分鐘，最後說出了他所想到的最大數字：「3」。

現在輪到第一個傷腦筋了。苦思冥想了一刻鐘以後，他表示棄權說：「你贏了！」

這兩個貴族的智力當然是不太發達的。再說，這很可能只是一個挖苦人的故事而已。然而，如果上述對話是發生在原始部族中，這個故事大概就完全可信了。有不少非洲探險家證實，在某些原始部族裏，不存在比 3 大的數詞。如果問他們當中的一個人有幾個兒子，或殺死過多少敵人，那麼，要是這個數字大於 3，他就會回答說：「很多個。」因此，就計數這項技術來說，這些部族的勇士們可要敗在我們幼稚園裏的娃娃們的手下了，因為這些娃娃們竟有一直數到 10 的本事呢！

現在，我們都習慣地認為，我們想把某個數字寫成多大，就能寫得多大——戰爭經費以美分為單位來表示啦，天體間的距離用英

寸來表示啦，等等——只要在某個數字的後面接上一串 0 就是了。你可以一直這樣寫下去，直到手腕發酸為止。這樣，儘管目前已知的宇宙❶中所有原子的數目已經很大，等於 300,000,000,000,000,000,000,000,000,000,000,000,000,000,000,000,000,000,000,000,000,000,000,000,000,000,000,000，但是，你還可以寫出比這更大的數目來。

上面這個數可以改寫得短一些，即寫成

$$3 \times 10^{74}$$

在這裏，10 的右上角的小數字 74 表示應該寫出多少個 0。換句話說，這個數字意味著 3 要用 10 乘上 74 次。

但是在古代，人們並不知道這種簡單的「算術表示法」。這種方法是距今不到兩千年的某個佚名的印度數學家發明的。在這個偉大發明——這確實是一項偉大的發明，儘管我們一般意識不到這一點——出現之前，人們對每個數位上的數字，是用專門的符號反覆書寫一定次數來表示的。例如，8732 這個數在古埃及人寫來是這樣的：

𐦂𐦂𐦂𐦂𐦂𐦂𐦂 ℭℭℭℭℭℭℭ ∩∩∩∩∩∩

而在凱撒（Julius Caesar）的辦公室裏，他的辦事員會把這個數字寫成

MMMMMMMMDCCXXXII

這後一種標記法你一定比較熟悉，因為這種羅馬數字直到現在都還用得上——表示書籍的卷數或章數啦，各種表格的欄次啦，等等。不過，古代的計數很難得超過幾千，因此，也就沒有發明比一千更高的數位表示符號。一個古羅馬人，無論他在數學上是如何訓練有素，

---

❶ 這是指目前用最大的望遠鏡所能探測到的那部分宇宙。

如果要他寫出「一百萬」，他也一定會不知所措。他所能用的最好的辦法，只不過是接連不斷地寫上一千個 M，這可要花費幾個鐘頭的辛苦勞動啊（圖1）。

在古代人的心目中，那些很大的數目字，如天上星星的顆數、大海裏魚的條數、沙灘上沙子的粒數等，都是「不計其數」，就像「5」這個數字對原始部族來說也是「不計其數」，只能說成「很多」一樣。

圖1　凱撒時代的一個古羅馬人試圖用羅馬數字來寫「一百萬」，牆上掛的那塊板恐怕連「十萬」也寫不下

阿基米德（Archimedes），西元前3世紀大名鼎鼎的大科學家，曾經啟動他那傑出的大腦，想出了書寫巨大數字的方法。在他的論文《計沙法》（*The Psammites*）中這樣寫著：

有人認為，無論是在敘拉古（Syracuse）❷，還是在整個西西里島，或者在世界上所有有人煙和無人跡之處，沙子的數目

---
❷ 敘拉古是古代的城邦國家，位於義大利西西里島東南部。——譯者

是無限大的。也有人認為，這個數目不是無限大，然而想要表達出比地球上沙粒數目還要大的數是做不到的。很明顯，持有這種觀點的人會更加肯定地說，如果把地球想像成一個大沙堆，並在所有的海洋和洞穴裏裝滿沙子，一直裝到與最高的山峰相平，那麼，這樣堆起來的沙子的總數是無法表示出來的。但是，我要告訴大家，用我的方法，不但能表示出占地球那麼大地方的沙子的數目，甚至還能表示出占據整個宇宙空間的沙子的總數。

阿基米德在這篇知名論文中所提出的方法，與現代科學中表達大數目的方法很相似。他從當時古希臘算術中最大的數「萬」開始，然後引入一個新數「萬萬」（億）作為第二階單位，然後是「億億」（第三階單位）、「億億億」（第四階單位），等等。

寫個大數字，看來似乎不足掛齒，沒有必要專門用幾頁的篇幅來談論。但在阿基米德那個時代，能夠找到寫出大數字的方法，確實是一項偉大的發現，使數學向前邁進了一大步。

為了計算填滿整個宇宙空間所需的沙子總數，阿基米德首先得知道宇宙的大小。按照當時的天文學觀點，宇宙是一個嵌有星星的水晶球。阿基米德的同時代人，著名的天文學家，薩摩斯（Samos）❸的阿里斯塔克斯（Aristarchus）❹求出從地球到天球面的距離為 10,000,000,000 斯塔德❺，即大約 1,000,000,000 英里。

阿基米德把天球和沙粒的大小相比，進行了一連串足以把小學生嚇出夢魘症來的運算，最後他得出結論說：

---

❸ 薩摩斯是希臘的一個島。——譯者
❹ 阿里斯塔克斯是西元前3世紀的古希臘天文學家。——譯者
❺ 斯塔德（stadium，複數為stadia）是古希臘的長度單位。1斯塔德為606英尺6英寸，或185公尺。

　　很明顯，在阿里斯塔克斯所確定的天球內所能裝填的沙子粒數，不會超過一千萬個第八階單位。❻

　　這裏要注意，阿基米德心目中的宇宙的半徑，比現代科學家們所觀察到的要小得多。十億英里，這只不過是剛剛超過從太陽到土星的距離。以後我們將看到，在望遠鏡裏，宇宙的邊緣是在 5,000,000,000,000,000,000,000 英里的地方，要填滿這樣一個已被觀測到的宇宙，所需要的沙子數超過

$$10^{100} \text{ 粒（即 1 的後面有 100 個零）。}$$

　　這個數字顯然比前面提到的宇宙間的原子總數 3×10^{74} 大多了，這是因為宇宙間並非塞滿了原子。實際上，在一立方公尺的空間內，平均才只有一個原子。

　　要想得到大數目字，並不一定要把整個宇宙倒滿沙子，或進行諸如此類的劇烈活動。事實上，在很多乍看之下似乎很簡單的問題中，也常會遇到極大的數字，儘管你原本絕不會想到，其中會出現大於幾千的數字。

　　有一個人曾經在大數目字上吃了虧，那就是古印度的舍罕王（Shirham）。根據古老的傳說，舍罕王打算重賞西洋棋的發明人和進貢者，宰相西薩・班・達依爾（Sissa Ben Dahir）。這位聰明大臣的胃口看來並不大，他跪在國王面前說：「陛下，請您在這張棋盤的

---

❻ 用我們現在的數學標記法，這個數字是：
　　一千萬　　　　第二階　　　　第三階　　　　　第四階
（10,000,000）×（100,000,000）×（100,000,000）×（100,000,000）×
　　第五階　　　　第六階　　　　第七階　　　　　第八階
（100,000,000）×（100,000,000）×（100,000,000）×（100,000,000）
也可以簡寫成
$$10^{63} \text{（即 1 的後面有 63 個零）。}$$

第一個小格內，賞給我一粒麥子；在第二個小格內給兩粒，第三格內給四粒，照這樣下去，每一小格內都比前一小格加一倍。陛下啊，請把像這樣擺滿棋盤上 64 格的麥粒，賞賜給我吧！」

「愛卿，你所要求的並不多啊。」國王說道，心裏為自己對這樣一件奇妙的發明所許下的慷慨賞賜不致破費太多而暗喜。「你當然會如願以償的。」說著，他叫人把一袋麥子拿到寶座前。

圖 2　機敏的數學家西薩・班・達依爾，正在向印度的舍罕王請求賞賜

計算麥粒的工作開始了。第一格內放一粒，第二格內放兩粒，第三格內放四粒……還沒到第二十格，袋子已經空了。一袋又一袋的麥子被扛到國王面前來。但是，麥粒數一格接一格地增長得那樣迅速，很快就可以看出，即便拿來全印度的糧食，國王也兌現不了他對西薩・班・達依爾許下的諾言了，因為這需要有 18,446,744,073,709,551,615 顆麥粒呀！❼

這個數字不像宇宙間的原子總數那麼大，不過也已經夠可觀了。

1 蒲式耳（bushel）❽ 的小麥約有 5,000,000 顆，照這個數，那就得給達依爾 4 兆蒲式耳才行。這位宰相所要求的，竟是全世界在 2000 年內所生產的全部小麥！

這麼一來，舍罕王發覺自己欠了宰相好大一筆債。怎麼辦？要麼是忍受達依爾沒完沒了的討債，要麼乾脆砍掉他的腦袋。據我猜想，國王大概選擇了後面這個辦法。

另一個由大數目字當主角的故事也出自古印度，它是和「世界末日」的問題有關。偏愛數學的歷史學家鮑爾（Ball）是這樣講述這段故事的 ❾：

在世界中心貝拿勒斯（Benares）❿ 的聖廟裏，安放著一個黃銅板，板上有三根寶石針。每根針高約 1 腕尺（1 腕尺大約合 20 英寸），如同蜜蜂的身體一般粗細。梵天 ⓫ 在創造世界之時，

---

❼ 這位聰明的宰相所要求的麥子粒數可寫為

$$1+2+2^2+2^3+2^4+\cdots+2^{62}+2^{63}$$

在數學上，這類每一個數都是前一個數的固定倍數的數列叫做幾何級數（在我們這個例子裏，這個倍數為2）。可以證明，這種級數所有各項之和，等於固定倍數（本例中為2）的項數次方（在本例中為64）減去第一項（此例中為1）所得到的差，除以固定倍數與1之差。也就是

$$\frac{2^{64}-1}{2-1}=2^{64}-1$$

直接寫出結果就是：

18,446,744,073,709,551,615

❽ 蒲式耳是歐美的容量單位（計算穀物專用）。1蒲式耳約合35.2升。——譯者

❾ 引自W. W. R. Ball，*Mathematical Recreations and Essays*（The Macmillan Co., New York, 1939; 簡中譯本《數學拾零》）。

❿ 貝拿勒斯是佛教的聖地，位於印度北部。——譯者

⓫ 梵天是印度教的主神。——譯者

在其中一根針上，從下到上放置了從大到小的 64 片金片。這就是所謂的梵塔。不論白天黑夜，都有一位值班的僧侶按照梵天不渝的法則，把這些金片在三根針上移來移去：一次只能移動一片，並且要求不管在哪一根針上，小片永遠在大片的上面。當所有 64 片都從梵天創造世界時所放的那根針上移到另外一根針上時，世界將在一聲霹靂中消滅，梵塔、廟宇和眾生都將同歸於盡。

圖 3 是按故事的情節所作的畫，只是金片少畫了一些。你不妨用紙板代替金片，拿長釘代替寶石針，自己做出這麼一個玩具。不難發現，按上述規則移動金片的規律是：不管把哪一片移到另一根針上，移動的次數總要比移動上面那一片增加一倍。第一片只需一次，下一片就按幾何級數加倍。這樣，當把第 64 片也移走後，總共的移動次數便和西薩·班·達依爾所要求的麥粒數一樣多了！❷

把這座梵塔的全部 64 片金片全都移到另一根針上，需要多長的時間呢？一年有 31,558,000 秒，假如僧侶每一秒鐘移動一片金片，日夜不停，節日假日照常做，也需要 5,800 億年以上才能完成。

把這個純屬傳說的寓言和依現代科學得出的推測比較一下，是很有意思的。依照現代的宇宙演化理論，恆星、太陽、行星（包括地球）是在大約 30 億年前由不定形物質形成的。我們還知道，給恆星，特別是給太陽提供能量的「原子燃料」還能維持 100 億至 150 億年（見

❷ 如果只有7片，則需要移動的次數為
$$1+2^1+2^2+2^3+\cdots\cdots=2^7-1=2\times2\times2\times2\times2\times2\times2-1=127$$
當金片為64片時，需要移動的次數則為
$$2^{64}-1=18,446,744,073,709,551,615$$
這就和西薩·班·達依爾所要求的麥粒數相同了。

「創世的年代」一章）。因此，我們太陽系的整個壽命無疑要少於
200 億年，而不像這個印度傳說中所宣稱的那麼長！不過，傳說畢竟
只是傳說啊！

圖3　一個僧侶在大佛像前解決「世界末日」問題。因為能力有限，這
　　　裏沒有畫出所有 64 片金片

　　在文學作品中所提及的最大數字，大概就是那個有名的「印刷
行數問題」了。

　　假設有一台印刷機可以連續印出一行行文字，並且每一行都能自
動換一個字母或其他印刷符號，從而變成與其他行不同的字母組合。
這樣一台機器包括一組圓盤，盤與盤之間像汽車里程表那樣裝配，
盤緣刻有全部的字母和符號。這樣，每一片輪盤轉動一周，就會帶
動下一個輪盤轉動一個符號。紙張透過滾筒自動送入盤下。這樣的
機器製造起來並不算困難，圖4是這種機器的示意圖。

　　現在，讓我們啟動這台印刷機，並檢查印出的那些沒完沒了的東
西吧。在印出一行行字母組合當中，大多數根本沒有什麼意思，例如：

aaaaaaaaaaa…

或者

booboobooboobooboo…

或者

zawkporpkossscilm…

但是，既然這台機器能印出所有可能的字母及符號的組合，我們就能從這堆玩意兒中找出有點意思的句子。當然，其中又有許多是胡說八道，如：

horse has six legs and…（馬有六條腿，而且……）

或者

I like apples cooked in terpentin…

（我喜歡吃松節油煎蘋果……）。

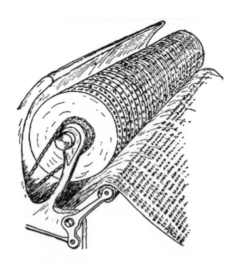

圖 4　剛剛印出一行莎士比亞詩句的自動印刷機

　　不過，只要找下去，一定會發現莎士比亞（William Shakespeare）的每一行著作，甚至包括被他扔進廢紙簍裏的句子！

　　實際上，這台機器會印出人類自從能夠寫字以來所寫出的一切句子：每一句散文，每一行詩歌，每一篇社論，每一則廣告，每一卷厚厚的學術論文，每一封書信，每一份牛奶訂單……

　　不僅如此，這台機器還將印出今後每個世紀所要印出的東西。從滾筒下的紙卷中，我們可以讀到 30 世紀的詩篇、未來的科學發現、2344 年星際交通事故的統計，還有一篇篇尚未被作家們創作出來的長、短篇小說。出版商們只要搞出這麼一台機器，把它安裝在地下室裏，然後從印出的紙卷裏尋找好句子來出版就行了 —— 他們現在所幹的不也差不多就是這樣嗎！

　　為什麼人們不這麼做呢？

　　來，讓我們算算看，為了得到所有字母和印刷符號的組合，該印出多少行來。

　　英語中有 26 個字母、10 個數碼（0, 1, 2,…, 9）、還有 14 個常用符號（空白、句號、逗號、冒號、分號、問號、驚嘆號、破折號、連字號、引號、撇號、小括弧、中括弧、大括弧），共 50 個字元。再假設這台機器有 65 個輪盤，以對應每一印刷行的平均字數。印出的每一行中，排頭的那個字元可以是 50 個字元當中的任何一個，因此有 50 種可能性；對這 50 種可能性當中的每一種，第二個字元又有 50 種可能性，因此共有 50×50=2500 種；對於這前兩個字元的每一種可能性，第三個字元仍有 50 種選擇。這樣下去，整行進行安排的可能性的總數等於

$$\overbrace{50\times50\times50\times\cdots\times50}^{65個}$$

或者 50^{65}，即等於 10^{110}。

　　想要知道這個數字有多麼巨大，你可以設想宇宙間的每個原子都變成一台獨立的印刷機，這樣就有 3×10^{74} 部機器同時工作。再假定所有這些機器從地球誕生以來就一直在工作，即它們已經工作了 30 億年或 10^{17} 秒。你還可以假定這些機器都以原子振動的頻率進行工作，也就是說，一秒鐘可以印出 10^{15} 行。那麼，到目前為止，這些機器印出的總行數大約是

$$3 \times 10^{74} \times 10^{17} \times 10^{15} = 3 \times 10^{106}$$

這只不過是上述可能性總數的三千分之一左右而已。

　　看來，想要在這些自動印出的東西裏挑出一點什麼，那確實得花費非常非常長的時間呢！

二、如何計算無限大的數

　　上一節我們談了一些數字，其中有不少是毫不含糊的大數。但是這些巨大的數，例如薩・班・達依爾所要求的麥子粒數，雖然大得令人難以置信，但畢竟還是有限的，也就是說，只要有足夠的時間，人們總能把它們從頭到尾寫出來。

　　然而，確實存在一些無限大的數，它們比我們所能寫出的無論多長的數都還要大。例如，「所有整數的個數」和「一條線上所有幾何點的個數」顯然都是無限大的。關於這類數字，除了說它們是無限大之外，我們還能說什麼呢？難道我們能夠比較一下上面這兩個無限大的數，看看哪個「更大」嗎？

　　「所有整數的個數和一條線上所有幾何點的個數，究竟哪個比較大？」這個問題有意義嗎？乍看之下，提這個問題可真是頭腦發昏，但是知名的數學家康托（Georg Cantor, 1845-1918）首先思考了這個

問題。因此，他確實可被稱為「無窮大數算術」的奠基人。

　　當我們要比較幾個無限大的數的大小時，就會面臨一個問題：這些數既不能讀出來，也無法寫出來，該怎樣比較呢？這下子，我們可能有點像一個想要弄清自己的財物中，究竟是玻璃珠子多，還是銅幣多的原始部族人了。你大概還記得，那些人只能數到 3。難道他會因為數不清大數而放棄比較珠子和銅幣的數目嗎？當然不會。如果他夠聰明，他一定會透過把珠子和銅幣逐個相比來得出答案。他可以把一粒珠子和一枚銅幣放在一起，另一粒珠子和另一枚銅幣放在一起，並且一直這樣做下去。如果珠子用光了，而還剩下些銅幣，他就知道，銅幣多於珠子；如果銅幣先用光了，珠子卻還有多餘，他就明白，珠子多於銅幣；如果兩者同時用光，他就曉得，珠子和銅幣數目相等。

　　康托所提出的比較兩個無窮大數的方法正好與此相同：我們可以給兩組無窮大數列中的各個數一一配對。如果最後這兩組都一個不剩，這兩組無窮大就是相等的；如果有一組還有些數沒有配出去，這一組就比另一組大些，或者說強些。

　　這顯然是合理的，實際上也是唯一可行的比較兩個無窮大數的方法。但是，當你把這個方法付諸實踐時，你還得準備再吃一驚。舉例來說，所有偶數和所有奇數這兩個無窮大數列，你當然會直覺地感到它們的數目相等。應用上述法則，也完全合理，因為這兩組數之間可建立如下的一一對應關係：

　　在這個表中，每一個偶數都與一個奇數相對應。看，這確實再簡單、再自然不過了！

　　但是，且慢。你再想想：所有整數（奇偶數都在內）的數目和單單偶數的數目，哪個大呢？當然，你會說前者大一些，因為所有的整數不但包含了所有的偶數，還要加上所有的奇數啊。但這只不過是你的印象而已。只有應用上述比較兩個無窮大數的法則，才能得出正確的結果。如果你應用了這個法則，你就會吃驚地發現，你的印象是錯誤的！事實上，下面就是所有整數和偶數的一一對應表：

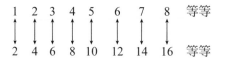

　　按照上述比較無窮大數的法則，我們得承認，偶數的數目正好和所有整數的數目一樣大。當然，這個結論看來十分荒謬，因為偶數只是所有整數的一部分。但是不要忘了，我們是在與無窮大數打交道，因此必須做好遇到異常的性質的思想準備。

　　在無限大的世界裏，部分可能等於全部！關於這一點，著名的德國數學家希爾伯特（David Hilbert, 1862-1943）有一則故事說明得再好不過了。據說在他的一篇討論無限大的演講中，曾用下面的話來敘述無限大的似是而非的性質❸：

　　　　我們假設有一家旅店，內設有限個房間，而且所有的房間都已客滿。這時來了位新客人，想訂個房間。店主人說：「對不起，所有的房間都住滿了。」現在再假設有另一家旅店，內設無限多個房間，所有房間也都客滿了。這時也有一位新客來臨，想訂個房間。

---

❸ 這段文字從未印行過，甚至希爾伯特本人也未寫成文字，引自廣泛流傳的 R. Courant, "The Complete Collection of Hilbert Stories".

　　「沒問題！」店主人說。接著，他就把一號房間裏的旅客移至二號房間，二號房間的旅客移到三號房間，三號房間的旅客移到四號房間……。這樣一來，新客就住進了已被騰空的一號房間。

　　我們再設想一家有無限多個房間的旅店，各個房間也都住滿了。這時，又來了無限多位要求訂房間的客人。

　　「好的，先生們，請等一會兒。」店主人說。

　　他把一號房間的旅客移到二號房間，二號房間的旅客移到四號房間，三號房間的旅客移到六號房間……。

　　現在，所有的單號房間都空出來了。新來的無限多位客人可以住進去了。

　　由於希爾伯特講這段故事時正值世界大戰期間，所以，即使在華盛頓，這段話也不容易被人們所理解[14]。但這個例子確實是正中核心，它使我們明白了：無窮大數的性質與我們在普通算術中所遇到的一般數字不太一樣。

　　按照比較兩個無窮大數的康托法則，我們還能證明，所有的普通分數 $\left(\text{如 } \frac{3}{7}, \frac{375}{8} \text{ 等}\right)$ 的數目與所有的整數相同。把所有的分數按照下述規則排列：先寫下分子與分母之和為 2 的分數，這樣的分數只有一個，即 $\frac{1}{1}$；然後寫下兩者之和為 3 的分數，即 $\frac{2}{1}$ 和 $\frac{1}{2}$；再往下是兩者之和為 4 的，即 $\frac{3}{1}, \frac{2}{2}, \frac{3}{1}$。這樣做下去，我們可以得到一個無窮的分數數列，它包括了所有的分數（圖 5）。現在，在這個數列旁邊寫上整數數列，就得到了無窮分數和無窮整數的一一對應。可見，它們的數目又是相等的！

----

[14] 作者這句話說得比較含蓄，意思大概是說：本來這些概念就不好懂，再加上希爾伯特的國籍是德國——美國在世界大戰中的敵國，因此，這段話在當時就更不易為美國人所接受。——譯者

圖 5　原始部族人和康托教授都在比較他們數不出來的數目的大小

你可能會說：「是啊，這一切都很妙，不過，這是不是就意味著，所有的無窮大數都是相等的呢？如果是這樣，那還有什麼好比的呢？」

不，事情並不是這樣。人們可以很容易地找出比所有整數或所有分數所構成的無窮大數還要大的無窮大數來。

如果研究一下前面出現過的那個比較一條線段上的點數和整數的個數誰大的問題，我們就會發現，這兩個數目是不一樣大的。線段上的點數要比整數的個數多得多。為了證明這一點，我們先來建立一段線段（比如說 1 寸長）和整數數列的一一對應關係。

這條線段上的每一點都可以用這一點到這條線段的一端的距離來表示，而這個距離可以寫成無窮小數的形式，如

$$0.7350624780056\cdots\cdots$$

或者

$$0.38250375632\cdots\cdots 。 ⑮$$

現在我們所要做的，就是比較一下所有整數的數目和所有可能存在的無窮小數的數目。那麼，上面寫出的無窮小數，和 $\frac{3}{7}$、$\frac{8}{277}$ 這類分數有什麼不同呢？

大家一定還記得在算術課上學過一條規則：每一個普通分數都可以化成無窮循環小數。例如 $\frac{2}{3} = 0.6666\cdots\cdots = 0.\overline{6}$，$\frac{3}{7} = 0.428571$ ∵428571 ∵428571 ∵4⋯⋯ $= 0.\overline{428571}$。我們上面已經證明，所有分數的數目和所有整數的數目相等，所以，所有循環小數的數目必定與所有整數的數目相等。但是，一條線段上的點不可能完全由循環小數表示出來，絕大多數的點是由不循環的小數表示的。因此就很容易證明，在這種情況下，一一對應關係是無法成立的。

假定有人聲稱他已經建立了這種對應關係，並且，對應關係具有如下形式：

N
1　0.38602563078…
2　0.57350762050…
3　0.99356753207…
4　0.25763200456…
5　0.00005320562…
6　0.99035638567…
7　0.55522730567…
8　0.05277365642…
．　…………………………
．　…………………………
．　…………………………

---

⑮ 我們已經假定線段是1寸長，因此這些小數都小於1。

當然，由於不可能把無限多個整數和無限多個小數一個不漏地寫完，因此，上述聲稱只不過意味著此人發現了某種普遍規律（類似於我們用來排列分數的規律），在這種規律之下，他制定了上表，而且任何一個小數遲早都會出現在這張表上。

不過，我們很容易證明，任何一個這類的聲稱都是站不住腳的，因為我們一定還能寫出沒有包括在這張無限表格之中的無限多個小數。怎麼做呢？再簡單不過了。讓這個小數的第一小數位（十分位）不同於表中第一號小數的第一小數位，第二小數位（百分位）不同於表中第二號小數的第二小數位，等等。這個數可能就是這個樣子（也可能是別的樣子）：

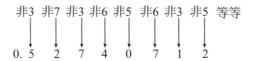

這個數無論如何在這個表中是找不到的。如果此表的作者對你說，你的這個數在他那個表上排在第 137 號（或其他任何一號），你都可以立即回答說：「不，我這個數不是你那個數，因為我這個數的第 137 小數位和你那個數的第 137 小數位不同。」

這麼一來，線上的點和整數之間的一一對應就建立不起來了。也就是說，線上的點數所構成的無窮大數，大於（或強於）所有整數或分數所構成的無窮大數。

剛才所討論的線段是「1 寸長」。不過很容易證明，按照「無窮大數算術」的規則，不管多長的線段都是一樣。事實上，1 寸長的線段也好，1 尺長的線段也好，1 里長的線段也好，上面的點數都是相同的。只要看看圖 6 即可明白，AB 和 AC 為不同長度的兩條線段，現在要比較它們的點數。過 AB 的每一個點作 BC 的平行線，都會與

AC 相交，這樣就形成了一組點。如 D 與 D′，E 與 E′，F 與 F′ 等。對 AB 上的任意一點，AC 上都有一個點和它相對應，反之亦然。這樣，就建立了一一對應的關係。可見，按照我們的規則，這兩個無窮大數是相等的。

　　透過這種對無窮大數的分析，還能得到一個更令人驚訝的結論：平面上所有的點數和線段上所有的點數相等。為了證明這一點，我們來考慮一條長 1 寸的線段 AB 上的點數和邊長 1 寸的正方形 CDEF 上的點數（圖 7）。

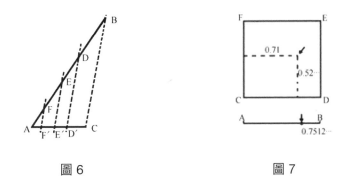

圖 6　　　　　　　　　　　　　　圖 7

　　假定線段上某點的位置是 0.75120386…。我們可以把這個數按奇分位和偶分位分開，組成兩個不同的小數：

$$0.7108\cdots$$

和

$$0.5236\cdots$$

以這兩個數分別量度正方形的水平方向和垂直方向的距離，便得出一個點，這個點就叫做原來線段上那個點的「對偶點」。反過來，對於正方形內的任何一點，比如說由 0.4835… 和 0.9907… 這兩個數所描述的點，我們把這兩個數摻在一起，就得到了線段上的相應的

「對偶點」0.49893057⋯。

　　很清楚，這種做法可以建立那兩組點的一一對應關係。線段上的每一個點在平面上都有一個對應的點，平面上的每一個點在線段上也有一個對應點，沒有剩下來的點。因此，按照康托的標準，正方形內所有點數所構成的無窮大數與線段上點數的無窮大數相等。

　　用同樣的方法，我們也很容易證明，立方體內所有的點數和正方形或線段上的所有點數相等，只要把代表線段上一個點的無窮小數分作三部分❶，並用這三個新小數在立方體內找「對偶點」就行了。和兩條不同長度線段的情況一樣，正方形和立方體內點數的多少與它們的大小無關。

　　儘管幾何點的個數要比整數和分數的數目大，但數學家們還知道比它更大的數。事實上，人們已經發現，各種曲線，包括任何一種奇形怪狀的樣式在內，它們的樣式的數目比所有幾何點的數目還要大。因此，應該把它們看作是第三級無窮數列。

　　依照「無窮大數算術」的奠基者康托的意見，無窮大數是用希伯來字母 $\aleph$（讀作阿萊夫〔aleph〕）表示的，在字母的右下角，再用一個小數字代表這個無窮大數的級別。這樣一來，數目字（包括無窮大數）的數列就成為

$$1, 2, 3, 4, 5, \cdots \aleph_1, \aleph_2, \aleph_3 \cdots$$

這麼一來，我們說「一條線段上有 $\aleph_1$ 個點」或「曲線的樣式有

---

❶ 例如，我們可以把數字

$$0.735106822548312\cdots$$

分成下列三個新的小數：

$$0.71853\cdots$$
$$0.30241\cdots$$
$$0.56282\cdots$$

$\aleph_2$ 種」，就和我們平常說「世界有 7 大洲」或「一副撲克牌有 52 張」
一樣簡單了。

　　在結束關於無窮大數的討論時，我們要指出，無窮大數的級只
要有幾個，就足夠把人們所能想像的任何無窮大數都包括進去。大
家知道，$\aleph_0$ 表示所有整數的數目，$\aleph_1$ 表示所有幾何點的數目，$\aleph_2$ 表
示所有曲線的數目，但到目前為止，還沒有人想出什麼樣的無窮大
數可以用 $\aleph_3$ 來表示。看來，頭三級無窮大數（圖 8）就足以包括我
們所能想到的一切無窮大數了。因此，我們現在的處境，正好跟我
們前面的原始部族人相反：他有許多個兒子，可是卻數不過 3；我們
什麼都數得清，卻又沒有那麼多東西讓我們來數！

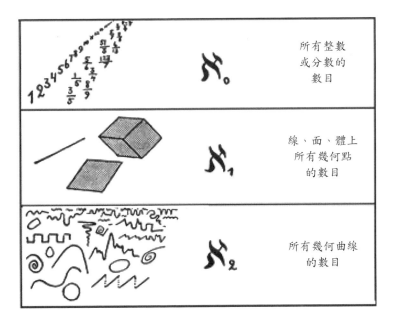

圖 8　無窮大數的頭三級

2
自然數和人工數

一、最純粹的數學

　　數學往往被人們、特別是被數學家們奉為科學的皇后。貴為皇后，它當然不能屈尊俯就其他學科。因此，在一次「純粹數學和應用數學聯席會議」上，當有人邀請希爾伯特作一次公開演講，以求消除存在於這兩種數學家之間的敵對情緒時，他這樣說：

> 　　經常聽到有人說，純粹數學和應用數學是互相對立的。這不是事實，純粹數學和應用數學不是互相對立的。它們過去不曾對立過，將來也不會對立。它們是對立不起來的，因為在事實上它們兩者毫無共同之處。

　　然而，儘管數學喜歡保持自己的純粹性，並盡力遠離其他學科，其他學科卻一直打算盡量和數學「親善」，特別是物理學。事實上，純粹數學的幾乎每一個分支，包括例如抽象群（abstract groups）、不可變換代數（noncommutable algebra）、非歐幾何等一向被認為純而又純、絕不可能被應用的數學理論，現在都已被用來解釋物理世界的這個性質或那個性質了。

　　但是，迄今為止，數學還有一個大分支沒找到什麼用途（除了

當作頭腦體操之用以外），它真可以戴上「純粹之王冠」呢。就是所謂「數論」（這裏的數是指整數），它是最古老的一門數學分支，也是純粹數學思維的最錯綜複雜的產物。

　　說來也怪，數論這門最純粹的數學，從某種意義上說，卻又可以稱為經驗科學，甚至可稱為實驗科學。事實上，它的絕大多數定理都是靠著用數字試著做某些事情而建立起來的，正如物理學定律是靠著用物體試著做某些事而建立起來一樣。而且，數論的一些定理已「從數學上」得到了證明，而另一些卻還停留在經驗的階段，至今仍然讓一些最卓越的數學家絞盡腦汁，這點也和物理學一樣。

　　我們可以用質數問題為例。所謂質數，就是不能用兩個或兩個以上較小整數的乘積來表示的數，如 1,2,3,5,7,11,13,17 等等。而 12 可以寫成 2×2×3，所以就不是質數。

　　質數的數目是無窮無盡、沒有終極的呢，還是存在一個最大的質數，即凡是比這個最大質數還大的數都可以表示為幾個質數的乘積呢？這個問題是歐幾里德（Euclid）❶最先想到的，他自己還做了一個簡單而優美的證明，證明沒有「最大的質數」，質數數目的延伸是不受任何限制的。

　　為了研究這個問題，不妨暫時假設已知質數的個數是有限的，最大的一個用 N 表示。現在，讓我們把所有已知的質數都乘起來，再加上 1。這寫成數學式是：

$$(1×2×3×5×7×11×13×\cdots×N)+1$$

　　這個數當然比我們所假設的「最大質數」N 大得多。但是，十分明顯，這個數是不能被到 N 為止（包括 N 在內）的任何一個質數除

---

❶ 歐幾里德（約330 B.C.～260 B.C.），古希臘數學家。——編者

盡的，因為從這個數的產生方式就可以看出，拿任何質數來除它，都會餘下 1。

因此，這個數要麼本身也是個質數，要麼它是能被比 N 還大的質數整除。而這兩種可能性都和原先關於 N 為最大質數的假設相矛盾。

這種證明方式叫做反證法，是數學家們愛用的工具之一。

我們既然知道質數的數目是無限的，當然就會想問一問，是否有什麼簡單方法可以把它們一個不漏地依次寫出來。古希臘的哲學家兼數學家艾拉托色尼（Eratosthenes）提出了一種名叫「過篩」的方法，就是把整個自然數列 1,2,3,4…統統寫下來，然後去掉所有 2 的倍數、3 的倍數、5 的倍數等。前 100 個數「過篩」後的情況如圖 9 所示，共剩下 26 個質數。用這種簡單的過篩方法，我們已經得到了 10 億以內的質數表。

圖 9　前 100 個數「過篩」後的情況

　　如果能找出一個公式，能迅速而自動地推算出所有的質數（而且只有質數），那該多方便啊。但是，經過了多少世紀的努力，並沒有找到這個公式。1640 年，著名的法國數學家費馬（Pierre Fermat,1601-1665）認為自己找到了一個這樣的公式。這個公式是 2^{2^n} +1，n 取自然數 1,2,3,4 等等。

　　從這個公式我們得到：

$$2^{2^1} + 1 = 5$$

$$2^{2^2} + 1 = 17$$

$$2^{2^3} + 1 = 257$$

$$2^{2^4} + 1 = 65,537$$

　　這幾個數都是質數。但在費馬宣稱他取得這個成就以後一個世紀，瑞士數學家尤拉（Leonhard Euler, 1707-1783）指出，費馬的第五個數 2^{2^5} +1 = 4,294,967,297 並不是質數，而是 6,700,417 和 641 的乘積。因此，費馬這個推算質數的經驗公式被證明是錯的。

　　還有一個值得一提的公式，用這個公式可以得到許多質數。這個公式是：

$$n^2 - n + 41$$

其中 n 也取自然數 1,2,3 等等。已經發現，在 n 為 1 到 40 的情況下，用這個公式都能得出質數。但不幸得很，到了第 41 步，這個公式也不行了。

　　事實上，

$$(41)^2 - 41 + 41 = 41^2 = 41 \times 41$$

這是一個平方數，而不是一個質數。

　　人們還試驗過另一個公式，它是：

$$n^2 - 79n + 1601$$

這個公式在 n 從 1 到 79 時都能得到質數，但當 $n=80$ 時，它又不成立了！

因此，尋找只給出質數的普遍公式的問題，至今仍然沒有解決。

數論定理的另一個有趣的例子，是 1742 年提出的所謂「哥德巴赫猜想」（Goldbach conjecture）。這是一個迄今既沒有被證明也沒有被推翻的定理，內容是：任何一個偶數都能表示為兩個質數之和。從一些簡單例子，你很容易看出這句話是對的。例如，12=7+5，24=17+7，32=29+3。但是數學家們在這方面做了大量工作，卻仍然既不能做出肯定的斷語，也不能找出一個反證。1931 年，蘇聯數學家史尼雷爾曼（Schnirelman）朝著問題的最終解決邁出了建設性的第一步。他證明了，每個偶數都能表示為不多於 300,000 個質數之和。「300,000 個質數之和」和「2 個質數之和」之間的距離，後來又被另一個蘇聯數學家維諾格拉多夫（Vinogradoff）大大縮短了。他把史尼雷爾曼那個結論改成了「4 個質數之和」。但是，從維諾格拉多夫的「4 個質數」到哥德巴赫的「2 個質數」，這最後的兩步大概是最難走的。誰也不能告訴你，想要最後證明或推翻這個困難的猜想，到底是需要幾年還是需要幾個世紀❷。

可見，談到推導能自動給出直到任意大的所有質數的公式的問題，從現在來看，我們離這一步還遠得很！目前我們甚至連到底存在不存在這樣的公式，也都還沒有把握。

現在，讓我們換個小一點的問題看看——在給定的範圍內質數所能占的百分比有多大。這個比值是隨著數的增加而增大還是減小，

---

❷ 中國數學家陳景潤又把這個結果推進了一步。他的結論是：任何一個偶數都可以表示為一個質數和不多於兩個質數的乘積之和（見《中國科學》，1973年第二期）。——譯者

或者是近似為常數呢？我們可以用經驗方法，即查找各種不同數值範圍內質數的數目，來解決這個問題。這樣，我們查出，100 之內有 26 個質數，在 1,000 之內有 168 個，在 1,000,000 之內有 78,498 個，在 1,000,000,000 之內有 50,847,478 個。把質數個數除以相應範圍內的整數個數，得出下表：

數值範圍 $1 \sim N$	質數數目	比率	$\dfrac{1}{\ln N}$	偏差（%）
$1 \sim 100$	26	0.260	0.217	20
$1 \sim 1000$	168	0.168	0.145	16
$1 \sim 10^6$	78,498	0.078498	0.072382	8
$1 \sim 10^9$	50,847,478	0.050847478	0.048254942	5

從這張表上首先可以看到，隨著數值範圍的擴大，質數的數目相對減少了。但是，並不存在質數的終止點。

有沒有一個簡單方法可以用數學形式表示這種質數比值隨範圍的擴大而減小的現象呢？有的，而且，這個有關質數平均分布的規律已經成為數學上最值得稱道的發現之一。這條規律很簡單，就是：從 1 到任何自然數 N 之間所含質數的百分比，近似於 N 的自然對數❸的倒數。N 越大，這個規律就越精確。

從上表的第四欄，可以看到 N 的自然對數的倒數。把它們和前一欄相比較，就可看出兩者是很相近的，而且 N 越大，它們也就越接近。

有許多數論上的定理，開始時都是憑經驗作為假設提出，而在很長一段時間內得不到嚴格證明。上面這個質數定理也是如此。直到 19 世紀末，法國數學家阿達馬（Jacques Salomon Hadamard）和比

❸ 簡單地說，一個數的自然對數，近似地等於它的常用對數乘以2.3026。

利時數學家普桑（de la Vallée Poussin）才終於證明了它。由於證明的方法太繁雜，這裏就不介紹了。

　　既然談到整數，就不能不提一提著名的費馬最後定理，儘管這個定理和質數沒有必然的聯繫。要研究這個問題，先要回溯到古埃及。古埃及的每一個好木匠都知道，一個邊長之比為 3：4：5 的三角形中，必定有一個角是直角。現在有人把這樣的三角形叫做埃及三角形。古埃及的木匠就是用它作為自己的三角尺的[4]。

　　西元 3 世紀，亞歷山卓的丟番圖（Diophante）[5] 開始考慮這樣一個問題：從兩個整數的平方和等於另一整數的平方這一點來說，具有這種性質的是否只有 3 和 4 這兩個整數？他證明了還有其他具有同樣性質的整數（實際上有無窮多組），並給出了求這些數的一些規則。這類三個邊都是整數的直角三角形稱為畢達哥拉斯三角形。簡單說，求這種三角形的三邊就是解方程式

$$x^2 + y^2 = z^2,$$

式中，x，y，z 必須是整數[6]。

---

[4] 在初等的幾何課本中，畢氏定理證明了 $3^2 + 4^2 = 5^2$。
[5] 丟番圖（約210～290年），古希臘數學家。——譯者
[6] 丟番圖的規則是這樣的：找兩個數 a 和 b，使 $2ab$ 為完全平方。這時，

$$x = a + \sqrt{2ab},\ y = b + \sqrt{2ab},\ z = a + b + \sqrt{2ab}$$

用代數方法很容易證明，這時 $x^2 + y^2 = z^2$。
用這個方法，我們可以列出所有可能性。最前面的幾個例子是：
$$3^2 + 4^2 = 5^2（埃及三角形），$$
$$5^2 + 12^2 = 13^2,$$
$$6^2 + 8^2 = 10^2,$$
$$7^2 + 24^2 = 25^2,$$
$$8^2 + 15^2 = 17^2,$$
$$9^2 + 12^2 = 15^2,$$
$$9^2 + 40^2 = 41^2,$$
$$10^2 + 24^2 = 26^2.$$

　　1621年，費馬在巴黎買了一本丟番圖所著《算術學》（*Arithmetica*）的法文譯本，裏面提到了畢達哥拉斯三角形。當費馬讀這本書的時候，他在書上空白處作了一些簡短的筆記，並且指出，

$$x^2 + y^2 = z^2$$

有無限多組整數解，而形如

$$x^n + y^n = z^n$$

的方程式，當 n 大於 2 時，永遠沒有整數解。

　　他後來說：「我當時想出了一個絕妙的證明方法，但是書上的空白太窄了，寫不完。」

　　費馬死後，人們在他的圖書室裏找到了丟番圖的那本書，裏面的筆記也公諸於世。那是在三個世紀以前。從那個時候以來，各國最優秀的數學家都嘗試重新作出費馬寫筆記時所想到的證明，但至今都沒有成功。當然，在這方面已有了相當大的進展，一門全新的數學分支——「理想數論」——在這個過程中創建起來了。尤拉證明了，方程式

$$x^3 + y^3 = z^3 \text{ 和 } x^4 + y^4 = z^4$$

不可能有整數解。德國數學家狄利克雷（Peter Gustav Lejeune Dirichlet, 1805-1859）證明了，$x^5 + y^5 = z^5$ 也是這樣。靠著其他一些數學家的共同努力，現在已經證明，在 n 小於 269 的情況下，費馬的這個方程式都沒有整數解。不過，對指數 n 在任何值下都成立的普遍證明，卻一直沒能作出[7]。人們越來越傾向於認為，費馬若不是根本沒有進行證明，就是在證明過程中有什麼地方搞錯了。為徵求這個問題的解答，曾經懸賞過 10 萬馬克。那時，研究這個問題的人真是不少，不過，這些拜金的業餘數學家都一事無成。

---

[7] 費馬最後定理於1995年被英國數學家安德魯·懷爾斯（Andrew Wiles）證明了。——編者

　　這個定理仍然有可能是錯的，只要能找到一個實例，證實兩個整數的某次方的和等於另一個整數的同一次方即可。不過，這個次方數一定要比 269 大，這可不是一件容易的事。

二、神祕的 $\sqrt{-1}$

　　現在，讓我們來玩玩高級算術。二二得四，三三得九，四四一十六，五五二十五，因此，四的算術平方根是二，九的算術平方根是三，十六的算術平方根是四，二十五的算術平方根是五❽。

　　然而，負數的平方根是什麼樣子呢？$\sqrt{-5}$ 和 $\sqrt{-1}$ 之類的表達式有什麼意義嗎？

　　如果從有理數的角度來看，你一定會得出結論說，這樣的式子沒有任何意義。這裏可以引用 12 世紀的一位數學家拜斯迦羅（Brahmin Bhaskara）❾ 的話：「正數的平方是正數，負數的平方也是正數。因此，一個正數的平方根是兩重的：一個正數和一個負數。負數沒有平方根，因為負數並不是平方數。」

　　可是數學家的脾氣倔強得很。如果有些看起來沒有意義的東西不斷在數學公式中出現，他們就會盡可能創造出一些意義來。負數的平方根就在很多地方冒出來，既在古老而簡單的算術問題中出現，也在 20 世紀相對論的時空一體的問題上露面。

---

❽ 還有其他許多數的算術平方根也很容易得出。例如，

$$\sqrt{5} = 2.236\cdots$$

　　因為　　　　　　　　　$(2.236\cdots) \times (2.236\cdots) = 5.000\cdots$

$$\sqrt{7.3} = 2.702\cdots$$

　　因為　　　　　　　　　$(2.702\cdots) \times (2.702\cdots) = 7.3000\cdots$

❾ 拜斯迦羅（1114－1185），印度數學家。——譯者

　　第一個將負數的平方根這個「顯然」沒有意義的東西寫到公式裏的勇士，是 16 世紀的義大利數學家卡爾丹（Cardan, 1501-1576）。在討論是否有可能將 10 分成兩部分，使兩者的乘積等於 40 時，他指出，儘管這個問題沒有任何有理解，然而，如果把答案寫成 $5+\sqrt{-15}$ 和 $5-\sqrt{-15}$ 這兩個怪模怪樣的表達式，就可以滿足要求了 ❿ 。

　　儘管卡爾丹認為這兩個表達式沒有意義，是虛構的、想像的，但是，他畢竟還是把它們寫下來了。

　　既然有人敢把負數的平方根寫下來，而且，儘管這有點想入非非，卻把 10 分成兩個乘起來等於 40 的事辦成了；這樣，有人開了頭，負數的平方根——卡爾丹給它取了個名稱叫「虛數」（imaginary number）——就越來越常被科學家們所使用了，雖然總是帶著很大保留，並且要提出種種藉口。在著名瑞士數學家尤拉（Euler）於 1770 年發表的代數著作中，有許多地方用到了虛數。然而，對這種數，他又加上了這樣一個掣肘的評語：「一切形如 $\sqrt{-1}$，$\sqrt{-2}$ 的數學式，都是不可能有的、想像的數，因為它們所表示的是負數的平方根。對於這類數，我們只能斷言，它們既不是什麼都不是，也不比什麼都不是多些什麼，更不比什麼都不是少些什麼。它們純屬虛幻。」

　　但是，儘管有這些非難和遁詞，虛數還是迅速成為分數的根式中無法避免的東西。沒有它們，簡直可以說寸步難行。

　　不妨說，虛數構成了實數在鏡子裏的幻象。而且，正像我們從基數 1 可得到所有實數一樣，我們可以把 $\sqrt{-1}$ 作為虛數的基數，從而得到所有的虛數。$\sqrt{-1}$ 通常寫作 i。

---

❿ 驗證如下：
$$\left(5+\sqrt{-15}\right)+\left(5-\sqrt{-15}\right)=5+5=10$$
$$\left(5+\sqrt{-15}\right)\times\left(5-\sqrt{-15}\right)$$
$$=(5\times5)+5\sqrt{-15}-5\sqrt{-15}-\left(\sqrt{-15}\times\sqrt{-15}\right)$$
$$=25-(-15)=25+15=40$$

不難看出，$\sqrt{-9}=\sqrt{9}\times\sqrt{-1}=3i$，$\sqrt{-7}=\sqrt{7}\times\sqrt{-1}=2.646\cdots i$ 等等。這麼一來，每一個實數都有自己的虛數搭檔。此外，實數和虛數還能結合起來，形成單一的表達式，例如 $5+\sqrt{-15}=5+\sqrt{15}\,i$。這種表示方法是卡爾丹發明的，而這種混合的表達式通常稱為複數（complex number）。

虛數闖進數學的領地之後，足足有兩個世紀的時間，一直披著一張神祕的、不可思議的面紗。直到兩個業餘數學家給虛數作出了簡單的幾何解釋之後，這張面紗才被揭去。這兩個人是：測繪員威塞爾（Caspar Wessel），挪威人；會計師阿爾剛（Robert Argand），法國巴黎人。

按照他們的解釋，一個複數，如 $3+4i$，可以像圖 10 那樣表示出來，其中 3 是水平方向的坐標，4 是垂直方向的坐標。

所有的實數（正數和負數）都對應於橫軸上的點；而純虛數則對應於縱軸上的點。當我們把一個位於橫軸上的實數 3 乘以虛數單位 i 時，就會得到位於縱軸上的純虛數 $3i$。因此，一個數乘以 i，在幾何上相當於逆時針旋轉 90°（圖 10）。

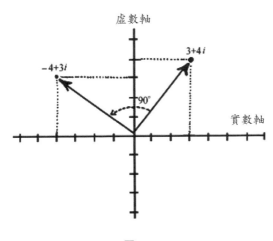

圖 10

如果把 3i 再乘以 i，則又要再逆轉 90°，這下子又回到橫軸上，不過卻位於負數那一邊了，因為

$$3i \times i = 3i^2 = -3$$

或

$$i^2 = -1$$

「i 的平方等於 -1」這個說法，比「兩次旋轉 90°（都逆時針進行）就變成反向」更容易理解。

這個規則同樣適用於複數。把 3+4i 乘以 i，得到

$$(3+4i)\, i = 3i + 4i^2 = 3i - 4 = -4 + 3i$$

從圖 10 可以看到，-4+3i 正好相當於 3+4i 這個點繞原點逆時針旋轉了 90°。同樣的道理，一個數乘上 -i 就是它繞原點順時針旋轉 90°。這一點從圖 10 也能看出。

如果你現在仍覺得虛數帶著一張神祕的面紗，那麼，讓我們透過一個簡單的、包含有虛數的實際應用題來揭開這張面紗吧。

從前，有個富有冒險精神的年輕人，在他曾祖父的遺物中發現了一張羊皮紙，上面指出了一項寶藏。它是這樣寫的：

乘船至北緯＿＿＿、西經＿＿＿ [11]，即可找到一座荒島。島的北岸有一大片草地。草地上有一株橡樹和一株松樹 [12]。還有一座絞架，那是我們過去用來吊死叛變者的。從絞架走到橡樹，並記住走了多少步；到了橡樹向右拐個直角再走這麼多步，在那裏打個樁。然後回到絞架那裏，朝松樹走去，同時記住所走的步數；到了松樹向左拐個直角再走這麼多步，在那裏也打個樁。在兩

[11] 為了不洩密起見，文件上的實際經緯度，已經刪去。
[12] 出於同樣的理由，樹的種類在這裏也改變了。在位於熱帶地區的海島上，樹的種類當然不會少。

個樁的正中間挖掘，就可以找到寶藏。

這樣的指示很清楚、明白，所以，這位年輕人就租了一條船開往目的地。他找到這座島，也找到了橡樹和松樹，但使他大失所望的是，絞架不見了。經過長時間的風吹日曬雨淋，絞架已糟爛成土，一點痕跡也看不出了。

我們這位年輕的冒險家陷入了絕望。在狂亂中，他在地上亂挖起來。但是，地方太大了，一切只是白費力氣。他只好兩手空空，啟帆回程。因此，那些寶藏恐怕還在那島上埋著呢！

這是一個令人傷心的故事，然而，更令人傷心的是：如果這個小傢伙懂一點數學，特別是虛數，他本來是有可能找到這寶藏的。現在我們來替他找找看，雖然為時已晚，於他無補了。

我們把這個島看成一個複數平面。過兩棵樹幹畫一軸線（實數軸），過兩樹中點與實數軸垂直作一虛數軸（圖 11），並以兩樹距離的一半作為長度單位。這樣，橡樹位於實數軸上的-1 點上，松樹則在 +1 點上。我們不曉得絞架在何處，不妨用大寫的希臘字母 Γ（這個字母的樣子倒像個絞架！）表示它的假設位置。這個位置不一定在兩根軸上，因此，Γ 應該是個複數，即

$$\Gamma = a + bi$$

現在來做一些計算，同時別忘了我們之前講過的虛數的乘法。既然絞架在 Γ，橡樹在-1，兩者的距離和方位便為

$$-1 - \Gamma = -(1 + \Gamma)$$

同理，絞架與松樹相距 $1-\Gamma$。將這兩段距離分別順時針和逆時針旋轉 90°，也就是按上述規則，把兩個距離分別乘以-i 和 i。這樣便得出兩根樁的位置為：

圖 11 用虛數來幫我們找寶藏

第一根：（$-i$）[$-$（$1+\Gamma$）]$+1 = i$（$\Gamma+1$）$+1$

第二根：（$+i$）（$1-\Gamma$）$-1 = i$（$1-\Gamma$）-1

寶藏在兩根樁的正中間，因此，我們應該求出上述兩個複數之和的一半，即

$$\frac{1}{2}[i(\Gamma + 1) + 1 + i(1 - \Gamma) - 1]$$

$$= \frac{1}{2}(i\Gamma + i + 1 + i - i\Gamma - 1) = \frac{1}{2}(2i) = i$$

現在可以看出，Γ 所表示的未知絞架的位置已在計算過程中消失了。不管這絞架在何處，寶藏都在 $+i$ 這個點上。

如果我們這位年輕的探險家能做這麼一點點數學計算，他就無

須在整個島上挖來挖去，他只要在圖 11 中打 × 處一挖，就可以把寶藏弄到手了。

如果你還是不相信要找到寶藏，可以完全不知道絞架的位置，你不妨拿一張紙，畫上兩棵樹的位置，再在不同的地方，假設幾個絞架的位置，然後按羊皮紙上的方法去做。不管做多少次，你一定總是得到複數平面上 +i 那個位置！

靠著 -1 的平方根這個虛數，人們還找到了另一個寶藏，那就是發現普通的三維空間可以和時間結合，從而形成遵從四維幾何學規律的四維空間。下一章在介紹愛因斯坦的思想和他的相對論時，我們將再討論這一發現。

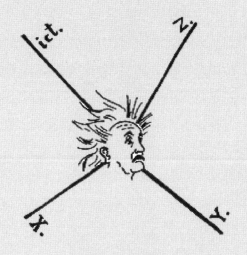

第二部
空間、時間與愛因斯坦

3
空間的不尋常性質

一、維數和坐標

　　大家都知道什麼叫空間，不過，如果要定義這個詞的準確意義，恐怕又說不出個所以然來。你大概會這麼說：空間乃包含萬物，可供萬物在其中上下、前後、左右運動。三個互相垂直的獨立方向的存在，描述了我們所處的物理空間的最基本性質之一；我們說，這個空間是三個方向的，即三維的。空間的任何位置都可利用這三個方向來確定。如果我們到了一座不熟悉的城市，想找某個有名商家的辦事處，旅館服務員就會告訴你：「向南走過 5 個街區，然後往右拐，再過 2 個街區，上第 7 層樓。」這三個數一般稱為坐標（coordinate）。在這個例子裏，坐標確定了大街、樓的層數和出發點（旅館前廳）的關係。顯然，從其他任何地方來判別同一目標的方位時，只要採用一套能正確表達新出發點和目標之間的關係的坐標就行了。並且，只要知道新、舊坐標系統的相對位置，就可以透過簡單的數學運算，用舊坐標來表示出新坐標。這個過程叫做坐標變換。這裏得說明一下，三個坐標不一定非得是表示距離的數不可，在某些情況下，用角度當坐標要方便得多。

　　舉例來說，在紐約，位置往往是用街和馬路來表示，這是直角

坐標；在莫斯科則要換成極坐標，因為這座城是圍繞克里姆林宮中心城堡而建起來的。從城堡輻射出若干街道，環繞城堡又有若干條同心的幹道。所以我們會說，某座房子位於克里姆林宮北北西方向第二十個街區。

　　另外的關於直角坐標和極坐標系的經典例子，分別是來自華盛頓的海軍部門大樓，與戰爭部（War Department）所屬的五角大廈，任何參與過二戰時的戰爭相關工作的人應不陌生。

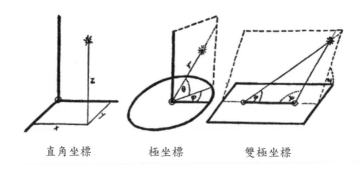

直角坐標　　　　極坐標　　　　雙極坐標

圖 12　可表示空間中某一點的位置的幾種方式

　　圖 12 顯示了幾種用三個坐標表示空間中某一點的位置的方法，其中有的坐標是距離，有的坐標是角度。但不論是哪一種坐標系，都需要三個數。因為我們研究的是三維空間。

　　對於我們這些具有三維空間概念的人來說，要想像比三維多的多維空間是困難的，而想像比三維少的低維空間則是容易的。一個平面，一個球面，或不管什麼面，都是二維空間，因為對於面上的任意一點，只要用兩個數就可以描述。同理，線（直線或曲線）是一維的，因為只需一個數便可以描述線上各點的位置。我們還可以說，點是零維的，因為在一個點上沒有第二個不同的位置。可是話說回

來，誰對點感興趣呢！

　　作為一種三維的生物，我們覺得很容易理解線和面的幾何性質，這是因為我們能「從外面」觀察它們。但是，對三維空間的幾何性質，就不那麼容易了，因為我們是這個空間的一部分。這就是為什麼我們沒什麼困難就理解了曲線和曲面的概念，而一聽說有彎曲的三維空間就大吃一驚。

　　但是，只要透過一些實例去了解「曲率」（curvature）的真實含義，你就會發現彎曲三維空間的概念其實是很簡單的，而且到下一章結束時（我們希望）你甚至能很輕鬆地談論一個乍看似乎十分可怕的概念——那就是彎曲的四維空間。

　　不過，在討論彎曲的三維空間之前，還是先來做一些有關一維曲線、二維曲面和普通三維空間的頭腦體操吧。

二、不量尺寸的幾何學

　　你在學校裏早就跟幾何學搞得很熟了。在你的記憶中，這是一門空間量度的科學❶，它的大部分內容，是一大堆描述長度和角度的各種數值關係的定理（例如，畢氏定理就是描述直角三角形三邊長度的關係）。然而，空間的許多最基本的性質，卻根本不用測量長度和角度。幾何學中有關這一類內容的分支叫做拓樸學（topology）❷。

　　現在舉一個簡單的典型拓樸學的例子。設想有一個封閉的幾何面，比如說一個球面，它被一些線分成許多區域。我們可以這麼做：在球面上任選一些點，用不相交的線把它們連接起來。那麼，這些

---

❶ 幾何學這個名詞出自兩個希臘文：ge（地球或地面）和metrein（測量）。很明顯，在創造出這個詞的時候，古希臘人對這門學科的興趣是和他們的房地產有關的。

❷ topology在拉丁文和希臘文中的意思都是關於位置的研究。

點的數目、連線的數目和區域的數目之間有什麼關係呢？

　　首先，很明顯的一點是：如果把這個圓球擠成南瓜樣的扁球，或拉成黃瓜那樣的長棍，那麼，點、線、塊的數目顯然還是和圓球時的數目一樣。事實上，我們可以取任何形狀的閉曲面，就像隨意拉擠壓扭一個氣球時所能得到的那些曲面一樣（但不能把氣球撕裂或割破）。這時，上述問題的提法和結論都沒有絲毫改變。然而在一般幾何學中，如果把一個正方體變成平行六面體，或是把球形壓成餅形，各種數值（如線的長度、面積、體積等）都會發生很大變化。這一點是兩種幾何學的很大不同之處。

　　我們現在可以將這個劃分好的球的每一區域都展平，這樣，球體就變成了多面體（圖13），相鄰區域的界線變成了邊，原先挑選的點就成了頂點。

　　這樣一來，我們剛才那個問題就變成（本質上沒有任何改變）：一個任意形狀的多面體的面、邊和頂點的數目之間有什麼關係？

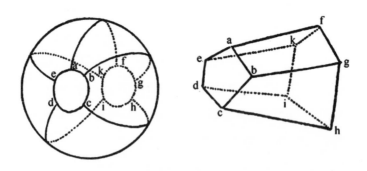

圖13　一個劃分成若干區域的球面變成一個多面體

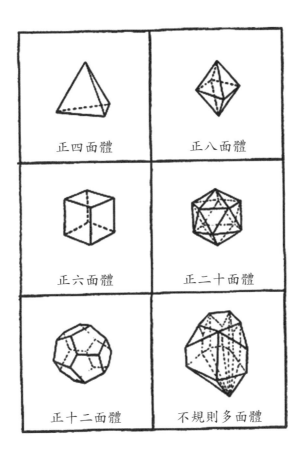

圖 14　五種正多面體（只可能有這五種）和一個不規則多面體

　　圖 14 顯示了五種正多面體（即每一個面都有同樣多的邊和頂點）和一個隨意畫出的不規則多面體。

　　我們可以數一數這些幾何體各自擁有的頂點數、邊數和面數，看看它們之間有沒有什麼關係。

　　數一數以後，我們得到下面的表。

多面體名稱	頂點數 V	邊數 E	面數 F	$V+F$	$E+2$
四面體	4	6	4	8	8
六面體	8	12	6	14	14
八面體	6	12	8	14	14
二十面體	12	30	20	32	32
十二面體	20	30	12	32	32
「不規則體」	21	45	26	47	47

前面三欄的資料，乍看之下好像沒有什麼相互關係，但仔細研究一下就會發現，頂點數和面數之和總是比邊數大 2。因此，我們可以寫出這樣一個關係式：

$$V + F = E + 2$$

這個式子是適用於任何多面體呢，還是只適用於圖 14 上這幾個特殊的多面體？你不妨再畫幾個其他樣子的多面體，數數它們的頂點、邊和面。你會發現，結果還是一樣。可見，$V + F = E + 2$ 是拓樸學的一個普遍適用的數學定理，因為這個關係式並不涉及邊的長短或面的大小的量度，它只牽涉幾個幾何學單位（頂點、邊、面）的數目。

這個關係是 17 世紀法國的大數學家笛卡兒（René Descartes）最先注意到的，它的嚴格證明則是由另一位數學大師尤拉作出，因此被稱為尤拉公式。

下面就是尤拉公式的證明，引自古朗特（R. Courant）和羅賓斯（H. Robbins）的著作《數學是什麼？》❸。我們可以看一看，這一類型的定理是如何證明的。

---

❸ 作者感謝Courant和Robbins兩位教授，以及牛津大學出版社允許刊載此部分。對本書中所舉的拓樸學的範例有興趣的讀者，可在《數學是什麼？》（*What is Mathematics？*）一書中找到詳盡的敘述。

　　為了證明尤拉的公式，我們可以把給定的簡單多面體想像成用橡皮薄膜做成的中空體（圖 15a）。如果我們割去它的一個面，然後使它變形，把它攤成一個平面（圖 15b）。當然，這麼一來，面積和邊與邊之間的角度都會改變。然而這個平面網絡的頂點數和邊數都與原多面體一樣，而多邊形的面數則比原來多面體的面數少了一個（因為割去了一個面）。下面我們將證明，對於這個平面網絡，$V - E + F = 1$。這樣，再加上割去的那個面以後，結果就成為：對於原多面體，$V - E + F = 2$。

　　首先，我們把這個平面網絡「三角形化」，即給網絡中不是三角形的多邊形加上對角線。這樣，E 和 F 的數目都會增加。但由於每加一條對角線，E 和 F 都增加 1，因此 $V - E + F$ 仍保持不變。這樣添加下去，最後，所有的多邊形都會變成三角形（圖 15c）。在這個三角形化了的網絡中，$V - E + F$ 仍和三角形化以前的數值一樣，因為添加對角線並不改變這個數值。

　　有一些三角形位於網絡的邊緣，其中有的（如 $\triangle ABC$）只有一條邊位於邊緣，有的則可能有兩條邊。我們依次把這些邊緣三角形的那些不屬於其他三角形的邊、頂點和面拿掉（圖 15d）。這樣，從 $\triangle ABC$，我們拿去了 AC 邊和這個三角形的面，只留下頂點 A、B、C 和兩條邊 AB、BC；從 $\triangle DEF$，我們拿去了平面、兩條邊 DF 和 FE，和頂點 F。

　　在 $\triangle ABC$ 式的去法中，E 和 F 都減少 1，但 V 不變，因此 $V - E + F$ 不變。在 $\triangle DEF$ 式的去法中，V 減少 1，E 減少 2，F 減少 1，因此 $V - E + F$ 仍不變。以適當方式逐個減少這些邊緣三角形，直到最後只剩下一個三角形。一個三角形有三條邊、三個頂點和一個面。對於這個簡單的網絡 $V - E + F = 3 - 3 + 1 = 1$。

我們已經知道，$V - E + F$ 並不隨三角形的減少而改變，因此，在開始的那個網絡中，$V - E + F$ 也應該等於 1。但是，這個網絡又比原來那個多面體少一個面，因此，對於完整的多面體，$V - E + F = 2$。這就證明了尤拉公式。

尤拉公式的一條有趣的推論就是：只可能有五種正多面體存在，就是圖 14 中那五種。

如果把前面幾頁的討論仔細推敲一下，你可能就會注意到，在畫出圖 14 上所示的「各種不同」的多面體，以及在用數學推理證明尤拉公式時，我們都作了一個隱含的假設，它使我們在選擇多面體時受了相當的限制。這個隱含的假設就是：多面體必須沒有任何透眼（hole）。所謂透眼，不是氣球上撕去一塊後所成的形狀，而是像甜甜圈或橡皮輪胎正中的那個窟窿的模樣。

這只要看看圖 16 就清楚了。這裏有兩種不同的幾何體，它們和

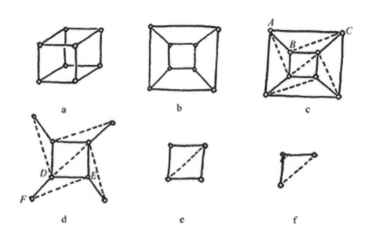

圖 15　尤拉公式的證明。圖中所示的是正方體的情況，但所得到的結果對任意多面體來說都是成立的。

圖 14 所示的一樣，也都是多面體。

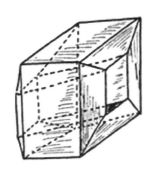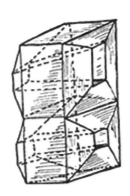

圖 16　　兩個有透眼的立方體，它們分別有一個和兩個透眼。這兩個立方體
　　　　的各面並不都是矩形，但我們知道，這在拓樸學中是無關緊要的。

現在我們來看看，尤拉公式對於這兩個新的多面體是否適用。

在第一個幾何體上，可數出 16 個頂點、32 條邊和 16 個面；這樣，$V + F = 32$，而 $E + 2 = 34$，不對了。第二個有 28 個頂點、60 條邊和 30 個面；$V + F = 58$，$E + 2 = 62$，這就更不對了。

為什麼會這樣呢？我們對尤拉公式作一般證明時的推理對於這兩個例子錯在哪裏呢？

錯就錯在：我們之前所考慮的多面體可以看成是一個足球或氣球，而現在這種新型多面體卻像是橡皮輪胎或更複雜的橡膠製品。對於這類多面體，無法進行上述證明過程所必須的步驟 ——「割去它的一個面，然後使它變形，把它攤成一個平面。」

如果是一顆足球，那麼，用剪刀剪去一塊之後，就很容易完成這個步驟。但對一個輪胎，卻無論如何也不會成功。要是圖 16 還不能使你相信這一點，你找條舊輪胎動手試試也可以！

但是不要認為對於這類較為複雜的多面體，V、E 和 F 之間就沒有關係了。關係是有的，只是與原來不同就是了。對於甜甜圈式的，說得科學一點，即對於環面（torus）形的多面體，$V + F = E$。而對於那種「椒鹽卷餅」形的，則 $V + F = E - 2$。一般來說，$V + F = E + 2 - 2N$，N 表示透眼的個數。

另一個典型的拓樸學問題與尤拉公式密切有關，它是所謂「四色問題」。假設有一個球面劃分成若干區域；把這球面塗上顏色，要求任何兩個相鄰的區域（即有共同邊界的區域）不能塗上同一種顏色。問完成這項工作，最少需要幾種顏色？很容易看出，兩種顏色一般來說是不夠用的。因為當三條邊界交於一點時（比如美國的維吉尼亞、西維吉尼亞和馬里蘭三州的地圖，見圖 17），就需要三種顏色。

要找到需要四種顏色的例子也不難（圖 17）。這是過去德國併吞奧地利時的瑞士地圖[4]。

但是，隨你怎麼畫，也得不到一張非得用四種顏色以上不可的地圖，無論在球面上還是在平面上都是如此[5]。看來，不管是多麼複雜的地圖，四種顏色就足以避免邊界兩邊的區域相混了。

不過，如果這種說法是正確的，就應該能夠從數學上加以證明。然而，這個問題雖經過幾代數學家的努力，至今仍未成功。這是那種實際上已無人懷疑，但也無人能證明的數學問題的又一個典型例子。現在，我們只能從數學上證明有五種顏色就夠了。這個證明是將尤拉關係式應用於國家數、邊界數和數個國家碰到一塊的三重、四重

---

[4] 德國占領前用三色就夠了：瑞士塗綠色，法國和奧地利塗紅色，德國和義大利塗黃色。

[5] 平面上和球面上的地圖著色問題是相同的。因為，當把球面的地圖上色問題解決之後，我們就能在某一種顏色的地區開一個小洞，然後把整個球面「攤開」成一個平面，這還是上面那種典型的拓樸學變換。

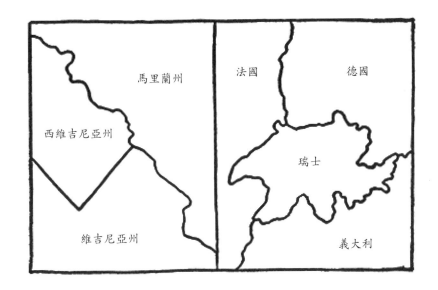

圖 17　馬里蘭州、維吉尼亞州和西維吉尼亞州的地圖（左邊），及瑞士、法國、德國、義大利的地圖（右邊）

等等交點數而得出的。

　　這個證明的過程太複雜，寫出來會離題太遠，這裏就不贅述了。讀者可以在各種拓樸學的書中找到它，並藉此度過一個愉快的晚上（說不定還得一夜不眠）。如果有誰能夠證明無需五種、而只用四種顏色就足以給任何地圖上色，或研究出一幅四種顏色還不夠用的地圖，那麼，不論哪一種成功了，他的大名就會在純粹數學的年鑑上出現 100 年之久❻。

　　說來好笑，這個上色問題，在球面和平面的簡單情況下怎麼也證不出來；而在複雜的曲面，如甜甜圈形和椒鹽卷餅形中，卻比較順利得到了證明。比如說，在甜甜圈形中已經得出結論說，不管它

❻ 這個問題已在1970年代用電腦解決了。──譯者

怎麼劃分，要使相鄰區域的顏色不致相同，至少需要七種顏色。這樣的實例也做出來了。

讀者不妨再花點腦筋，找一個充氣輪胎，再弄到七種顏色的油漆，給輪胎上漆，使每一色漆塊都和另外六種顏色漆塊相鄰。如果能做到這一點，他就可以聲稱他對於甜甜圈形的曲面確實「非常了解」了。

三、把空間翻過來

到目前為止，我們所討論的都是各種曲面，也就是二維空間的拓樸學性質。我們同樣也可以對我們所生存的這個三維空間提出類似的問題。這麼一來，地圖著色問題在三維情況下就變成了：用不同的物質製成不同形狀的鑲嵌體，並把它們拼成一塊，使得沒有兩塊同一種物質製成的子塊有共同的接觸面，那麼，需要用多少種物質呢？

什麼樣的三維空間對應於二維的球面或環面呢？能不能設想出一些特殊空間，它們與一般空間的關係正好同球面或環面與一般平面的關係一樣？乍看之下，這個問題似乎問得很沒道理，因為儘管我們很容易想出許多種曲面來，但卻一直傾向於認為只有一種三維空間，即我們所熟悉並生活於其中的物理空間。然而，這種觀念是危險的、具欺騙性的。只要啟動一下想像力，我們就能想出一些與歐氏幾何教科書中所描述的空間大不相同的三維空間來。

要想像這樣一些古怪的空間，主要的困難在於，我們本身也是三維空間中的生物，我們只能「從內部」來觀察這個空間，而不能像在觀察各種曲面時那樣「從外面」去觀察。不過，我們可以利用一些頭腦體操，使自己在征服這些怪空間時不至於太困難。

首先讓我們建立一種性質與球面相類似的三維空間模型。球面的主要性質是：它沒有邊界，但卻具有確定的面積；它是彎曲的，

自我封閉的。能不能設想一種同樣自我封閉，從而具有確定體積而無明顯介面的三維空間呢？

　　設想有兩個球體，各自限定在自己的球形表面內，如同兩個未削皮的蘋果一樣。現在，設想這兩個球體「互相穿過」，沿著外表面黏在一起。當然，這並不是說，兩個物理學上的物體如蘋果，能被擠得互相穿過並把外皮黏在一起。蘋果哪怕是被擠成碎塊，也不會互相穿過的。

　　或者，我們不如想像有一個蘋果，被蟲子吃出彎曲盤結的隧道來。要設想有兩種蟲子，比如說一種黑的和一種白的；它們互相憎惡、互相迴避，因此，蘋果內兩種蟲蛀的隧道並不相通，儘管在蘋果皮上它們可以從緊挨著的兩點蛀食進去。這樣一個蘋果，被這兩條蟲子蛀來蛀去，就會像圖18那樣，出現互相緊緊纏結、布滿整個蘋果內部的兩股隧道。但是，儘管黑蟲和白蟲的隧道可以很接近，要想從這兩座迷宮中的任一座跑到另一座去，都必須先走到表面才行。

圖18

如果設想隧道越來越細，數目越來越多，最後就會在蘋果內得到互相交錯的兩個獨立空間，它們僅僅在公共表面上相連。

　　如果你不喜歡用蟲子作例子，不妨設想一種類似紐約的世界博覽會的巨大球形建築裏的那種雙過道雙樓梯系統。設想每一套樓道系統都盤過整個球體，但要從其中一套的某一地點到達鄰近一套的某一地點，只能先走到球面上兩套樓道會合處，再往裏走。我們說這兩個球體互相交錯但不互相妨礙。你和你的朋友可能離得很近，但是要見見面、握握手，卻非得兜一個好大的圈子不可！必須注意，兩套樓道系統的連接點實際上與球內的各點並沒有什麼不同之處，因為你總是可以把整個結構變形一下，把連接點弄到裏面去，把原先在裏面的點弄到外面來。還要注意，在這個模型中，儘管兩套隧道的總長度是確定的，卻沒有「死胡同」。你可以在樓道中走來走去，絕不會被牆壁或柵欄擋住；只要你走得足夠遠，你一定會在某個時候重新走到你的出發點。如果從外面觀察整個結構，你可以說，在這迷宮裏行走的人總會回到出發點，單純只是因為樓道就這樣轉回來了。但是對於處在內部、而且不知「外面」為何物的人來說，這個空間就像是具有確定大小而無明確邊界的東西。我們在下一章將會看到，這種沒有明顯邊界、然而並非無限的「自我封閉的三維空間」在一般地討論宇宙的性質時是非常有用的。事實上，過去用最強大的望遠鏡所進行的觀察似乎表明了，在我們視線的邊緣這樣遠的距離上，空間好像開始彎曲了，這顯示出它有折回來自我封閉的明顯趨勢，就像那個被蟲食出隧道的蘋果的例子一樣。不過，在研究這些令人興奮的問題之前，我們還得再知道空間的其他性質。

　　我們跟蘋果和蟲子的交道還沒有打完。下一個問題是：能否把一個被蟲子蛀過的蘋果變成一個甜甜圈。當然，這並不是說把蘋果

變成甜甜圈的味道，而只是說形狀變得一樣；我們研究的是幾何學，
而不是烹飪法。讓我們取一個前面講過的「雙蘋果」，也就是兩個「互
相穿過」而且表皮「黏在一起」的蘋果。假設有一隻蟲子在其中一
個蘋果裏蛀出了一條環形隧道，如圖 19 所示。記住，這是在其中一
個蘋果裏蛀的，所以，在隧道外的每一點都是屬於兩個蘋果的雙重
點，而在隧道內則只有那個未被蛀過的蘋果的物質。這個「雙蘋果」
現在有了一個由隧道內壁構成的自由面（free surface）（圖 19a）。

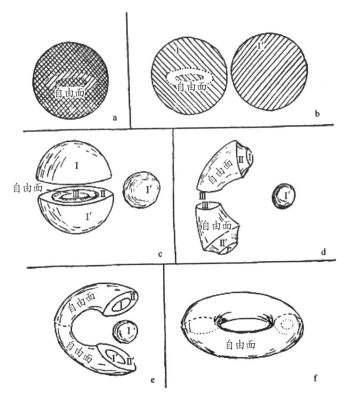

圖 19　怎樣把一個蟲子蛀過的雙蘋果變成一個甜甜圈。這不是魔術，而
　　　　是拓樸學！

　　我們假設蘋果具有很大的可塑性，怎麼捏就怎麼變形。在要求蘋果不發生裂口的條件下，能否把這個被蟲子蛀過的蘋果變成甜甜圈呢？為了便於操作，可以把蘋果切開，不過在進行過必要的變形後，還要把原切口黏起來。

　　首先，我們把黏住這「雙蘋果」的果皮的膠質去除，將兩個蘋果分開（圖 19b）。用 I 和 I' 來表示這兩張表皮，以便在下面各步驟中觀察它們，並在最後重新把它們黏起來。現在，把那個被蛀出一條隧道的蘋果沿著隧道切開（圖 19c）。這下子又切出兩個新面來，記為 II、II' 和 III、III'，將來，還要把它們黏回去。現在，隧道的自由面出現了，它應該成為甜甜圈的自由面。好，現在就按圖 19d 的樣子來擺弄這幾塊東西。現在這個自由面被極度拉長（依照我們的假定，這種物質是可以任意伸縮的！）。而切開的面 I、II、III 的尺寸都變小了。與此同時，我們也對第二個蘋果進行手術，把它縮小成櫻桃那麼大。現在開始往回黏。第一步先把 III 和 III' 黏起來，這很容易做到，黏好之後如圖 19e 所示。第二步把被縮小的蘋果放在第一個蘋果所形成的兩個夾口中間。收攏兩夾口，球面 I 就和 I' 重新黏在一起，被切開的面 II 和 II' 也再結合起來。這樣，我們就得到了一個甜甜圈，光溜溜的，多麼精緻！

　　搞這些有什麼用呢？

　　沒什麼用，只不過讓你做做頭腦體操，體會一下什麼是想像的幾何學。這有助於理解彎曲空間和自我封閉空間這類不尋常的東西。

　　如果你願意讓你的想像力走得更遠一些，那麼，我們可以來看看上述做法的一個「實際應用」。

　　你大概從來也沒有意識到，你的身體也具有甜甜圈的形狀吧。事實上，任何生命有機體，在其發育的最初階段（胚胎階段）都經

歷過「原腸胚」（gastrula）這一階段。在這個階段，它呈球形，當中橫貫著一條寬闊的通道。食物從通道的一端進入，被生命體攝取了有用成分以後，剩下的物質從另一端排出。到了發育成熟的階段，這條內部通道就變得越來越細，越來越複雜，但最主要的性質仍然一樣：甜甜圈形體的所有幾何性質並沒有改變。

　　好啦，既然你自己也是個甜甜圈，那麼，現在試著按照圖 19 的逆過程把它翻回去——把你的身體（在思維中）變成內部有一條通道的雙蘋果。你會發現，你身體中各個彼此有些交錯的部分組成了這個「雙蘋果」的果體，而整個宇宙，包括地球、月亮、太陽和星辰，都被擠進了內部的圓形隧道！

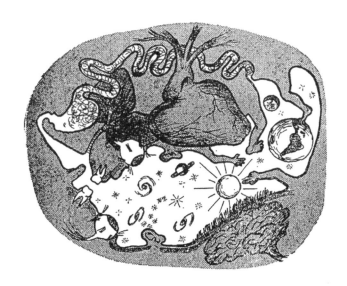

圖 20　翻過來的宇宙。這幅超現實的畫顯示一個人在地球表面上走，並抬頭看著星星。這幅畫是用圖 19 所示的方法進行拓樸學變換的。地球、太陽和星星都被擠到了人體內的一個狹窄的環形通道裏，它們的四周是人體的內部器官。

　　你還可以試著畫畫看，看會畫成什麼樣子。如果你畫得好，那就連畫家達利（Salvador Dali）也要承認你是個超現實派的大師了（圖20）！

　　這一節已經夠長了，但我們還不能就此結束，還得討論一下左手系和右手系物體，以及它們與空間的一般性質的關係。這個問題從一雙手套講起最為方便。一雙手套有兩隻。把它們比較一下就會發現（圖21），它們的所有尺寸都相同，然而，兩隻手套卻有極大的不同：你絕不能把左手那隻戴到右手上，也不能把右手那隻套在左手上。你儘管把它們扭來轉去，但左手套永遠是左手套，右手套永遠是右手套。另外，在鞋子的形狀、汽車的駕駛系統（美國的和英國的）❼、高爾夫球桿和許多其他物體上，都可以看到左手系和右手系的區別。

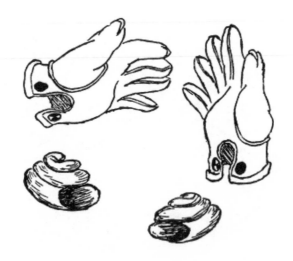

圖21　右手系和左手系的物體。它們看起來非常相像，但是極為不同

---

❼ 在英國，車輛是靠道路左邊行駛，而美國則是靠右行駛。因此，兩國的汽車中，駕駛人的位置不同，英國是在右側，美國則是在左側（都在靠近馬路中線一側）。——譯者

　　另一方面，有些東西，如禮帽、網球拍等許多物體，就不存在這種差別。沒有人會蠢到想去商店裏買幾隻左手用的茶杯；如果有人叫你找鄰居去借一把左手用的活動扳手，那也純粹是在作弄人。那麼，這兩類物體有什麼區別呢？你想一想就會發現，在禮帽和茶杯等一類物體上都存在一個對稱面，沿這個面可將物體切成兩個相等的部分。手套和鞋子就不存在這種對稱面。你不妨試一試，無論怎麼切，你都不能把一隻手套切成兩個相同的部分。如果某一類物體不具有對稱面，我們就說它們是非對稱的，而且就能把它們分成兩類——左手系的與右手系的。這兩系的差別不僅在手套這種人造的物體上表現出來，在自然界也經常存在。例如，存在著兩種蝸牛，它們在其他各個方面都一樣，唯獨給自己蓋房子的方式不同：一種蝸牛的殼呈順時針螺旋形，另一種呈逆時針螺旋形。就是在分子這種組成一切物質的微粒中，也像在左、右手手套和蝸牛殼的情況中一樣，往往有左旋和右旋兩種形態。當然，分子是肉眼看不見的，但是，這類分子所構成的物質的結晶形狀和光學性質，都顯示出這種不對稱性。例如，糖就有兩類：左旋糖和右旋糖；還有兩類吃糖的細菌，每一類只吃與自己同類的糖，信不信由你。

　　從上述內容看來，要想把一個右手系物體（比如說一隻右手套）變成左手系物體，似乎是完全不可能的。真的是這樣嗎？能不能想像出某種可以實現這種變化的奇妙空間呢？讓我們從生活在平面上的扁片人的角度來解答這個問題，因為這樣做，我們能站在較為優越的三維的立場來考察各個方面。請看圖22，圖上描繪了扁片國——即只有二維的空間——的樣子。那個手裏提著一串葡萄站立的人可以叫做「正面人」，因為他只有「正面」而沒有「側身」。他旁邊的動物則是一頭「側身驢」，說得更嚴格一點，是一頭「右側面驢」。

當然，我們也能畫出一頭「左側面驢」來。這時，由於兩頭驢都局限在這個面上，從二維的觀點來看，它們的不同正如在三維空間中的左、右手手套一樣。你不能使左、右兩頭驢頭並頭地疊在一起，因為如果要它們鼻子挨著鼻子、尾巴挨著尾巴，其中就得有一頭翻個肚皮朝天才行，這樣，它可就雙腳朝天，無法立足囉。

　　不過，如果把一頭驢子從面上取下來，在空間中旋轉一下，再放回面上去，兩頭驢子就能一樣了。與此相似，我們也可以說，如果把一隻右手手套從我們這個空間中拿到四維空間中，用適當的方式旋轉一下再放回來，它就會變成一隻左手手套。但是，我們這個物理空間並沒有第四維存在，所以必須認為上述方法是不可能實現的。那麼，有沒有別的方法呢？

圖 22　生活在平面上的二維「扁片生物」的樣子。不過，這類生物很不
　　　　「現實」。那個人有正面而無側面，他不能把手裏的葡萄放進自
　　　　己嘴裏。那頭驢子吃起葡萄來倒是挺方便，但它只能朝右走。如
　　　　果它要向左去，就只好倒退走。驢子倒是常往後退的，但畢竟不
　　　　像樣。

　　讓我們再回到二維世界。不過，我們要把圖22那樣的一般平面，換成所謂「莫比烏斯面」。這種曲面是以一個世紀以前第一個對這種面進行研究的德國數學家莫比烏斯（August Ferdinand Möbius, 1790-1868）來命名的。它很容易得到：拿一長條普通紙，把一端轉一個彎後，將兩端對黏成一個環。從圖23上可看出這個環該如何做。這種面有許多特殊的性質，其中有一點是很容易發現的：拿一把剪刀沿著與邊緣平行的中線剪一圈（沿著圖23上的箭頭），你一定會預言，這一來會把這個環剪成兩個獨立的環。但你試試看，就會發現你想錯了：得到的不是兩個環，而是一個環，它比原來那個長一倍，窄一半！

　　讓我們看看，一頭扁片驢沿著莫比烏斯面走一圈會發生什麼。假定它從位置1（圖23）開始，這時看來它是頭「左側面驢」。從圖上可清楚看出，它走啊走，越過了位置2、位置3，最後又接近了出發點。但是，不單是你覺得奇怪，連它自己也覺得不對勁，它竟然處於蹄子朝上的古怪姿態。當然，它可以在面上轉一下，蹄子又落了地，但這樣一來，頭的方向又不對了。

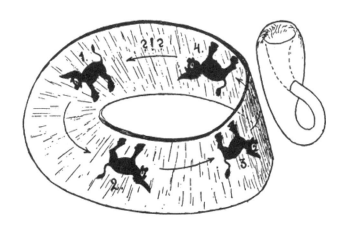

圖23　莫比烏斯面和克萊因瓶

　　總之，當沿著莫比烏斯面走一圈後，我們的「左側面驢」變成了「右側面驢」。要記住，這是在驢子一直處在面上而從未被取出來在空間中旋轉的情況下發生的。於是我們發現，在一個扭曲的面上，左、右手系物體都可以在通過扭曲處時發生轉換。圖 23 所示的莫比烏斯面是被稱作「克萊因瓶」（Klein bottle）的更一般性的曲面的一部分（克萊因瓶如圖 23 右邊所示）。這種「瓶」只有一個面，它自我封閉而沒有明顯的邊界。如果這種面在二維空間裏是可能的，那麼，同樣的情況也能在三維空間中發生，當然，這要求空間有一個適當的扭曲。要想像空間中的莫比烏斯扭曲當然絕非易事。我們不能像看扁片驢那樣從外部來看我們自己的這個空間，而從內部看又往往是看不清的。但是，天文空間是有可能自我封閉，並有一個莫比烏斯式扭曲的。

　　如果情況確實如此，那麼，環遊宇宙的旅行家將會帶著一顆位於右胸腔內的心臟回到地球上來。手套和鞋子製造商或許能從簡化生產過程而獲得一些好處。因為他們只需製造清一式的鞋子和手套，然後把一半的產品裝入太空船，讓它們繞行宇宙一周，這樣它們就能套進另一邊的手腳了。

　　我們就用這個奇想來結束有關不尋常空間的不尋常性質的討論吧。

4
四維世界

一、時間是第四維

　　關於第四維的概念經常被認為是很神祕、很值得懷疑的。我們這些只有長度、寬度和高度的生物，怎麼竟敢奢談什麼四維空間呢？從我們三維的頭腦裏能想像出四維的情景嗎？一個四維的正方體或四維的球體該是什麼樣子呢？當我們說的是「想像」一頭鼻裏噴火、尾上披鱗的巨龍、或一架設有游泳池並在雙翼上有兩個網球場的超級客機時，實際上只不過是在頭腦裏描繪這些東西果真突然出現在我們眼前時的樣子。我們描繪這種圖像的背景，仍然是大家所熟悉的、包括一切普通物體──連同我們本身在內的三維空間。如果說這就是「想像」這個詞的含義，那我們就想像不了出現在三維空間背景上的四維物體是什麼樣子了，正如同我們不可能將一個三維物體壓進一個平面那樣。不過且慢，我們確實可以在平面上畫出三維物體來，因而在某種意義上可說是將一個三維物體壓進了平面。然而，這種壓法可不是用水壓機或諸如此類的物理力來實現，而是用「幾何投影」的方法進行的。這兩種將物體（以馬為例）壓進平面的方法的差別，可以從圖 24 上看出來。

　　用類比的方法，現在我們可以說，儘管不能把一個四維物體完

完全全「壓進」三維空間，但我們能夠討論各種四維物體在三維空間
中的「投影」（projection）。不過要記住，四維物體在三維空間
中的投影是立體圖形，如同三維物體在平面上的投影是二維圖形一樣。

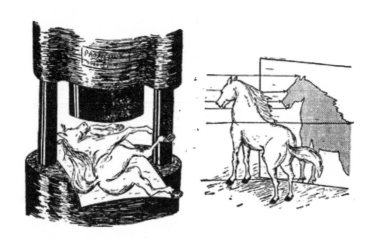

圖 24　把一個三維物體「壓」進二維平面的兩種方法。左圖是錯誤的，
　　　　右圖是正確的

　　為了更理解這個問題，讓我們先考慮一下，生活在平面上的二
維扁片人是如何領悟三維立方體的概念的。不難想像，作為三維空
間的生物，我們有一個優越之處，即可以從二維空間的上方、即第
三個方向來觀察平面上的世界。將立方體「壓」進平面的唯一方法，
是用圖 25 所示的方法將它「投影」到平面上。旋轉這個立方體，可
以得到各式各樣的投影。觀察這些投影，我們那些二維的扁片朋友
就多少能對這個叫做「三維立方體」的神祕圖形的性質有一點概念。
他們不能「跳出」他們那個面像我們這樣看這個立方體。不過僅僅
是觀看投影，他們也能說出這個東西有八個頂點、十二條邊等等。
現在請看圖 26，你將發現，你和那些只能從平面上揣摩立方體投影

的扁片人一樣處於困境了。事實上，圖中那一家人如此驚愕地研究著的那個古怪複雜的玩意兒，正是一個四維超正方體在我們這個普通三維空間中的投影。❶

　　仔細端詳這個形體，你很容易發現，它與圖25中令扁片人驚訝不已的圖形具有相同的特徵：普通立方體在平面上的投影是兩個正方形，一個套在另一個裏面，並且頂點和頂點相連；超正方體在一般空間中的投影則由兩個立方體構成，一個套在另一個裏面，頂點也相連。數一數就知道，這個超正方體共有16個頂點、32條邊和24個面。

圖25　二維扁片人正驚奇地觀察著三維立方體在他們那個世界上的投影

───────────

❶ 更確切地說，圖26所示的是四維超正方體的三維投影在紙面上的投影。

圖 26　四維空間的來客！這是一個四維超正方體的正投影

好一個正方體，是吧？

　　讓我們再來看看四維球體該是什麼樣子。為此，我們最好還是先看一個比較熟悉的例子，即一個普通圓球在平面上的投影。不妨設想將一個標出陸地和海洋的透明的地球投射到一堵白牆上（圖 27）。在這個投影上，東西半球當然重疊在一起，而且，從投影上看，美國的紐約和中國的北京離得很近。但這只是個表面印象。實際上，投影上的每一個點都代表地球上兩個相對的點，而一架從紐約飛到北京的飛機，其投影則會先移動到球體投影的邊緣，然後再一直退回來。儘管從圖上看，兩架不同飛機的航線的投影會重合，但如果它們「確實」分別在不同的半球上飛行，那麼是不會相撞的。

　　這就是普通球體平面投影的性質。再發揮一下想像力，我們就不難判斷出四維超球體的三維投影的形狀。正如普通圓球的平面投影是兩個相疊（點對點）、只在外面的圓周上連接的圓盤一樣，超球體的三維投影一定是兩個互相貫穿並且外表面相連接的球體。這種特殊結構，我們在上一章就討論過了，不過那時是作為與封閉球面相類似的三維封閉空間的例子提出的。因此，這裏只需再補充一句：

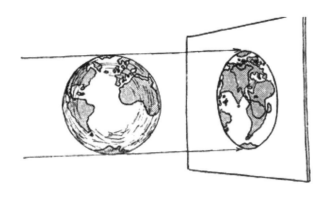

圖 27　圓球的平面投影

四維球體的三維投影就是上一節講到的兩個沿整個外表皮長在一起的蘋果。

　　同樣地，用這種類比的方法，我們能夠解答許多有關四維形體其他性質的問題。不過，無論如何，我們也絕不可能在我們這個物理空間內「想像」出第四個獨立的方向來。

　　但是，只要再多思考一下，你就會發現到，實在不需要把第四個方向看得太神祕。事實上，有一個我們幾乎每天都要用的字眼，可以用來表示、並且也的確就是物理世界的第四個獨立的方向，那就是「時間」。時間經常和空間一起被用來描述我們周遭發生的事件。當我們說到宇宙間發生的任何事情時，無論是在街上與老朋友邂逅，還是遙遠星體的爆炸，一般都不只說出它發生在何處，還要說出發生在何時。因此，除了表示空間位置的三個方向要素之外，又增添了一個要素──時間。

　　再想一想，你很容易去意識到，所有的實際物體都是四維的：有三維屬於空間，一維屬於時間。你所住的房屋就是在長度上、寬

度上、高度上和時間上伸展的。時間的伸展從蓋房子時算起，到它最後被燒毀，或被某個拆遷公司拆掉，或因年久而坍塌為止。

　　沒錯，時間這個方向要素與其他三維很不相同。時間長短是用鐘錶量度的：滴答聲表示秒，叮噹聲表示小時；而空間間隔則是用尺量度的。再說，你能用一把尺來量度長、寬、高，卻不能把這把尺變成一座鐘來量度時間；還有，在空間裏你能向前、向後、向上走，然後再返回來；而在時間上卻只能從過去到未來，是退不回來的。不過，即使有上述區別，我們仍然可以將時間看成物理世界的第四個方向要素，不過，要注意它與空間不太一樣。

　　在選擇時間作為第四維時，採用本章開頭所提到的描繪四維形體的方法會很方便。還記得四維形體，比如那個超正方體的投影是多麼古怪吧？它居然有 16 個頂點、32 條邊和 24 個面！難怪圖 26 上的那些人會那麼瞠目結舌地瞪著這個幾何怪物了。

　　不過，從這個新觀點出發，一個四維正方體就只是一個存在了一段時間的普通立方體。如果你在 5 月 1 日用 12 根鐵絲做成一個立方體，一個月後把它拆掉。那麼，這個立方體的每個頂點都應看作沿時間方向有一個月那麼長的一條線。你可以在每個頂點上掛一本小日曆，每天翻過一頁以表示時間的進程。

　　現在要數出四維形體的邊數就很容易了（圖 28）。在它開始存在時有 12 條空間邊，結束時也有 12 條邊，另外又有描述各個頂點存在時間的 8 條「時間邊」❷。用同樣方法可以數出它有 16 個頂點：5 月 1 日有 8 個空間頂點，6 月 1 日也有 8 個。用同樣方法還能數出

---

❷ 如果你不明白，你可以想像有一個正方形，它有四個頂點和四條邊。把它沿著與四條邊垂直的方向（第三個方向）移動一段等於邊長的距離，就又多出四條邊了。

面的數目，請讀者自己練習數一數。不過要記住，其中有一些面是
這個普通立方體的普通正方形面，而其他的面則是由於原立方體的
邊由 5 月 1 日伸展到 6 月 1 日而形成的「半空間半時間」面。

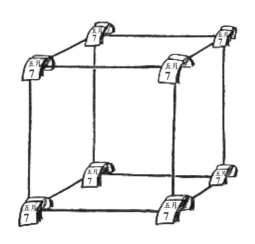

圖 28

　　這裏所講的有關四維立方體的原則，當然可以應用到任何其他
幾何體或物體上去，無論它們是活的還是死的。

　　具體地說，你可以把你自己想像成一個四維空間體。這很像一
根長長的橡膠棒，從你出生之日延續到你生命結束之時。遺憾的是，
在紙上無法畫出四維的物體來，所以，我們在圖 29 上用一個二維扁
片人為例來表現這種想法。這裏，我們所取的時間方向是和扁片人所
居住的二維平面垂直的。這幅圖只表示出這個扁片人整個生命中一
個很短暫的部分，至於整個過程則要用一根長得多的橡膠棒來表示：
以嬰兒開始的那一端很細，在很多年裏一直變動著，直到死時才有
固定不變的形狀（因為死人是不動的），然後開始分解。

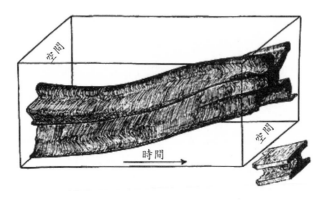

圖 29

　　如果想要更準確些，我們應該說，這個四維棒是由為數眾多的
一束纖維組成的，每一根纖維是一個單獨的原子。在生命過程中，
大多數纖維聚在一起成為一群，只有少數在理髮或剪指甲時離去。
因為原子是不滅的，人死後，屍體的分解也應視為各纖維絲向各個
方向飛去（構成骨骼的原子纖維除外）。

　　在四維時空幾何學的詞彙中，這樣一根表示每一個單獨物質微
粒歷史的線叫做「世界線」❸（時空線）。同樣，組成一個物體的一
束世界線叫做「世界束」。

　　圖 30 是一個天文學例子，顯示太陽、地球和彗星的世界線❹。
如同前面所舉的例子，我們讓時間軸與二維平面（地球軌道平面）
垂直。太陽的世界線在圖中用與時間軸平行的直線表示，因為我們
認為太陽是不動的。❺地球繞太陽運動的軌道近似於圓形，它的世界

---

❸ 「世界線」這個名詞是本書作者創造和定義的。他在去世前不久寫的自傳，書
　 名就叫做《我的世界線》（*My World Line*）。──校者
❹ 這裏原本應該說「世界束」比較恰當。不過從天文學角度來看，恆星和行星都
　 可以當作是點。
❺ 實際上，太陽相對於其他恆星來說是在運動的。因此，如果選用星系作為基
　 準，太陽的世界線將會是傾斜的。

線是一條圍繞著太陽世界線的螺旋線。彗星的世界線先靠近太陽的
世界線，然後又遠離而去。

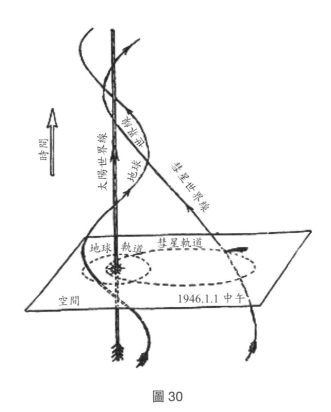

圖 30

　　我們看到，從四維時空幾何學的角度來說，宇宙的歷史和拓樸
圖形融洽地結合為一體；要研究單個原子、動物或恆星的運動，都
只需考慮一束糾結的世界線就行了。

二、時空等效

　　要把時間看成和空間的三維多少有些等效的第四維，會碰到一
個難題。在量度長、寬、高時，我們可以統統用同一個單位，如英寸、

英尺等。但時間既不能用英寸,也不能用英尺來衡量,這時必須使用完全不同的單位,如分鐘或小時。那麼,它們怎麼比較呢?如果面臨一個四維正方體,它的三個空間尺寸都是 1 英尺,那麼,應該取多長的時間,才能使四個維相等呢?是 1 秒,還是 1 小時,還是一個月? 1 小時比 1 英尺長還是短?

乍看,這個問題似乎毫無意義。不過,深入想一下,你就會找到一個比較長度和時間的合理方法。你常聽人家說,某人的住處「搭公共汽車只需 20 分鐘」、某某地方「乘火車 5 小時便可到達」。這裏,我們把距離表示成某種交通工具走過這段距離所需要的時間。

因此,如果大家同意採用某種標準速度,就能用長度單位來表示時間長短,反之亦然。很清楚,我們選用來作為時空的基本變換因子的標準速度,必須具備不受人類主觀意志和客觀物理環境的影響、在各種情況下都保持不變這樣一個基本的和普遍的本質。物理學中已知的唯一能滿足這種要求的速度是光在真空中的傳播速度。儘管人們通常把這種速度叫做「光速」,但不如說是「物質相互作用的傳播速度」更恰當些,因為任何物體之間的作用力,無論是電的吸引力還是萬有引力,在真空中傳播的速度都是相同的。除此之外,我們以後還會看到,光速是一切物質所能具有的速度的上限,沒有什麼物體能以大於光速的速度在空間中運動。

第一次測定光速的嘗試是著名的義大利物理學家伽利略(Galileo Galilei)在 17 世紀進行的。他和他的助手在一個黑沉沉的夜晚到了佛羅倫斯郊外的曠野,隨身帶著兩盞有遮光板的燈,彼此離開幾英里站定。伽利略在某個時刻打開遮光板,讓一束光向助手的方向射去(圖 31a)。助手已得到指示,一見到從伽利略那裏射來的光,就馬上打開自己那塊遮光板。既然光線從伽利略那裏到達助手,再從助

手那裏折回來都需要一定的時間，那麼，從伽利略打開遮光板時起，到看到助手發回的光線，也應需要一段時間。實際上，他也確實觀察到一小段時間，但是，當伽利略讓助手站到遠一倍的地方再做這個實驗時，時間卻沒有增加。顯然，光線走得太快了，走幾英里路簡直用不了什麼時間。至於觀察到的那一小段時間，事實上是由於伽利略的助手沒能在見到光線時立即打開遮光板所造成的——這在今天稱為反應遲誤。

　　儘管伽利略的這項實驗沒有導致任何有意義的成果，但他的另一發現，即木星有衛星，卻為後來首次真正測定光速的實驗提供了基礎。1675 年，丹麥天文學家羅默（Ole Romer, 1644-1710）在觀察木星衛星的蝕時，注意到木星衛星消失在木星陰影裏的時間長短逐次有所不同，它隨木星和地球之間的距離在各次衛星蝕時的不同而變長或變短。羅默當即意識到（你在研究圖 31b 以後也會看出），這種效應不是由於木星的衛星運動得不規則，而是由於當木星和地球距離不同時，所看到的衛星蝕在路上傳播所需的時間不同。從他的觀測得出，光速大約為 185,000 英里／秒。難怪當初伽利略用他那套設備測不出來，因為光線從他的燈傳到助手那裏再回來，只需要十萬分之幾秒的時間啊！

　　不過，用伽利略這套粗糙的遮光燈所做不到的，後來用更精密的物理儀器做到了。在圖 31c 上，我們看到的是法國物理學家菲佐（Armand Fizeau, 1819-1896）首先採用的短距離測定光速的設備。它的主要部件是置於同一根軸上的兩個齒輪，兩個齒輪的安裝正好使我們在沿軸的方向從一頭看去時，第一個齒輪的齒對著第二個齒輪的齒縫。這樣，當一束很細的光沿平行於軸的方向射出時，無論這套齒輪處在哪個位置上，都不能穿過這套齒輪。現在讓這套齒輪

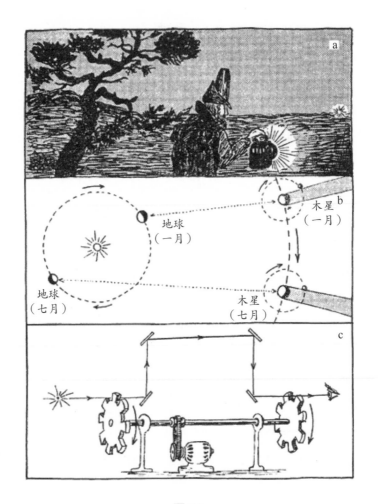

地球
（一月）

木星 b
（一月）

地球
（七月）

木星
（七月）

圖31

系統以高速轉動。從第一個齒輪的齒縫射入的光線，總是需要一些
時間才能達到第二個齒輪。如果在這段時間內，這套齒輪系統恰好
轉過半個齒，那麼，這束光線就能通過第二個齒輪了。這種情況與
汽車以適當速度沿裝有定時紅綠燈系統的街道行駛的情況很類似。
如果這套齒輪的轉速提高一倍，那麼，光線在到達第二個齒輪時，

正好射到轉來的齒上，光線就又被擋住了。但轉速再提高時，這個齒又將在光束到達之前轉過去，相鄰的齒縫恰好在這適當的時刻轉來讓光線射過去。因此，注意光線出現和消失（或從消失到出現）所對應的轉速，就能算出光線在兩齒輪間傳播的速度。為了降低所需的轉速，可讓光在兩齒輪間多走些路程，這可以借助圖 31c 所示的幾面鏡子來實現。在這個實驗中，當齒輪的轉速達到 1000 轉 / 秒時，菲佐從靠近自己的那個齒輪的齒縫間看到了光線。這說明在這種轉速下，光線從這個齒輪到達另一個齒輪時，齒輪的每個齒剛好轉過了半個齒距。因為每個齒輪上有 50 個完全一樣的齒，所以齒距的一半正好是圓周的 1/100，這樣，光線走過這段距離的時間也就是齒輪轉一圈所用時間的 1/100。再把光線在兩齒間走的路程也考慮進來進行計算，菲佐得到了光速為 300,000 公里 / 秒或 186,000 英里 / 秒這個結果，它和羅默考查木星的衛星所得到的結果差不多。

接著，人們又用各種天文學方法和物理學方法，繼兩位先驅之後做了一系列獨立的測量。目前，光在真空中的速度（常用字母 c 表示）的最令人滿意的數值是

$$c = 299,776 \text{ 公里 / 秒}$$

或　　　　　　　　　$$c = 186,300 \text{ 英里 / 秒}$$

在量度天文學上的距離時，數字一般都是非常大的，如果用英里或公里表示，可能要寫滿一頁紙，這時，用速度極高的光速作為標準就很恰當了。因此，天文學家說某顆星離我們 5「光年」遠，就像我們說去某地乘火車需要 5 小時一樣。由於 1 年為 31,558,000 秒，1 光 年 就 等 於 31,558,000×299,776=9,460,000,000,000 公里或 5,879,000,000,000 英里。採用「光年」（light-year）這個詞表示距離，實際上已把時間視為一種尺度，並用時間單位來量度空間了。

同樣，我們也可以把這種標記法反過來，得到「光英里」（light-mile）這個名稱，意思是指光線走過 1 英里路程所需的時間。把上述數值代入，得出 1 光英里等於 0.0000054 秒。同樣，1「光英尺」等於 0.0000000011 秒。這就回答了我們在上一節提出的那個四維正方體的問題。如果這個正方體的三個空間尺度都是 1 英尺，那麼時間間隔就應該是 0.0000000011 秒。如果一個邊長 1 英尺的正方體存在了一個月的時間，那就應該把它看作一根在時間方向上比其他方向長得非常多的四維棒了。

三、四維空間的距離

在解決了空間軸和時間軸上的單位如何進行比較的問題之後，我們現在可以問：在四維時空世界中，兩點之間的距離應該如何理解？要記住，現在每一個點都是空間和時間的結合，它對應於通常所說的「一個事件」。為了弄清楚這一點，讓我們看看下面的兩個事件。

事件 I：1945 年 7 月 28 日上午 9 點 21 分，紐約市的第五大道和第五十街交叉口一樓的一家銀行被搶劫。

事件 II：同一天上午 9 點 36 分，一架軍用飛機在霧中撞上紐約位於第三十四街和第五、第六大道之間的帝國大廈的 79 樓的牆上（圖 32）。

這兩個事件，在空間上南北相隔 16 條街，東西相隔半條街，上下相隔 78 層樓；在時間上相距 15 分鐘。很明顯，表達這兩個事件的空間間隔不一定要在意街道的號數和樓的層數，因為我們可以用大家熟悉的畢氏定理，把兩個空間點的坐標距離的平方和再開平方，變成一個直線距離（圖 32 右下角）。為此，必須先把各個數據化成相同的單位，比如說用英尺表示。如果相鄰的兩街南北相距 200 英

圖 32

尺，東西相距 800 英尺，每層樓平均高 12 英尺，那麼，三個坐標距離是南北 3200 英尺，東西 400 英尺，上下 936 英尺。用畢氏定理可得出兩個出事地點之間的直線距離為

$$\sqrt{3200^2 + 400^2 + 936^2} = \sqrt{11,280,000} = 3360 英尺$$

如果把時間當成第四個坐標的概念確實有實際意義，我們就能把空間距離 3360 英尺和時間距離 15 分鐘結合起來，得出一個表示兩事件的四維距離的數。

　　按照愛因斯坦（Albert Einstein）原來的想法，四維時空的距離，實際上只要把畢氏定理進行簡單的推廣就能得到，這個距離在各個事件的物理關係中，比起單獨的空間距離和時間間隔更為基本。

　　要把空間和時間結合起來，當然要把各個數據用同一種單位來表示，正如街道間隔和樓層高度都用英尺表示一樣。前面我們已經看到，只要用光速作為變換因子，這一點就很容易辦到了。因此，15 分鐘的時間間隔就變成 800,000,000,000「光英尺」。如果對畢氏定理作簡單的推廣，即定義四維距離是四個坐標距離（三個空間的和一個時間的）的平方和的平方根，那我們實際上就取消了空間和時間的一切區別，承認了空間和時間可以互相轉換。

　　然而，任何人──包括了不起的愛因斯坦──也不可能把一支尺用布遮住，揮動一下魔棒，再念念「時間來，空間去，變！」的咒語，就能變出一個閃亮亮的鬧鐘來（圖 33）！

圖 33　連愛因斯坦教授也做不到這一點，但他所做的比這還要強得多。

　　因此，我們在使用畢氏定理將時空結合成一體時，應該採用某種不尋常的方法，以保留它們的某些本質性的區別。

　　按照愛因斯坦的看法，在推廣的畢氏定理的數學式中，空間距離與時間間隔的物理區別可以在時間坐標的平方項之前加負號來加以強調。這樣，兩個事件的四維距離可以表示為三個空間坐標的平方和減去時間坐標的平方，然後開平方。當然，首先要將時間坐標化成空間單位。

　　因此，銀行搶劫案和飛機失事案之間的四維距離應該這樣計算：

$$\sqrt{3200^2 + 400^2 + 936^2 - 800,000,000,000^2}$$

　　根號裏，第四項與前三項相比是非常大的，這是因為這個例子取自「日常生活」，而用日常生活的標準來衡量時，時間的合理單位真是太小了。如果我們所考慮的不是紐約市內發生的兩個事件，而是用發生在宇宙中的事件為例子，就能得到大小相當的數字了，比如說，第一個事件是 1946 年 7 月 1 日上午 9 點整在比基尼島❻上有一顆原子彈爆炸，第二個事件是在同一天上午 9 點 10 分有一塊隕石落到火星表面；這樣的話，時間間隔為 540,000,000,000 光英尺，而空間距離為 650,000,000,000 英尺，兩者大小相當。

　　在這個例子中，兩個事件的四維距離是：

$$\sqrt{(65\times10^{10})^2 - (54\times10^{10})^2}\,\text{英尺} = 36\times10^{10}\,\text{英尺}$$

在數值上與純空間距離和純時間間隔都很不相同了。

　　當然，大概有人會反對這種似乎不太合理的幾何學。為什麼對其中的一個坐標不像對其他三個那樣一視同仁呢？千萬不要忘記，任何人為的描述物理世界的數學系統都必須符合實際情況；如果空

---

❻ 比基尼島是太平洋西部的一個珊瑚島。──譯者

間和時間在它們的四維結合裏的表現確實有所不同，那麼，四維幾何學的定律當然也要依照它們的本來面目去塑造。而且，還有一個簡單的辦法，可以使愛因斯坦的時空幾何公式看來跟學校裏所教的古老的歐幾里德幾何公式一樣美好。這個方法是德國數學家閔可夫斯基（Hermann Minkowski, 1864-1909）提出的，做法是將第四個坐標看成純虛數。你大概還記得在本書第二章講過，一個普通的數字乘以 $\sqrt{-1}$ 就成了一個虛數；我們還講過，運用虛數來解幾何問題是很方便的。於是，根據閔可夫斯基的提法，時間這第四個坐標不但要用空間單位表示，並且還要乘以 $\sqrt{-1}$ 。這樣，原來那個例子的四個坐標就成了：

第一坐標：3200 英尺，第二坐標：400 英尺，第三坐標：936 英尺，第四坐標：$8 \times 10^{11} i$ 光英尺。

現在，我們可以定義四維距離是所有四個坐標距離的平方和的平方根了，因為虛數的平方總是負數，所以，採用閔可夫斯基坐標的普通畢氏定理在數學上是和採用愛因斯坦坐標時似乎不太合理的表達式等價的。

有一個故事，說的是一個患關節炎的老人，他問自己的健康朋友是怎樣避免這種病的。

回答是：「我這一輩子每天早上都洗個冷水浴。」

「噢，」前者喊道，「那你其實是患了冷水浴病嘛！」

如果你不喜歡前面那個似乎患了關節炎的畢氏定理，那麼，你不妨把它改成虛時間坐標這種冷水浴病。

由於在時空世界裏第四個坐標是虛數，就必然會出現兩種在物理上有所不同的四維距離。

在前面那個紐約事件的例子中，兩事件之間的空間距離比起時

間間隔，在數值上比較小（用同樣的單位），畢氏定理中根號內的數是負的，因此，我們所得到的是虛的四維距離；在後一個例子中，時間間隔比空間距離小，因此，根號內得到的是正數，這就代表兩個事件之間存在著實的四維距離。

　　如上所述，既然空間距離被看作實數，而時間間隔被看作純虛數，我們就可以說，實四維距離和一般的空間距離，關係比較密切；而虛四維距離則比較接近於時間間隔。用閔可夫斯基的術語來說，前一種四維距離稱為類空間隔（raumartig），後一種稱為類時間隔（zeitartig）。

　　在下一章裏，我們將看到類空間隔可以轉變為正規的空間距離，時距也可以轉變為正規的時間間隔。然而，這兩者一個是實數，一個是虛數，這個事實就給時空互變造成了不可逾越的障礙，因此，一把尺不能變成一座時鐘，一座時鐘也不能變成一把尺。

5
時間和空間的相對性

一、時間和空間的相互轉變

　　儘管數學在把時間和空間在四維世界中結合起來的時候，並沒有完全消除這兩者的差別，但可以看出，這兩個概念確實極其相似。對於這一點，愛因斯坦以前的物理學是不甚了解的。事實上，各個事件之間的空間距離和時間間隔，應該認為僅僅是這些事件之間的基本四維距離在空間軸和時間軸上的投影，因此，旋轉四維坐標系，便可以使距離部分地轉變為時間，或使時間轉變為距離。不過，四維時空坐標系的旋轉又是什麼意思呢？

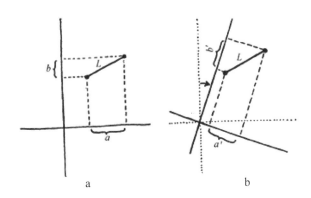

圖 34

我們先來看看圖 34a 中由兩個空間坐標所組成的坐標系。假設有兩個相距為 L 的固定點。把這段距離投影在坐標軸上，這兩個點沿第一根軸的方向相距 a 英尺，沿第二根軸的方向相距 b 英尺。如果把坐標系旋轉一個角度（圖 34b），同一個距離在兩根新坐標軸上的投影就與剛才不同，變成 a' 和 b' 了。不過，根據畢氏定理，兩個投影的平方和的平方根在這兩種情況下的值是一樣的，因為這個數所表示的是那兩個點之間的真實距離，當然不會因坐標系的旋轉而改變，也就是說

$$\sqrt{a^2 + b^2} = \sqrt{a'^2 + b'^2} = L$$

所以我們說，儘管坐標的數值是不定的，它們取決於所選擇的坐標系，然而它們的平方和的平方根則與坐標系的選擇無關。

現在再來考慮有一條距離軸和一條時間軸的坐標系。這時，兩個固定點就成了兩個事件，而兩條軸上的投影則分別表示空間距離和時間間隔。如果這兩個事件就是上一節所講到的銀行搶劫案和飛機失事案，我們可以把這個例子畫成一張圖（圖 35a），它很類似於圖 34a，不過圖 34a 上是兩條空間距離軸。那麼，怎樣才能旋轉坐標軸呢？答案是頗出乎意料、甚至令人困惑的：你想要旋轉時空坐標系，那就請坐上汽車吧。

好，假定我們真的在 7 月 28 日那個多事之晨坐上了一輛沿第五大道行駛的汽車。那麼，從自我的角度出發，我們最關心的一點就是被搶的銀行和飛機失事的地點離汽車有多遠，因為，這個距離決定了我們是否能看到這些事件。

現在看看圖 35a，汽車的世界線和兩個事件都畫在上面。你會立刻注意到，從汽車上觀察到的距離，與從其他地方（例如站在街口的交通警察）所觀察到的不同。因為汽車是沿著馬路行駛的，速度比

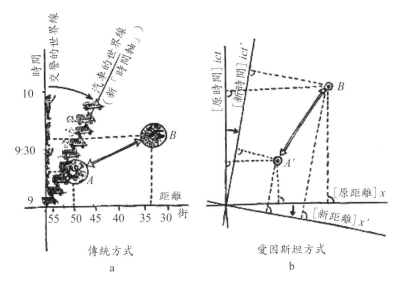

圖 35

方說是每三分鐘過一個路口（這在繁忙的紐約交通中是很常見的），所以從汽車上看，兩個事件的空間距離就變短了。事實上，由於在上午9點21分汽車正經過第52街，這時離發生搶案的地點有兩個路口之遠；到了飛機失事時（上午9點36分），汽車在第47街口，距出事地點有14個路口之遠。因此，在測量對汽車而言的距離時，我們就會斷言，搶劫案和失事案兩者相距14－2＝12個路口，而不是對於城市建築物而言的50－34＝16個路口。再看一下圖35a，我們就會看出，從汽車上記錄到的距離不能像過去一樣從縱軸（交警的世界線）來衡量，而應該從那條表示汽車世界線的斜線上來衡量。因此，這後一條線就是一條新時間軸。

把這些歸納一下，就是：從運動中的物體上觀看發生的事件時，時空圖上的時間軸應該旋轉一個角度（角度的大小取決於運動物體的速度），而空間軸保持不動。

　　這種說法，從古典物理學和所謂「常識」的觀點來看，盡可奉為真理，然而卻和四維時空世界的新觀念直接衝突，因為既然認為時間是第四個獨立的坐標，時間軸就應該永遠與三個空間軸垂直，不管你是坐在汽車上，電車上，還是坐在人行道上！

　　在這個緊要關頭，對於這兩種思維方法，我們只能遵循其一：或者保留那個舊有的時間與空間的觀念，不再對統一的時空幾何學作任何考慮；或者打破「常識」的老框框，認為空間軸應該和時間軸一起旋轉，從而使二者永遠保持垂直（圖35b）。

　　但是，旋轉空間軸就意味著，從運動物體上觀察到的兩個事件的時間間隔，不同於從地面上觀察到的時間間隔，這就如同旋轉時間軸在物理上意味著，兩個事件的空間距離當從運動物體上觀察時會具有不同的值（在上面例子中為12個路口和16個路口）一樣。因此，如果按照市政大樓的鐘，銀行搶劫案與飛機失事案相隔15分鐘，那麼，汽車上的乘客在他的手錶上看到的就不是這樣一個數字——這可不是由於手錶的機械裝置不完善造成了手錶走不準，而是由於在以不同速度運動的物體上，時間本身流逝的快慢就是不同的，因此，記錄時間的機械系統也相應地變慢了。不過在像汽車這樣低的速度下，時間變慢是微乎其微，簡直無法察覺的。（這個現象在本章後面還要詳細討論。）

　　再舉一個例子。設想一個人在一列行進的火車餐車上用餐，餐車上的侍者認為這人是在同一個地方（第三張桌子靠窗的位置）喝開胃酒和吃餐後甜點的。但對於兩個站在地面上從窗外向車內看的平交道工人——一個剛好看到他喝開胃酒，另一個則看到他在吃甜點——來說，這兩個事件的發生地點相距了好幾英里遠。因此，我們可以說：一個觀察者認為在同一地點和不同時間發生的兩個事件，在處於不

同運動狀態的另一個觀察者看來，卻會認為是在不同地點發生的。

　　從時空等效的觀點出發，把上面話中的「地點」和「時間」這兩個詞互換，就變成了：一個觀察者認為在同一時間和不同地點發生的兩個事件，在處於不同運動狀態的另一個觀察者看來，卻會認為是在不同時間發生的。把這些話用到餐車的例子時，那位侍者可以發誓說，餐車兩頭的兩位乘客正好同時點燃了「飯後一根菸」，而在地面上從車外向裏看的工人卻會堅持說，兩人點菸的時間一前一後。

　　因此，一種觀察認為同時發生的兩個事件，在另一種觀察看來，則可認為它們相隔一段時間。

　　這就是把時間和空間視為僅僅是恆定不變的四維距離在相應軸上的投影的四維幾何學，所必然要得出的結論。

二、以太風和天狼星之行

　　現在，我們來問問自己：我們使用這種四維幾何學的語言，是否能證明在我們的舊的、舒適的時空觀念中引入革命性變化的正當性？

　　如果回答是肯定的，那我們就向整個古典物理學體系提出了挑戰，因為古典物理學的基礎，是牛頓在兩個半世紀以前對空間和時間所下的定義，即「絕對的空間，就其本質而言，是與任何外界事物無關的，它從不運動，並且永遠不變」；「絕對的、真實的數學時間，就其本質而論，是自行均勻地流逝的，與任何外界的事物無關。」當然，牛頓在寫這幾句話的時候，他自己並不認為他是在敘述什麼新的東西，更沒想到它會引起爭論；他只不過把正常人的頭腦認為顯然如此的時空概念用準確的語言表達出來罷了。事實上，人們對古典的時空概念的正確性是如此深信不疑，因此，這種概念經常被哲學家們當作是先驗的東西；沒有一個科學家（更不用說門外漢了）

曾認為它們可能是錯的，需要重新檢查，重新說明。既然如此，為什麼現在又提出了這個問題呢？

　　答案是：人們之所以放棄古典的時空概念，並把時間和空間結合成單一的四維體系，這並不是出於審美的要求，也不是某位數學大師堅持的結果，而是因為在科學實驗中不斷地發現了許多不能用獨立的時間和空間這種古典概念來解釋的事實。

　　古典物理學這座漂亮的、似乎是永久的城堡所受到的第一次撼動基礎的衝擊——一次鬆動了這精巧建築物的每一塊磚石，撼倒了每一堵牆的衝擊——是美國物理學家邁克生（Albert A. Michelson, 1852-1931）於 1887 年所做的一個實驗引起的。這個實驗看起來並不起眼，但其作用無異於約書亞的號角對於耶利哥的城牆的作用❶。邁克生實驗的設想很簡單：光在通過所謂「光介質以太」（一種假設的、充滿宇宙空間和一切物質的原子之間的均勻物質）時，會表現出一定的波動性來。

　　向池塘裏丟一塊石頭，水波就向各個方向傳播；振動的音叉所發出的聲音也以波的方式向四方傳送，任何發亮的物體所發射出的光也是這樣。水面上的波紋清楚地表明水的微粒在運動；聲波則是被聲音穿過的空氣或其他物質在振動；但我們卻找不出傳遞光波的物質媒介是什麼。事實上，光在空間中的傳播顯得如此容易（與聲音相比），使人覺得空間真是完全空虛的！

　　不過，如果空間真是一無所有的話，硬說在本來無物可振之處有什麼東西在振動，豈不是太不合乎邏輯了嗎？因此，物理學家只

---

❶ 根據基督教《聖經》記載，古希伯來人在大規模移居時，受阻於死海北邊的古城耶利哥。希伯來人的先知約書亞命令祭司們抬著神龕，吹著號角繞城行走，結果，城牆就完全坍塌了。——譯者

好引用一個新概念「光介質以太」，以便在解釋光的傳播時，在「振動」這個動詞前面有一個實體當作主詞。從純語法角度來說，任何動詞都需要有一個主詞，但是——這個「但是」可要使勁說出來——語法規則沒有也不能告訴我們，這個為了正確造句而引進的主詞具有什麼樣的物理性質！

如果我們把「光以太」定義為傳播光波的東西，那麼，我們說光波是在光以太中傳播的，這麼說倒是無懈可擊，不過，這只是無謂的重複而已。光以太究竟是什麼東西和光以太具有什麼物理性質，才是實質的問題。在這方面，任何語法也幫不了我們的忙。答案只能從物理學中去找。

在後面的討論中，我們會看到，19 世紀物理學所犯的最大錯誤就是，人們假設這種光以太具有類似我們所熟知的一般物體的性質。人們總是提到光以太的流動性、剛性和各種彈性性質，甚至還提到內摩擦。這一來，光以太就有了這樣的性質：一方面，它在傳遞光波時，是一個振動的固體❷；另一方面，它對天體的運動卻沒有絲毫阻力，顯示出極完美的流動性。於是，光以太就被化為類似於火漆（sealing wax，又稱封蠟）的物質。火漆是硬的，在機械力的迅速衝擊下易碎；但如果靜置足夠長的時間，它又會因自己的重量而像蜂蜜那樣流動。過去的物理學設想光以太與火漆相似，並充滿整個星際空間。它對於光的傳播這樣的高速擾動，表現得像堅硬的固體；而對於速度只有光速的幾千分之一的恆星和行星來說，它又像液體一樣被它們從前進的路上推開。

---

❷ 光波的振動已被證明是與光的行進方向相垂直，因而被稱為橫波。對一般物體來說，這種橫向振動只發生在固體中。在液體和氣體中，粒子的振動方向只能與波的行進方向相同。

　　這種我們可稱之為模擬的觀點，當用於一種除名稱以外一無所知的物質上，試圖判斷它具有哪些我們所熟悉的普通物質的性質時，從一開始就遭到巨大的失敗。儘管人們作了種種努力，仍找不出對這種神祕的光波傳播媒介的合理力學解釋。

　　現在，以我們具有的知識，很容易看出所有這一類嘗試錯在哪裏。事實上，我們知道，一般物質的所有機械性質都可以追溯到構成物質的微粒之間的作用力。例如，水的良好流動性，是由於水分子之間可做幾乎沒有摩擦的滑動；橡膠的彈性是由於它的分子很容易變形；金剛石的堅硬是由於構成金剛石晶體的碳原子被緊緊束縛在剛性結構上。因此，各種物質所共有的一切機械性質都是出自它們的原子結構，但這一條結論在用於光以太這樣絕對連續的物質上時，就沒有任何意義了。

　　光以太是一種特殊的物質，它的組成和我們一般稱為實物的各種較為熟悉的原子鑲嵌結構毫無共同之處。我們可以把光以太稱為「物質」（這僅僅因為它是動詞「振動」的語法主詞），但也可以把它叫做「空間」。不過我們要記住，前面已經看到，以後還會看到，空間具有某種形態上或者說結構上的內容，因此它比歐氏幾何學上的空間概念複雜得多。實際上，在現代物理學中，「以太」這個名稱（撇開它那些所謂的力學性質不談的話）和「物理空間」是同義語。

　　但是，我們扯太遠了，竟談起對「以太」這個詞的哲學分析來了，現在還是回到邁克生的實驗吧。我們在前面說過，這個實驗的原理很簡單：如果光是通過以太的波，那麼，放置在地面上的儀器所記錄到的光速將受到地球在星際空間中運動的影響。站在地球上正好與地球繞日的軌道方向一致之處，就會置身於「以太風」之中，如同站在高速行駛的帆船甲板上，可以感覺到有股風撲面而來一樣，

　　儘管此時空氣是完全靜止的。當然，你是感覺不出「以太風」的，因為我們已經假設它能毫不費力地穿入我們身體的各個原子之間。不過，如果測量與地球行進方向成不同角度的光的速度，我們就可以察知它的存在。誰都知道，順風前進的聲音速度比逆風時大，因此，光順著以太風和逆著以太風傳播的速度看來也會不同。

　　邁克生想到了這一點，於是便著手設計出一套儀器，它能夠記錄下各個不同方向的光速的差別。當然，最簡單的方法是採用以前提過的菲佐實驗的儀器（圖 31c），把它轉向各個不同的方向，以進行一系列測量。但這種做法的實際效果並不理想，因為這要求每次測量都有很高的精確度。事實上，由於我們所預期的速度差（等於地球的運動速度）只有光速的萬分之一左右，所以，每次測量都必須有極高的準確度才行。

　　如果你有兩根長度相差不多的棒子，並且想準確地知道它們相差多少的話，那麼，你只要把兩根棒子的一頭對齊，量出另一頭的長度差就行了。這就是所謂「零點法」。

　　邁克生實驗的原理圖如圖 36 所示，它就是應用零點法來比較光在相互垂直的兩個方向上的速度差。

　　這套儀器的中心部件是一塊玻璃片 B，上面鍍一層薄薄的銀，呈半透明狀，可以讓入射光線通過一半，而反射回其餘的一半。因此，從光源 A 射來的光束在 B 處分成互相垂直的兩部分，它們分別被與中心部件等距離的平面鏡 C 和 D 所反射。從 D 折回的光線有一部分穿過銀膜，從 C 折回的光線有一部分被銀膜反射；這兩束光線在進入觀察者的眼睛時又結合起來。根據大家所知道的光學原理，這兩束光會互相干涉，形成肉眼可見的明暗條紋。如果 BC 和 BD 等長，兩束光會同時返回中心部件，明亮部分就會位於正中央；如果距離

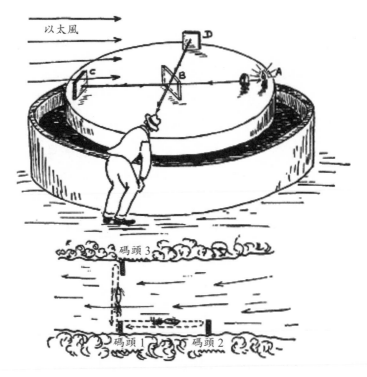

圖 36　邁克生實驗的原理圖

稍有不同，就會有一束光晚些到達，於是，明亮部分就會向左或向右偏移❸。

　　儀器是安裝在地球表面的，而地球則在空間中迅速移動，因此，我們會預期以太風會以相當於地球運動速度的速度拂過地球。例如，我們可以假定這股風自 C 向 B 吹去，如圖 36 所示，然後來看看，這兩束趕到相會地點的光線在速度上有什麼差別。

　　要記住，其中的一束光線是先逆「風」、後順「風」，另一束則在「風」中橫向來回。那麼，哪一束先回來呢？

❸ 可參考圖43附近的內文說明。

設想有一條河，河中有一艘汽船從 1 號碼頭向上行駛到 2 號碼頭，然後再順流駛回 1 號碼頭。流水在航程的前一半起阻擋作用，但在歸程中則助了一臂之力。你或許會認為這兩種作用將互相抵消吧？但情況並不如此。為了弄清楚這一點，設想船以河水的流速行駛。在這種情況下，它永遠到不了 2 號碼頭！不難看出，水的流動對於整個航程的時間的影響是

$$\frac{1}{1-\left(\dfrac{v}{V}\right)^2}$$

這裏 V 是船速，v 是水流速度❹。如果船速為水的流速的 10 倍，來回一趟所用的時間是

$$\frac{1}{1-\left(\dfrac{1}{10}\right)^2}=\frac{1}{1-0.01}=\frac{1}{0.99}=1.01（倍）$$

即比在靜水中多了百分之一的時間。

　　用同樣的方法，我們也能算出來回橫渡所耽擱的時間。這個耽擱是由於從 1 號碼頭駛到 3 號碼頭時，船一定得稍稍斜駛，以補償水流所造成的漂移。這一回耽擱的時間少一些，減少的倍數是

$$\sqrt{\frac{1}{1-\left(\dfrac{v}{V}\right)^2}}$$

實際算的話，時間只增加了千分之五。要證明這個公式是很簡單的，用功的讀者不妨自己試一試。現在，把河流換成流動的以太，把船

---

❹ 用 l 表示兩碼頭之間的距離，逆流時的合成速度為 $V-v$，順流時為 $V+v$，航行的總時間為：

$$t=\frac{l}{V-v}+\frac{l}{V+v}=\frac{2Vl}{(V-v)(V+v)}=\frac{2Vl}{V^2-v^2}$$
$$=\frac{2l}{V}\cdot\frac{V^2}{V^2-v^2}=\frac{2l}{V}\cdot\frac{1}{1-\dfrac{v^2}{V^2}}$$

改成行進的光波，那就是邁克生的實驗了。光束從 B 到 C 再折回 B，時間延長了

$$\frac{1}{1-\left(\frac{V}{c}\right)^2}$$

倍，c 是光在以太中傳播的速度。光束從 B 到 D 再折回來，時間增加了

$$\sqrt{\frac{1}{1-\left(\frac{V}{c}\right)^2}}$$

倍。以太風的速度（等於地球運動的速度）為每秒 30 公里，光的速度為每秒 30 萬公里，因此，兩束光分別延遲萬分之一和十萬分之五。對於這樣的差異，使用邁克生的裝置，是很容易觀察到的。

可是，在進行這項實驗時，邁克生竟未觀察到干涉條紋有絲毫移動，可以想像，他當時是何等訝異啊！

顯然，無論光在以太風中怎樣傳播，以太風對光速都沒有影響。

這個事實太令人驚訝了，因此，邁克生在開始時簡直不相信自己所得到的結果。但是，一次又一次精心的實驗不容置疑地說明，這個結論雖然令人驚訝，卻是正確的。

對這個出乎意料的結果，看來唯一合適的解釋是大膽假設，邁克生那張架設鏡子的大型石桌沿著地球在空間運行的方向上有微小的收縮（即所謂費茲傑羅收縮❺）。事實上，如果 BC 收縮了一個倍數

$$\sqrt{1-\frac{V^2}{c^2}}$$

而 BD 不變，那麼，這兩束光耽擱的時間便相同，因而就不會產生干

---

❺ 費茲傑羅(George Fitzgerald)是首先引進這個概念的物理學家，因而用他的名字來命名。當時他認為這純粹是運動的一種機械效應。

涉條紋移動的現象了。

　　不過，邁克生那張桌子會收縮這句話說起來容易，理解起來很難。物體在有阻力的介質中運動時會收縮，這種實例我們確實遇到過。例如，汽船在湖水中行駛時，由於尾部推進器的驅動力和船頭水的阻力兩者的作用，船體會被壓縮一點點。這種機械力所造成的壓縮程度與船殼材料有關，鋼製的船體就會比木製的少壓縮一些。但在邁克生實驗中，這種導致意外結果的收縮，其大小只與運動速度有關，而與材料本身的強度根本無關。如果安裝鏡子的那張桌子不是用大理石材料製成，而是用鑄鐵、木頭或其他任何物質製成，收縮程度還是一樣。因此，很清楚，我們遇到的是一種普遍效應，它使一切物體都以完全相同的程度收縮。按照愛因斯坦 1905 年描述這種現象時所提出的看法，我們這裏所碰到的是空間本身的收縮。一切物體在以相同速度運動時都收縮同樣的程度，其原因完全在於它們都被限制在同一個收縮的空間內。

　　關於空間的性質，我們在前面第三、第四章已經談了不少，所以，現在提出上述說法就顯得很合理了。為了把情況說得更清楚，可以想像空間有某種類似於彈性膠凍（其中留有各種物體的邊界的痕跡）的性質；在空間受擠壓、延展、扭轉而變形時，所有包容在其中的物體的形狀就自動地以同樣的方式改變了。這種變形是由於空間變形造成的，它和物體受到外力時在內部產生應力並發生變形的情況要加以區分。圖 37 中所示二維空間的情況，對於區分這兩種不同的變形可能有所幫助。

　　儘管空間收縮效應對於理解物理學的各種基本原理是很重要的，但在日常生活中卻沒有人注意到它。這是因為，我們平常所能碰到的最大速度，比起光速來是微不足道的。例如，每小時行駛 50 英里

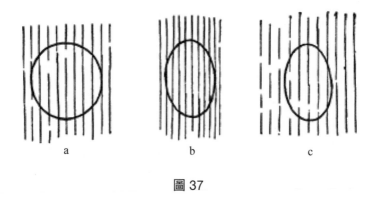

a　　　　　　　b　　　　　　　c

圖 37

的汽車，它的長度只變為原來的

$$\sqrt{1-(10^{-7})^2}=0.999\ 999\ 999\ 999\ 99$$

倍，這相當於汽車全長只減少了一個原子核的直徑那麼長！時速超過
600 英里的噴射飛機，長度只不過減小一個原子的直徑那麼大；就是
時速 25,000 英里的 100 米長的星際火箭，長度也只不過縮短了百分
之一公釐。

　　不過，如果物體以光速的 50%、90% 和 99% 運動，它們的長度
就會分別縮短為靜止長度的 86%、45% 和 14% 了。

　　有一首無名作家寫的打油詩，描寫了這種高速運動物體的相對
論性收縮效應：

斐克小伙劍術精，

出刺迅捷如流星，

由於空間收縮性，

長劍變成小鐵釘。

　　當然，這位斐克先生的出劍一定得有閃電的速度才行！

　　從四維幾何學的觀點出發，一切運動物體的這種普遍收縮是很容易解釋的：這是由於時空坐標系的旋轉使得物體的四維長度在空間坐標上的投影發生了改變。你一定還記得上一節所討論過的內容吧，從運動著的系統上觀察事件時，一定要用空間和時間軸都旋轉一定角度的坐標系來描述；旋轉角度的大小取決於運動速度。因此，如果說在靜止系統中，四維距離是百分之百地投影在空間軸上（圖38a），那麼，在新的坐標軸上，空間投影就總是要變短一些（圖38b）。

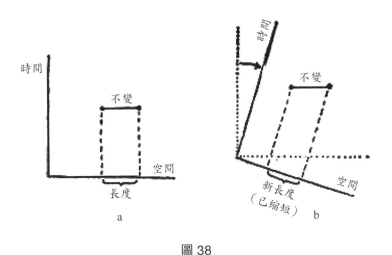

圖38

　　需要記住的一個要點是：長度的縮短僅僅和兩個系統的相對運動有關。如果有一個物體相對於第二個系統是靜止的，那麼，它在這個新空間軸上的投影是用長度不變的平行線表示的，而它在原空間軸上的投影則縮短同樣的倍數。

　　因此，判定兩個坐標系中哪一個是「真正」在運動的想法，非但是不必要的，也是沒有物理意義的。起作用的僅僅是它們在相對運

動這一點。所以，如果有兩艘屬於某「星際交通公司」的載人太空船，以高速在地球和土星間的往返途中相遇，每一艘船上的乘客透過舷窗都會看到另一艘船的長度明顯變短了；而對他們自己乘坐的這一艘，卻感覺不出有什麼變化。因此，爭論哪一艘船「真正」縮短是沒有用的，事實上，無論哪一艘，在另一艘太空船上的乘客們看來都是縮短了的，而從它自己乘客的角度看來卻是不變的 ❻ 。

四維時空的理論還能使我們明白，為什麼運動物體的長度在速度接近光速時才有顯著改變。這是因為：時空坐標旋轉角度的大小是由運動系統所通過的距離與相應的時間的比值決定的。如果距離用英尺表示，時間用秒表示，這個比值恰恰就是常用的速度，單位是英尺/秒。在四維系統中，時間間隔是用常見的時間單位乘以光速，而決定旋轉角度大小的比值又是運動速度（英尺/秒）除以光速（同樣的單位），因此，只有當兩個系統相對運動的速度接近光速時，旋轉角度的變化以及這種變化對距離測量結果的影響才會變得顯著。

時空坐標系的旋轉，不僅影響了長度，也改變了時間間隔。可以證明：由於第四個坐標具有特殊的虛數本質 ❼ ，當空間距離變短的時候，時間間隔會增大。如果在一輛高速行駛的汽車裏安放一只鐘，它會比安放在地面上的同樣一只鐘走得慢些。滴答聲的間隔會加長。時鐘的走慢如同長度的縮短一樣，也是一個普遍的效應，只與運動速度有關。因此，最新式的手錶也好，你祖父的老式大座鐘也好，沙漏也好，只要運動速度相同，它們走慢的程度就會一樣。這種效應當然並不只限於我們稱之為「鐘」和「錶」的專門機械，實際上，

---

❻ 這只是從理論上描繪的情景。如果真有這樣兩艘太空船以高速相遇，無論哪一艘船上的乘客都根本看不見另一艘——你能看到從槍膛裏射出的子彈嗎？它的速度只有太空船的若干分之一呢！

❼ 也可以說是由於四維空間中畢氏定理向時間軸發生了扭曲。

一切物理的、化學的、生理的過程都以同樣的程度放慢下來。因此，如果你在快速飛行的太空船上吃早飯，可用不著擔心因手腕上戴的錶走得太慢而把雞蛋煮老了，因為雞蛋內部的變化也相應地變慢了。所以，如果平時你總是吃「五分鐘煮蛋」，那麼，現在你仍然可以看著錶把它煮上五分鐘。這裏我們有意用火箭、而不是用火車餐車作為例子，是因為時間的伸長也如同空間的收縮一樣，只有當運動接近光速時才變得比較明顯。時間伸長的倍數也是 $\sqrt{1-\frac{v^2}{c^2}}$，和空間收縮時的情況一樣。不過有一點不同，這個倍數在時間伸長時是除數，在空間收縮時是乘數。如果一個物體運動得非常之快，其長度減小一半，那麼，時間間隔會延長一倍。

運動系統中時間變慢這個情況，為星際旅行提供了一個有趣的現象。如果你打算到天狼星——距離我們 9 光年——的行星上去，於是，你坐上了幾乎有光速那麼快的太空船。你大概會認為，往返一趟至少要 18 年，因此打算攜帶大量食物。不過，如果你乘坐的太空船確實有近於光速的速度，那麼，這種小心就是完全多餘的。事實上，如果太空船的速度達到光速的 99.99999999%，你的手錶、心臟、呼吸、消化和思維都將減慢 7 萬倍，因此從地球到天狼星往返一趟所花費的 18 年（從留在地球上的人看來），在你看來只不過是幾小時而已。如果你吃過早飯便從地球出發，那麼，當降落在天狼星某一行星的表面上時，正好可以吃中飯。要是你的時間很緊，吃過午飯後馬上返航，就可以趕回地球上吃晚飯。不過，如果你忘了相對論原理，那你到家時必定會大吃一驚：因為你的親友會認為你一定還在宇宙空間中的什麼地方，因而已經自顧自地吃過 6,570 頓晚飯了！地球上的 18 年，對你這個近於光速的旅客來說，只不過是一天而已。

那麼，如果運動得比光還快呢？這裏又有一首關於相對論的打

油詩：

> 年輕女郎名伯蕾，
>
> 神行有術光難追；
>
> 愛因斯坦來指點，
>
> 今日出遊昨夜歸。

說真的，如果速度接近光速可使時間變慢，超過光速不就能把時間倒轉了嗎！還有，由於畢達哥拉斯根式中代數符號的改變，時間坐標會變為實數，這就變成了空間距離；同時，在超光速的系統中，所有長度都通過零而變為虛數，這就變成了時間間隔。

如果這一切是可能的，那麼，圖33中所畫的那個愛因斯坦變尺為鐘的戲法就成了可能發生的事情了，只要他能想到方法獲得超光速，就可以變這種戲法了。

不過，我們的這個物理世界，雖然是夠顛三倒四的，卻還不是這種顛倒法。這種魔術式的變化是完全不可能實現的。這可以用一句話簡單地加以概括，就是：沒有任何物體能以光速或超光速運動。

這一條基本自然律的物理學基礎在於：有大量的直接實驗證明，運動物體反抗它本身進一步加速的慣性質量（inertial mass），在運動速度接近光速時會無限增大。因此，如果一顆左輪手槍子彈的速度達到光速的99.99999999%，它對於進一步加速的阻力（即慣性質量）相當於一枚12英寸的炮彈；如果達到99.99999999999999%，這顆小子彈的慣性質量就等於一輛滿載的卡車。無論再給這顆子彈施加多大的力，也不能征服最後一位小數，使它的速度正好等於光速。光速是宇宙中一切運動速度的上限！

三、彎曲空間與重力之謎

　　讀者們讀過剛才這幾十頁有關四維坐標系的討論，大概會有頭昏腦漲之感；對此，我非常抱歉。現在，我邀請大家一起到彎曲空間去散散步。大家都知道曲線和曲面是怎麼一回事，可是，「彎曲空間」又意味著什麼呢？這種現象之所以難以想像，主要不在於這個概念的古怪，而在於我們不能像觀察曲線和曲面時那樣從外部來觀察空間。我們本身生活在三維空間之內，因此，對於三維空間的彎曲，只能從內部來觀測。為了理解在三維空間裏生活的人如何體會空間的曲率，我們先來考慮假想的二維扁片人在平面和曲面上生活的情況。在圖 39a 和 39b 上，可以看到一些扁片科學家，他們在「平面世界」和「曲面世界」上研究自己的二維空間幾何學。可供研究用的最簡單的圖形，當然是連接三個點的三條直線所構成的三角形了。大家在中學裏都學過，任何平面三角形的三個內角之和都是 180°。但是，如果三角形是在球面上，就很容易看出上述定理是不成立的。例如，由兩條經線和一條緯線（這裏借用了地理學上的概念）相交而成的三角形中，就有兩個直角（底角），同時還有一個數值可從 0° 到 360° 的頂角。拿圖 39b 上那兩個扁片科學家所研究的三角形來說，三個角的總和就是 210°。所以，我們可以看出，扁片科學家們透過測量他們那個二維空間中的幾何圖形，就可以發現他們自己那個世界的曲率，而無須從外面進行觀測。

　　將上述觀察用到再多一維的世界，自然能得出結論：生活在三維空間的人類，只需要測量連接這個空間中三個點所成三條直線之間的夾角，就可以確定空間的曲率，而無須站到第四維上去。如果三個角的和為 180°，空間就是平坦的，否則就是彎曲的。

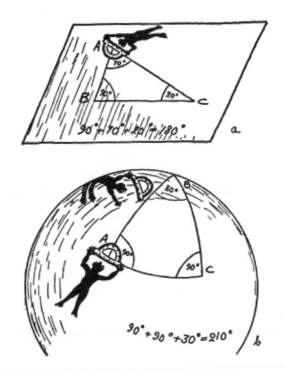

圖 39　「平面世界」和「曲面世界」上的扁片科學家們在檢驗三角形的
　　　　內角和是否符合歐幾里德定理

　　不過，在作進一步探討之前，我們得先弄清楚直線這個詞的意
思。讀者們看過圖 39a 和圖 39b 上的兩個三角形，大概會認為平面
三角形（圖 39a）的各邊是真正的直線，而曲面上出現的線條（圖
39b）只是球面上大圓❽的弧，所以是彎曲的。

　　這種出自日常幾何概念的提法，會使二維空間的扁片科學家們
根本無法發展他們自己的幾何學。對直線的概念需要有一個更普遍

---

❽ 大圓是球面被通過球心的平面切割所得到的圓。子午線和赤道都屬於這種大
　圓。

的數學定義，使它不僅能在歐幾里德幾何中站穩，還能在曲面和更複雜的空間中立足。這個定義可以這樣下：「直線」就是在給定的曲面或空間內兩點之間的最短距離。在平面幾何中，上述定義和我們印象中的直線概念當然是相符的；在曲面這種較為複雜的情況下，我們會得到一組符合定義的線，它們在曲面上所起的作用與歐氏幾何中普通「直線」所起的作用相同。為了避免產生誤解，我們常常把表示曲面上兩點之間最短距離的線叫做短程線（geodesical line）或測地線（geodesics），因為這兩個名詞是首先在大地測量學（geodesy）——測量地球表面的學科——中使用的。實際上，當我們說到紐約和舊金山之間的直線距離時，我們的意思是指「一直走，不拐彎」，也就是順著地球表面的曲率走，而不是用假想的巨大鑽機把地球筆直地鑽透。

這種把「廣義直線」或「短程線」視為兩點間最短距離的定義，向我們展示了作這種線的物理方法：我們可以在兩點間拉緊一根繩。如果這是在平面上做的，那將得到一般的直線；如果在球面上做，你就會發現，這根繩沿著大圓的弧拉緊，就是球面上的短程線。

用同樣的方法，還可以知道我們在其內部生活的這個三維空間是平坦的還是彎曲的，我們所需要做的，就只是在空間內取三個點，然後拉緊繩子，看看三個夾角之和是否等於180°。不過在做這個實驗時，要注意兩點。一是實驗必須在大範圍內進行，因為曲面或彎曲空間的一小部分可能顯得很平坦。顯然，我們不能靠著在哪一家的後院裏測出的結果來確定地球表面的曲率！二是空間或曲面可能有某些部分是平坦的，而在另一些地方是彎曲的，因此需要做普遍的測量。

愛因斯坦在創立他的廣義彎曲空間理論時，他的想法包含了這

樣一項假設：物理空間是在巨大質量的附近變彎曲的；質量越大，曲率也越大。為了從實驗上證明這個假設，我們不妨找座大山，環繞它釘上三個木樁，在木樁之間拉上繩子，然後測量三個木樁上繩子的夾角（圖40a）。儘管你挑選了最大的大山——哪怕到喜馬拉雅山脈去找——結論也只有一個：在測量誤差允許的範圍內，三個角的和正好是180°。但是，這個結果並不一定意味著愛因斯坦是錯的，並不表示大質量的存在不能使周圍的空間彎曲，因為即便是喜馬拉雅山，也可能還不足以使周圍空間彎曲到能用最精密的儀器測量出來！大家應該還記得伽利略想用遮光燈來測定光速的那次失敗吧（圖31）！

　　因此，不要灰心，重新來一次好了。這次找個更大的質量，譬如說太陽。

　　如果你在地球上找一個點，拴上一根繩，拉到一顆恆星上去，再從這顆恆星拉到另外一顆恆星上，最後再盤回到地球上的那個點，並且要注意讓太陽正好位於繩子所圍成的三角形之內。嘿！這下子可成功了。你會發現，這三個角的和與180°之間有了可察覺出來的差異。如果你沒有足夠長的繩子來進行這項實驗，把繩子換成一束光線也行，因為光學告訴我們，光總是走最短路線的。

　　這個測量光線夾角的實驗原理如圖40b所示。在進行觀測時，位於太陽兩側的恆星 S_1 和 S_{11} 射來的光線進入經緯儀，從而測出了它們的夾角。然後，在太陽離開後再來測量。把兩次測量的結果加以比較，如果有所不同，就證明太陽的質量改變了它周圍空間的曲率，從而使光線偏離原路線。這個實驗是愛因斯坦為驗證他的理論而提出的。讀者們可參照圖41所繪的類似的二維圖景。

　　在正常情況下進行愛因斯坦的這項實驗，有個明顯的實際障礙：

圖 40

由於太陽的強烈光芒，我們看不到它周圍的星辰。想在白天清楚地看見它們，只有在日全蝕的情況下才能實現。1919 年，一支英國天文學遠征隊到達了正好發生日全蝕的普林西比群島（西非），進行實際觀測，結果發現，兩顆恆星的角距離在有太陽和沒有太陽的情況下相差 1.61″±0.30″，而愛因斯坦的理論計算值為 1.75″。此後又做了各種觀測，都得到了相近的結果。

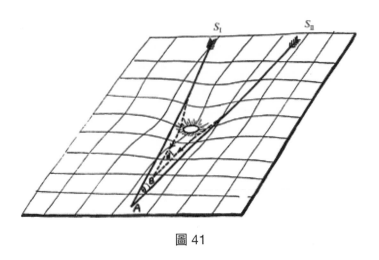

圖 41

　　誠然，1.6 角秒（angular second）這個角度並不算大，但已足以
證明：太陽的質量確實迫使周圍的空間發生了彎曲。

　　如果我們能用其他質量更大的星體來代替太陽，歐幾里德的三
角形內角和定理就會出現若干分、甚至若干度的錯誤。

　　對一個內部觀察者來說，想要習慣於三維彎曲空間的概念，需
要一定的時間和相當豐富的想像力；不過一旦走對了路，它就會和
任何一個古典幾何學概念一樣明確。

　　為了完全理解愛因斯坦的彎曲空間理論及其與萬有引力這個根
本問題之間的關係，還要再向前走一步才行。我們必須記住，剛才
一直在討論的三維空間，只是四維時空世界這個一切物理現象發生
場所的一部分，因此，三維空間的彎曲，只不過反映了更普遍的四
維時空世界的彎曲，而表述光線和物體運動的四維世界線，應看作
是超空間中的曲線。

　　從這個觀點，愛因斯坦得出了一個重要的結論：重力現象僅僅
是四維時空世界的彎曲所產生的效應。因此，關於行星直接接受太

陽的作用力而繞著它在圓形軌道上運動這個古老的觀點，現在可以視為不合時宜而加以摒棄，代之以更準確的說法，那就是：太陽的質量彎曲了周圍的時空世界，而圖 30 所示的行星的世界線正是它們通過彎曲空間的短程線。

　　因此，重力作為獨立力的概念就從我們的頭腦中徹底消失了。取而代之的是這樣的新概念：在純粹的幾何空間中，所有的物體都在由其他巨大質量所造成的彎曲空間中沿「最直的路線」（即短程線）運動。

四、閉空間與開空間

　　在結束這一章之前，我們還得簡單講一下愛因斯坦時空幾何學中的另一個重要問題，即宇宙是否有限的問題。

　　到目前為止，我們一直在討論空間在大質量周圍的局部彎曲。這種情況好像是宇宙這張奇大無比的臉上生著許多「空間粉刺」。那麼，除了這些局部變化之外，整個宇宙是平坦的呢，還是彎曲的？如果是彎曲的，又是怎樣彎曲的呢？圖 42 給出了三個長「粉刺」的二維空間。第一個是平坦的；第二個是所謂「正曲率」，即球面或其他封閉的幾何面，這種面不管朝哪個方向伸展，彎曲的「方式」都是一樣的；第三個與第二個相反，在一個方向上朝上彎，在另一個方向上朝下彎，像個馬鞍面，這叫做「負曲率」。後兩種彎曲是很容易區分的。從足球上割下一塊皮，再從馬鞍上割下一塊皮，把它們放在桌面上，試著將它們展平。你會注意到，要既不拉長又不起皺，那麼無論哪一塊都展不成平面。足球皮需被拉長，馬鞍面則會出褶。足球皮在邊緣部分顯得皮太少，不夠攤平之用；馬鞍皮又顯得多了些，不管怎麼弄總會疊出褶來。

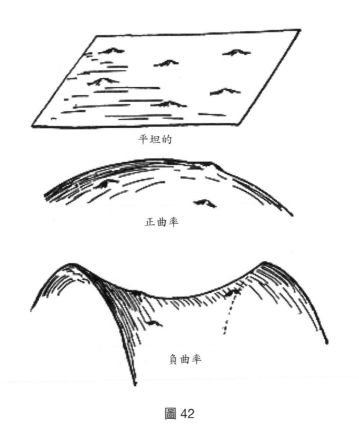

平坦的

正曲率

負曲率

圖 42

對這個問題還可以換個說法。假如我們（沿著曲面）從某一點起，數一數在周圍 1 英寸、2 英寸、3 英寸等範圍內「粉刺」的個數，我們會發現：在平面上，「粉刺」個數是像距離的平方那樣增加的，即 1、4、9 等等；在球面上，「粉刺」數目的增加要比平面上慢一些；而在馬鞍面上則比平面上快一些。因此，生活在二維空間內的扁片科學家，雖然根本不可能從外面看一看自己這個世界的情況，卻照樣能透過計算不同半徑的圓內所包含的粉刺數，來了解它的彎曲狀況。在這裏，我們還能看出，正負兩種曲面上三角形的內角和是不同的。前一節我們學過，球面三角形的三內角和總是大於 180°。如果你在

馬鞍面上畫畫看，就會發現三個角的和總是小於 180°。

　　上述由考察曲面得來的結果可以推廣到三維空間的情況，並得
到下表。

空間類型	大範圍的行為	三角形內角和	體積增加狀況
正曲率 （類似球面）	自行封閉	> 180°	比半徑立方慢
平直 （類似平面）	無限伸展	= 180°	等於半徑立方
負曲率 （類似馬鞍面）	無限伸展	< 180°	比半徑立方快

　　這張表可實際用來探討我們所生存的宇宙空間究竟是有限還是
無限的。這個問題將在研究宇宙大小的第十章中再加以討論。

第三部
微觀世界

6
下降的階梯

一、古希臘人的觀念

　　人們在分析各種物體的性質時，總是先從「不大不小」的熟悉物體入手，然後一步步進入其內部結構，以尋求人眼所看不到的物質性質的最終來源。現在，就讓我們來分析一下端到餐桌上的蛤蜊雜燴吧。這倒不是因為這道菜味道鮮美、營養豐富，而是它可以作為混合物的一個適當例子。用肉眼就可以看出，它是由好多種不同成分混雜在一起的：蛤蜊片、洋蔥瓣、番茄塊、芹菜段、馬鈴薯塊、胡椒粒、肥肉末，還有鹽和水，一股腦兒攪在一起。

　　日常生活中我們所見到的大部分物質，特別是有機物，一般都是混合物，儘管往往要用顯微鏡才能確認。比如說，用低倍放大鏡就能看出，牛奶是由均勻的白色液體和懸浮在其中的小滴奶油所組成的乳狀液體。

　　在顯微鏡下可以看到，土壤是一種精細的混合物，其中含有石灰石、黏土、石英、鐵的氧化物、其他礦物質、鹽類以及各種動植物體腐爛而成的有機物質，如果把一塊普通的花崗岩表面打磨光，就可以看出，這塊石頭是由三種不同物質（石英、長石和雲母）的小晶粒牢固結合在一起組成的。

　　在我們對物質的細微結構進行研究的這座下降的階梯上，混合物只是第一層，或者說是樓梯口。緊接著，我們可以對混合物中每一種純淨物質的成分進行研究。對於真正的純淨物質，如一段銅線、一杯水或室內的空氣❶（懸浮的灰塵不算在內），用顯微鏡觀察時看不出有任何不同組成的跡象，它們好像是完全一致的。的確，銅線等所有真正的固體（含有玻璃之類的非結晶體除外）在高倍放大下都顯示出所謂微晶結構。在純淨物質中，我們看到的所有晶體都是同一種類型的──銅絲中都是銅晶體，鋁鍋上都是鋁晶體，食鹽裏只能看到氯化鈉晶體。使用一種專門技術（慢結晶），我們可以把食鹽、銅、鋁或隨便哪一種純淨物質的體積任意增大，而在這樣得到的「單晶」中，每一小塊都和其他部分一樣均勻，正如水或玻璃一樣。

　　靠肉眼所見，或者利用最好的顯微鏡，我們能否假設這些均勻的物質無論被放大多少倍都不變樣呢？換句話說，能否相信一塊銅、一粒鹽、一滴水無論減到多麼少，它們所具有的性質也不會改變？它們是否永遠能分割為具有同樣性質的更小部分？

　　第一個提出並試圖解答這個問題的人，是大約 2300 年前生活在雅典的古希臘哲學家德謨克利特（Democritus）。他的答案是否定的。他更傾向於認為，任何一種東西，不管看起來多麼均勻，總是由大量（究竟大到什麼程度，他可不曉得）很小的（到底小到什麼程度，他也不清楚）粒子組成的。他把這種粒子叫做「原子」（atom），意思就是「不可分割者」；各種物質中原子的數目不同，但各種物質性質的不同只是外觀的，而不是實在的。火的原子和水的原子是一樣的，只是外觀不同而已。所有的物質都是由同樣的固定不變的

❶ 作者這裏有一個疏忽。空氣並不是純淨物質，而是氮、氧等多種氣體的混合物。──譯者

原子所組成。

與德謨克利特同時代的恩培多克勒（Empedocles）則持不同的觀點。他認為有若干種不同的原子，它們按不同比例摻雜起來，構成了各種物質。

恩培多克勒基於當時仍處於萌芽階段的化學知識，提出了四種原子，以對應當時被認為是最基本的四種物質：土、水、空氣和火。

按照這套論點，土壤是由緊緊排在一起的土原子和水原子組成的；排列得越好，土質就越好。生長在土壤裏的植物把土原子和水原子與太陽光中的火原子結合，形成木頭的分子。當水逸去後，木頭就成了乾柴。燃燒乾柴，就把木頭分成原來的火原子和土原子；火原子從火焰裏跑掉，土原子留下來就是灰燼。

用這種說法來解釋植物的生長和木頭的燃燒，在科學處於嬰兒階段的時期，倒顯得頗合乎邏輯。不過，這種解釋當然是錯的。我們現在知道，植物生長所需要的大部分物質，並不像古代人或許多現代人──如果沒有人講給他們聽的話──所認為的那樣來自土壤，而是來自空氣。土壤除作為支撐物和保存植物所需水分的水庫外，只提供一小部分供生長用的鹽類。想要培養出一株大玉米，只要有頂針（thimble）那麼大的一塊土壤就夠了。

實際情況是這樣的：空氣是氮氣和氧氣的混合物（不像古人所想像的是一種簡單的元素），另外還含有一定數量由氧原子和碳原子所組成的二氧化碳分子。在陽光的作用下，植物的綠葉吸收了大氣中的二氧化碳；二氧化碳與根系提供的水分產生反應，生成各種有機物質，以構成植物本身。生成物中還有氧氣，其中一部分氧氣回到大氣中，這就是「屋裏養花草，空氣會變好」的原因。

當木頭燃燒時，木頭分子再和空氣中的氧結合，重新變成二氧

化碳和水蒸氣從火焰中散出。

　　至於「火原子」這種曾被古人認為能夠進入植物的物質結構之中的東西，實際上並不存在。太陽光只提供能量，以破壞二氧化碳分子，形成供生成植物消化的氣體養料。而且，既然火原子不存在，火焰也就顯然不是火原子的「散逸」，而是一股熾熱的氣體物質，由於在燃燒過程中釋放能量而變為可見之物。

　　我們再用一個例子來說明對化學變化的看法在古代和現代的不同。你一定知道，各種金屬是由不同的礦石在鼓風爐的高溫中熔煉出來的。各種礦石乍看起來往往和普通石頭差不多，因此，難怪古代科學家們認為礦石也和其他石頭一樣，是由同一種土原子組成的。當把一塊鐵礦石放在烈火中時，就得到與普通石頭完全不同的東西——一種有光澤的堅硬物質，可用來製造刀子和槍尖。他們對此所做的最簡單的解釋，是說金屬是土與火結合而成的。換句話說，土原子與火原子結合成金屬分子。

　　為了將這個概念應用於所有金屬，他們解釋說：不同性質的金屬，如鐵、銅、金，是由不同比例的土原子與火原子組成的。閃閃發光的黃金比暗黑的鐵含有更多的火，這不是很明顯嗎！

　　不過，如果真是這樣的話，為什麼不往鐵裏再加些火，或乾脆往銅裏加火，讓它們變成貴重的黃金呢？中世紀那些講求實際的煉金術士們想到了這一點，力圖把賤金屬變成「人造黃金」，結果，他們在煙氣繚繞的爐火旁不知耗去了多少年華。

　　從他們的觀點來看，他們所做的事情就和現代化學家在發明生產人造橡膠時所做的事情一樣有道理。他們的理論與實踐的虛妄之處，在於他們認為黃金和其他金屬不是基本物質，而是合成物質。可是話說回來，如果不去嘗試，又怎能知道哪種東西是基本的還是合

成的呢？如果沒有這些先驅化學家們進行化銅鐵為金銀的徒勞嘗試，我們可能永遠不曉得金屬是基本的化學物質，而含金屬的礦石是金屬原子和氧原子結合成的化合物（化學上如今稱之為金屬氧化物）。

鐵礦石在鼓風爐的呼呼火焰中變成了金屬鐵，這並不是古代煉金術士們所認為的不同原子（土原子和火原子）的結合，恰恰相反，這是不同原子分開（即從鐵的氧化物分子中取走氧原子）的結果。鐵器在潮濕空氣中，表面生成的鏽，也並不是鐵在分解過程中失去火原子後剩下來的土原子，而是鐵原子與水或空氣中的氧原子結合成鐵的氧化物分子❷。

從上面的討論，我們可以清楚看出，古代科學家們關於物質的內部結構以及化學變化的本質的概念，基本上是正確的，他們的錯誤在於沒能認清哪些東西是基本物質。事實上，恩培多克勒所列出的四種物質沒有一種是基本的；空氣是幾種不同氣體的混合物，水分子是由氫、氧兩種原子組成的，土的組成很複雜，包含許許多多不同的成分，最後，火原子根本就不存在❸。

---

❷ 煉金術士們是用下面的式子來表示鐵礦石的變化過程：

$$土原子＋火原子 \longrightarrow 鐵分子$$
（礦石）

鐵的生鏽則表示為：

$$鐵分子 \longrightarrow 土原子＋火原子。$$
（鏽）

我們則是這樣寫這兩個過程的：

$$鐵的氧化物分子 \longrightarrow 鐵原子＋氧原子$$
（鐵礦石）

和

$$鐵原子＋氧原子 \longrightarrow 鐵的氧化物分子。$$
（鏽）

❸ 在本章後面可以看到，火原子的概念在光量子理論中得到了部分的恢復。

　　實際情況是這樣的：自然界中有 92 種不同的化學元素❹，也就是 92 種原子，而不是四種。其中如氧、碳、鐵、矽（大部分岩石的主要成分）等元素在地球上大量存在，並為人們所熟悉；另一些則很稀少，如鐠、鏑、鑭之類，你可能從來沒聽說過呢。除了這些天然元素之外，現代科學還人工製成了一些全新的化學元素，我們在本書後面還要談到它們。其中有一種叫做鈽，它註定了要在原子能的釋放上起重要作用（不管是用於戰爭或和平使用）。這 92 種基本原子以不同比例相結合，就組成了無窮無盡的各種複雜的化學物質，如黃油和奶油，骨頭和木頭，食用油和石油，草藥和炸藥，等等。有一些化合物名字又長又難念，恐怕很多人連聽也沒聽過，但化學家們則必須熟悉它們。目前，有關原子間無窮盡的組合情況、化合物的製備方法及性質的化學手冊，正在一卷接一卷地問世呢。

二、原子有多大？

　　德謨克利特和恩培多克勒在講到原子的存在時，已經模模糊糊地意識到，從哲學觀點來看，物質是不可能無限制地分割下去的。它們早晚總要達到一個不能再分割的基本單元。

　　現代的化學家在提到原子時，就要明確得多了。因為要理解化學的基本定律，就絕對需要了解有關基本的原子和它們在複雜分子中組合的性質。按照化學的基本定律，不同的元素只按嚴格的質量比例結合，這個比例顯然就反映了這些元素的原子間的質量關係。因此，化學家們得出結論說，氧原子、鋁原子、鐵原子的質量分別為氫原子質量的 16 倍、27 倍和 56 倍。但是，原子的真正質量是多

❹ 至2018年，共有118種元素被發現，其中地球上有98種，其他的則是人造元素。——編者

少克，人們並不清楚。不過，各種原子的相對原子質量（即原子量）是化學中最基本的數據，而真正的質量有多少克這一點，倒完全不會影響到化學定律和化學方法的內容和應用，因此在化學上是無足輕重的。

然而，物理學家在研究原子時，他首先就要問：原子的真實大小有幾公分？它重多少克？在一定量的物質中含有多少分子或原子？有沒有什麼方法可以觀察、計數和操縱單個分子和原子？

估算原子和分子的大小的方法有許多種，最簡單的一種非常容易進行，如果德謨克利特和恩培多克勒當時想到這個方法，也能把它付諸實現，根本用不著現代化的實驗儀器。既然一種物質，譬如銅，它的最小組成單位是原子，那就顯然不能把它弄得比一個原子的直徑還薄。因此，我們可以試著把銅拉長，直到它成為一根由單個原子組成的長鏈；或者把它鍛扁，成為只有一層原子的銅箔。不過，用這樣的方法加工銅或其他固體簡直是不可能的，它們一定會在中途斷裂。但是把液體，如水面上的一層薄油膜，展開成一張單原子「地毯」卻是很容易的。在這種情況下，分子「個體」和「個體」之間只在水平方向相連，而不能在垂直方向相疊。讀者們只要耐心加小心，自己就能夠做這項實驗，測出幾個簡單的數據，求出油分子的大小來。

取一個淺而長的容器（圖43），把它完全水平地放在桌子上或地板上。往裏頭加水直到邊緣；容器上橫搭一根金屬線，讓它和水面相接觸。若向金屬線的任意一側加入一小滴某種純油，油就會布滿金屬線那一側的整個水面。現在沿容器邊緣向另一側移動金屬線，油層就會隨線的移動而越散越薄，直到變成厚度等於單個油分子直徑的一層。在這之後，如果再移動金屬線，這層完整的油膜就會破裂，

露出底下的水來。已知滴入的油量，再得出油膜不致破裂的最大面積，單個油分子的直徑就很容易算出來了。

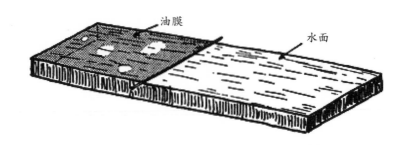

　　油膜　　　　　　　　　　　　　水面

圖 43　水面上的薄油膜在伸展到一定程度後就會裂開

　　做這項實驗時，你會注意到另一個有趣的現象。當把油滴在水面上的時候，你首先會看到油面上的虹彩。你大概很熟悉這種虹彩，因為在港口附近的水面上經常可見到它。這是光線在油層上下兩個介面上的反射光互相干涉的結果；不同的顏色是由於油層在擴散過程中各處厚度不均勻所造成的。如果你多等一會兒，讓油層鋪勻，整個油面就只有一種顏色了。隨著油層的變薄，顏色逐漸由紅變黃，由黃到綠，由綠轉藍，再由藍至紫，與光線波長的減小相一致。再伸展下去，油面的顏色就完全消失了。這不是因為油層不存在，而是油層的厚度已比可見光中最短的波長還要小，它的顏色已超出我們的視力可見。不過，油面和水面還是能夠分清的，因為從這層極薄液體的上下表面所反射的光互相干涉的結果，光的強度會減小，所以，即便色彩消失了，油面還是因為顯得較為「昏暗」，可以與水面區分開來。

　　實際進行一下這項實驗，你將發現，1 立方公釐的油可以覆蓋大

約 1 平方公尺的水面；再把油膜進一步拉開，就要露出水面了❺。

三、分子束

　　還有一個很有趣的方法，能說明物質具有分子結構。也就是研究氣體或蒸氣通過小孔湧向四周的真空時的情況。

　　拿一個陶土製的小圓筒，一端鑽有一個小洞，外側繞上電阻絲，這就做成了一個小電爐。現在，把這個電爐放進一個高真空的大玻璃球中。如果在圓筒內放入一些低熔點金屬，如鈉或鉀，那裏面就會充滿金屬蒸氣；它們會從小洞鑽出來。一旦撞到冷的玻璃壁上，就會附著在上面。觀察玻璃壁上各處所形成的鏡子一樣的金屬薄膜的情況，就可以清楚地看出物質從電爐裏跑出來以後的運動狀況。

　　再進一步研究，我們還會看到，在爐溫不同的情況下，玻璃內壁上金屬膜的樣子也不同。當爐溫很高時，內部的金屬蒸氣密度很大，所見到的現象很像通常所見到的從蒸汽機或茶壺裏逸出的水蒸氣，這時從小洞裏出來的金屬蒸氣向各個方向擴散（圖 44a），充滿了整個玻璃球，並基本上均勻地沉積在整個內壁上。

　　但在溫度較低時，爐內的蒸氣密度也較低，這時，現象就完全不同了。從小洞裏逸出的物質不再向四面八方擴散，絕大部分都沉積在對著電爐開口的玻璃壁上，好像它們是沿著直線前進的。如果在開口的前面放一個小物體（圖 44b），現象就更明顯了；物體後面

---

❺ 那麼，油膜在破裂前能有多大的厚度呢？設想有一個邊長1公釐的立方體，裏面裝上油（1立方公釐），那麼油面有1平方公釐。為了把1立方公釐的油攤開在1平方公尺的面積上，原來1平方公釐的油面必須擴大100萬倍（從1平方公釐到1平方公尺）。因此，原立方體的高度必須減少100萬倍，以保持體積不變。這就是油膜厚度的極限，即油分子的真實大小。這個數值為0.1公分×10^{-6}=10^{-7}公分=1奈米。由於一個油分子中包含有若干個原子，所以原子還要更小一些。

的玻璃壁上不會形成沉積，這塊空白會和障礙物的形狀完全一樣。

　　如果我們認識到，金屬蒸氣就是在空間各個方向上互相衝撞著的大量分離的分子，那麼，蒸氣密度大小不同時所發生的差異就很容易理解了。當密度大時，從小開口衝出的氣流就像從失火劇場的門內擠出來的一股瘋狂的人流，它們在門口外的大街上四散跑開時還在互相衝撞著；另一方面，密度小時的氣流相當於從門裏一次只出來一個人的情況。因此，它們能夠走直路，而不會互相妨礙。

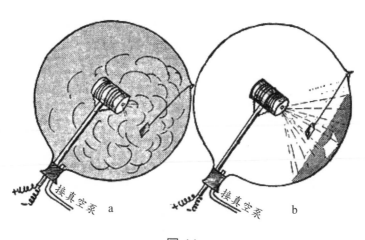

圖 44

　　這種從爐內小口排出的低密度物質流稱為「分子束」，是由大量緊挨在一起共同飛越空間的獨立分子組成的。這種分子束對研究單個分子的性質非常有用。例如，它可用來測量熱運動的速度。

　　研究這種分子束速度的裝置是美國物理學家斯特恩（Otto Stern）最先發明的，它和菲佐測定光速的儀器（圖 31）非常相似。它包括同軸的兩個齒輪，只有以某種速度旋轉時才能讓分子束通過（圖 45）。斯特恩用一片隔板來接受一束很細的分子束，從而得知分子

運動的速度一般都是很大的（鈉原子在 200℃時為每秒 1.5 公里），並隨氣體溫度的升高而加大。這就直接證明了熱動力學。按照這種理論，物體熱量的增加正好就是物體分子的不規則熱運動的加劇。

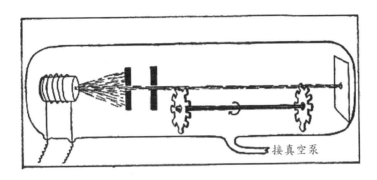

接真空泵

圖 45

四、原子攝影術

上面這個例子幾乎不容置疑地證實了原子假說的正確性。不過，到底是「眼見為憑」才好。因此，最確鑿的證據莫過於用眼睛看到分子和原子這些小單元了。這已由英國物理學家布拉格（William Lawrence Bragg）在不久前用他所發展的晶體內分子和原子攝像法實現了。

不要以為給原子拍照是件容易的事，因為在給這麼小的物體照相時，如果所用的照明光線的波長比被拍攝物體的尺寸大，照片就會模糊得一塌糊塗。你總不能用刷牆壁的刷子來畫工筆畫吧！和微小的顯微組織打過交道的生物學家都很明白這種困難，因為細菌的大小（約0.0001 公分）和可見光的波長相仿。如果要使細菌呈現出清晰的像，就得用紫外線給細菌攝影，才能獲得較好的結果。但是分子的尺寸

及其在晶格中的間隔是如此之小（0.00000001 公分），無論是可見
光還是紫外線都派不上用場。如果想要看到單個原子，非得用波長
比可見光短幾千倍的射線——X 射線——不可。但這麼一來，又會遇
到一個似乎無法克服的困難：X 射線可以穿透物體而不發生折射，因
此，無論是放大鏡還是顯微鏡，都不會使 X 射線聚焦。這種性質再
加上 X 射線的強大穿透力，在醫學上當然是很有用的，因為 X 射線
如果在穿透人體時發生折射，就會把 X 射線底片弄成一片模糊。但
就是這個性質，使我們要得到一張放大的 X 光照片變得不可能！

　　乍看之下，似乎無計可施。可是布拉格想出了一個解決困難的
巧妙辦法。這個辦法是建立在阿貝（Ernst Abbé）❻ 所提出的顯微鏡
的數學理論上的。阿貝認為，顯微鏡所成的像可以看作是大量單獨
圖樣的疊加，而這每一個單獨圖樣又是一幅在視野內成一定角度的
平行暗帶。從圖 46 所給出的一個簡單例子可以看出，一個位於黑暗
背景中央的明亮橢圓可以由四個單獨的暗帶圖樣疊加而成。

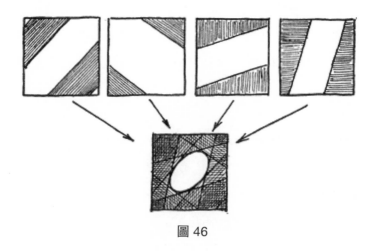

圖 46

---

❻ 阿貝（1840-1905），德國科學家。——譯者

　　按照阿貝的理論，顯微鏡的聚焦過程可以分為三個步驟：①把原圖像分解成大量的單獨暗帶圖樣；②把每一個圖樣分別放大；③把得到的圖樣疊加在一起，以獲得放大的圖像。

　　這個過程與用幾塊單色板印製彩色圖片的方法很類似。單獨看每一塊單色板時，可能看不出上面究竟是些什麼東西，但如果正確地疊印出來，整幅畫面就呈現出來了，既清楚，又明確。

　　能夠自動完成上述三個步驟的 X 射線透鏡是沒有的，這使得我們不得不分步驟來進行：先從各個不同角度對晶體拍攝大量單獨的 X 射線暗帶圖樣，然後再正確地疊印在同一張感光片上。這就和有 X 射線透鏡是一樣的——只不過用透鏡只需一瞬間就能做到的，現在卻得由一位熟練的實驗人員忙上若干小時。正因為如此，布拉格的方法只能用來拍攝晶體的照片，不能拍攝液體和氣體的照片。因為晶體的分子總是待在原地，而液體和氣體的分子卻在不停地亂跑。

　　應用布拉格的方法，雖然不能「喀擦」一下就得到照片，但合成的照片卻也同樣完美。這就像由於技術原因而不能在一張底片上攝下整座大教堂時，不會有人反對用幾張膠片來分拍一樣。

　　書末的圖版 I 就是這樣得到的一張 X 光照片，拍的是六甲苯。化學家是這樣描述它的：

　　由六個碳原子構成的碳環，以及與它們連接的另外六個碳原子都在照片上清楚地顯現出來了，較輕的氫原子感光微弱，幾乎看不出來。

　　哪怕是最最多疑的人，在親眼看到這樣的照片以後，也應該會同意分子和原子確實是存在的吧！

五、把原子劈開

　　德謨克利特給原子取的名字 atom，在希臘文中有「不可再分割」的意思，就是說，這些微粒是對物質進行分割的最終界限，或者說，原子是組成物體的最小、最簡單的組成部分。經過幾千年，「原子」這個以往的哲學概念現在已經有了精確的科學內容，它已被大量的實驗證據所充實，成了有血有肉的實體。與此同時，原子是不可分的這個概念仍然始終存在著。過去人們設想，不同元素的原子之所以具有不同的性質，是因為各種原子的幾何形狀不同的緣故。例如，人們曾經認為，氫原子是球形的，鈉原子和鉀原子是長橢球形的；另一方面，氧原子的形狀被設想成甜甜圈形的，不過，中心的那個洞幾乎被封死了，因此，在氧原子兩側的洞裏各放進一個球形的氫原子，就會生成一個水分子（H_2O）。至於鈉或鉀能置換出水分子中的氫，則被解釋為鈉和鉀的橢球形原子能比球形的氫原子更好地納入甜甜圈狀氧原子的中心洞（圖 47）。

　　從這種觀點出發，不同元素所發射的不同光譜，被歸因為不同形狀的原子有不同的振動頻率。基於這種想法，物理學家們力圖按照用實驗測定的各元素的光譜頻率來確定各種原子的形狀，如同人們在聲學中解釋小提琴、樂鐘、薩克斯風的不同音色一樣。

　　但是，這種嘗試根本沒有成功。以原子的幾何形狀來解釋各種原子的物理、化學性質的做法，沒有獲得任何有意義的進展。直到

圖 47　圖中右下角的簽名是：里德伯，1885 年

人們意識到原子並不是幾何形狀不同的簡單物體，而且恰恰相反，是由許多獨立的可活動單位所組成的複雜結構後，才真正邁出了理解原子性質的第一步。

　　在原子的精細軀體上切了第一刀的榮譽是屬於知名英國物理學家湯姆森（Joseph John Thomson）。他指出，各種元素的原子都包含有帶正電和帶負電的部分，它們靠電吸引力結合在一起。湯姆森設想，原子是由大體上均勻分布著正電的一個正電體以及在它內部浮動的大量帶負電的微粒所組成（圖 48）。帶負電微粒（湯姆森稱之為電子〔electron〕）的電荷總數與正電體的電荷數相等，因此，原子在整體上不帶電。不過，按照他的假設，原子對電子的束縛並不十

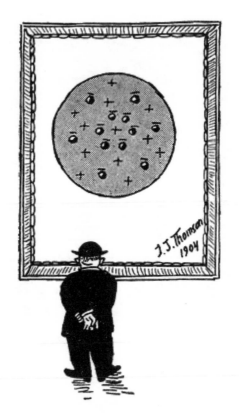

圖 48 圖中右下角的簽名是：湯姆森，1904 年

分緊，因此，可能會有一個或幾個電子分離出去，剩下一個帶正電的
部分，稱為正離子；同樣，有的原子會從外部得到幾個額外的電子，
因而有了多餘的負電荷，稱為負離子。原子得到或失去電子的過程叫
做電離（ionization）。根據法拉第（Michael Faraday）[7] 經典著作中
的論證，原子所帶的電荷一定是 5.77×10^{-10} 靜電單位這個電量的整
數倍。湯姆森的論點立基於法拉第的理論，同時又前進了一步。他

---

[7] 法拉第（1791-1867），英國知名的實驗物理學家和化學家，在電學上有許多
重要貢獻。——譯者。

發明了從原子中得到電子的方法，並對高速飛行的自由電子束進行
了研究，從而確立了這些電子是一個個粒子的觀點。

　　湯姆森對自由電子束進行研究所取得的一個特別重要的成果，就
是測出了電子的質量。他讓一個強電場從某種物體（如熱的電爐絲）
中拉出一束電子，使這束電子在一個充電電容器的兩塊極板之間通
過（圖49），由於電子帶著負電──說得更確切些，電子本身就是
負電體──電子束就會被正極板吸引，被負極板排斥，從而偏離了
原來的直線路徑。

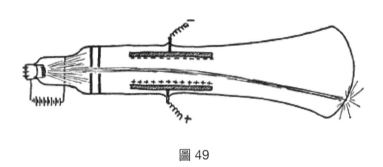

圖 49

　　在電容器後面放上一個螢光屏，電子束打在上面，就很容易看
出偏離來。知道了電子的電量、偏離距離和電場強度，就能夠計算
出電子的質量。湯姆森求得了它的數值。它確實非常小，只有氫原
子質量的 1/1840。這就證明，原子的主要質量集中在帶正電的部分。

　　湯姆森關於在原子內存在運行著的負電子群這個觀點是相當正
確的，但他又認為原子是大體上均勻分布著正電的物體，這可與實
際情況差得太遠了。英國物理學家拉塞福（Ernest Rutherford, 1871-
1937）在 1911 年證明，原子的正電荷和大部分質量集中在位於中心
的一個極小的原子核內。這個結論出自他的 α 粒子在穿過物體時發

生散射的著名實驗。α 粒子是某些不穩定元素（鈾、鐳之類）的原子自行衰變時所放出的微小的高速粒子，經證實，它的質量與原子的質量相仿，又帶有正電，因此一定是原來原子中帶正電部分的碎塊。當 α 粒子穿過某種物質靶的原子時，會受到原子中電子的吸引力和正電部分的排斥力的作用。可是電子是很輕的，它們對入射 α 粒子的影響不會比一群蚊子對一隻受驚大象的影響更大。另一方面，入射的帶正電的 α 粒子受到極靠近它的原子中那質量很大的正電體的斥力，會使粒子偏離正常路徑，向各個方向散射。

可是，在研究一束 α 粒子穿過薄鋁膜的散射時，拉塞福得到了令人驚訝的結論說，唯有假設入射 α 粒子與原子的正電部分的距離小於原子直徑的千分之一，才能對觀察到的現象做出解釋；而這又只有在入射 α 粒子和原子的正電部分統統比原子本身小上千倍時才能說得通。因此，拉塞福的發現推翻了湯姆森的原子模型，把湯姆森那一大塊正電體變成了一小團位於原子正中央的原子核，而那群電子則留在外邊。這樣一來，原子像西瓜、電子像瓜子的看法，便被原子像縮小的太陽系──其中原子核是太陽，電子是行星──的看法所取代了（圖 50）。

原子和太陽系的這種相似性還因下列事實更進一步加強了：原子核占整個原子質量的 99.97%，太陽占整個太陽系質量的 99.87%；電子間的距離與電子直徑之比也與行星間距離與行星直徑之比相近（約為數千倍）。

然而，最重要的相似之處在於，原子核與電子間的電吸引力也好，太陽與行星間的萬有引力也好，都遵從平方反比規律[8]。在這種類型的力的作用下，電子繞原子核描繪出圓形或橢圓形的軌道，如

[8] 即力的大小與兩個物體距離的平方成反比。

圖 50　圖中左下角的簽名是：拉塞福，1911 年

同太陽系中各行星和彗星的情況一樣。

　　根據上述這些有關原子內部結構的論點，各種化學元素原子的不同，應歸結為繞原子核運轉的電子數目的不同。由於原子作為整體是中性的，繞核的電子數一定是由原子核本身的正電荷數這個基本數字所決定。至於這個基本數字，又可以根據散射實驗中 α 粒子在原子核的電作用力影響下偏轉的路徑直接計算出來。拉塞福發現，在化學元素按原子重量遞增次序排成的序列中，每種元素的原子都比前一元素增加一個電子。這樣，氫原子有一個電子，氦原子有兩個，鋰原子有三個，鈹原子有四個，等等，最重的天然元素鈾的原子有

92 個電子❾。

　　這些代表原子特點的數字一般叫做元素的原子序數（atomic number），它與它所代表的元素在按化學性質分類的表中所占位置的號碼相同。

　　因此，任何一種元素的所有物理性質和化學性質，都可以簡單地用繞核旋轉的電子數來標誌。

　　19 世紀末，俄國化學家門得列夫（D. Mendeleev）發現，在元素的天然序列中，元素的化學性質每隔一定數目的化學元素就重複一次，也就是說，原子的化學性質呈現明顯的週期性。這種週期性表現在圖 51 中。所有的已知元素都排列在繞在圓柱上的螺旋形帶子上，同一縱行的元素性質相近。我們看到，第一組只有兩個元素：氫與氦；下面的兩組中，每組有 8 個元素。在這後面，每隔 18 個元素，化學性質就重複一次。如果我們還記得，沿這個序列每走一步，原子就相應地增加一個電子，那麼，我們一定會得出結論：化學性質的週期性必定是某種穩定的電子結構——或者「電子殼層」（electronic shell）——重複出現的結果。第一個殼層在填滿時有兩個電子，第二、第三殼層在填滿時都各有 8 個電子，再往後則各有 18 個。我們還可以從圖 51 中看出，在第六、第七兩組中，嚴格的週期性被兩群元素（即所謂鑭系和錒系）擾亂了一下，以致必須從正常的環狀面上接出兩塊來。這是由於這些元素的電子殼層結構有了某些內部變化，因而把元素的化學性質弄亂了。

　　現在，有了原子的結構圖，我們來試著解答一下，組成無窮盡的化合物複雜分子的這些不同元素的原子，它們之間的結合力是怎樣

---

❾ 我們現在掌握了「煉金術」（見下章），因而可以用人工方法製造更複雜的原子。原子彈所使用的人造元素鈽（Pu）就有94個電子。

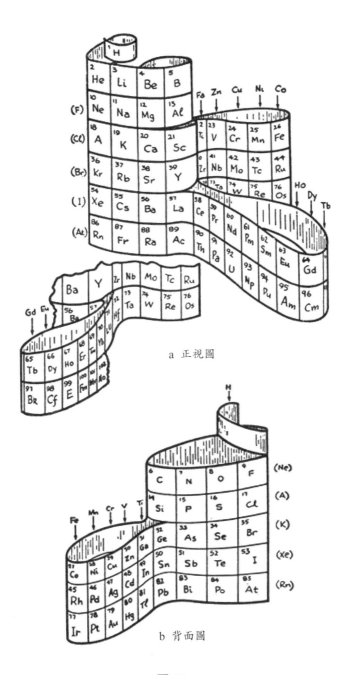

a　正視圖

b　背面圖

圖 51

的？譬如說，為什麼鈉原子和氯原子能湊在一起，形成食鹽的分子？圖 52 表示出這兩個原子的電子殼層結構。氯原子的第三電子殼層還缺一個才能滿員，而鈉原子的第二殼層在飽和後還多出一個電子。這樣，這個多餘的電子必然有跑到氯原子那裏去，從而把氯原子那個未填滿的電子殼層填滿的傾向。由於這種電子轉移，鈉原子（失去一個電子）帶正電，氯原子帶負電。在這兩個帶電原子（現在應該叫做離子）之間的靜電引力的作用下，它們結合在一起，形成氯化鈉分子，說通俗些就是食鹽分子。同樣的道理，氧原子的外殼層缺少兩個電子，因此會對兩個氫原子進行「綁架」，拿走它們僅有的電子，湊成一個水分子（H_2O）。另一方面，氧、氯之間和氫、鈉之間就沒有結合的傾向，因為前二者都是肯拿不肯放，後二者都是想給不想要。

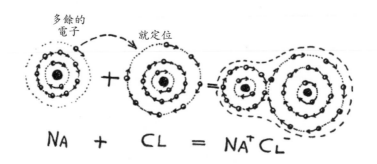

圖 52　鈉原子和氯原子結合成氯化鈉分子的示意圖

凡屬電子殼層已完備的原子，如氦、氖、氬、氪，都是很滿足的了。它們既不送出電子，也不納入電子，樂於保持光榮的孤立。因此，這些元素（所謂稀有氣體）在化學性質上呈現惰性。

在結束原子及其電子殼層的這一節時，我們還要談談在一般被稱為「金屬」的那些元素中，電子所扮演的重要角色。金屬物質與

其他物質不同，它們的原子對外層電子的束縛很鬆，往往讓它們自由行動。因此，金屬體內部充滿了大量不羈的浪遊電子，好像是一群無家可歸的人。當我們把一根金屬絲兩端加上電壓時，這些自由電子就會順著電壓的作用方向奔跑，形成了我們稱之為電流的東西。

　　自由電子的存在也是決定物質是否具有良好的熱傳導性的原因，不過，我們還是以後再來談它吧。

六、微觀力學和測不準原理

　　我們在上一節看到，因為原子這個電子繞核旋轉的系統非常像太陽系，所以，人們自然會設想，已經明確建立起來的決定行星繞太陽運動的天文學定律，也會同樣支配著原子內部的運動。特別是由於靜電引力與重力的定律很相似——這兩種吸引力都與距離的平方成反比——更使人覺得，原子內的電子會以原子核為焦點，沿著橢圓形軌道運動（圖 53a）。

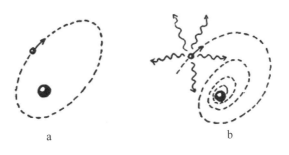

a　　　　　　　　　　　b

圖 53

　　然而，以我們這個行星系統的情況為藍本，來為原子內部的運動情況建立一個穩定形象的一切嘗試，直到不久以前都一直導致意想不到的大災難，以致有一段時期人們竟認為，不是物理學家頭腦

不清，就是物理學本身出了毛病。麻煩的根源在於原子內的電子與太陽系中的行星不同，它們是帶電的；因此，在繞核作迴旋運動時，它們會像任何一種振動或轉動的帶電體那樣產生強烈的電磁輻射。由於它們的能量會隨著輻射而減少，所以，按照物理學的邏輯，原子中的電子必然會沿著螺線軌道而接近原子核（圖 53b），並在轉動的動能耗盡之後落在原子核上。根據已知的電子電量和電子旋轉頻率，很容易計算出，電子失去全部能量而墜落在原子核上的整個過程所需的時間不會超過百分之一微秒（microsecond，百萬分之一秒）。

因此，直到不久以前，物理學家還用他們的最先進的知識堅定地告訴大家，行星式原子結構的存在不會超過一秒鐘的極其微小的一部分，它命中註定要在剛剛形成後就馬上瓦解。

可是，儘管物理學理論發出這樣陰鬱的預告，實驗卻表明原子系統是非常穩定的，電子總是好端端地圍著中央的原子核「快樂」地轉動，既不失去能量，也不打算墜毀！

這是怎麼回事呢？為什麼過去很正確的力學定律，一旦用到電子頭上，就與觀測到的事實如此矛盾呢？

為了解答這個問題，我們還得回到科學上最基本的問題，即科學本身的本質上。到底什麼是「科學」？「科學地解釋」自然現象又該怎麼理解呢？

我們來看一個簡單例子。大家都記得，古代有許多人都相信大地是平的。對於這種信念很難進行指責，因為你在來到一片開闊的平原上，或者乘船渡河時，會親眼看到這是真實的；除了可能有的幾座山之外，大地的表面看起來確實是平的。如果古人說：「大地在從一個觀察點觀看時，怎麼看都是平的」，那麼，這句話並沒有錯；但是，如果把這句話推廣到實際觀測到的界限之外，那可就錯

了。一旦觀察活動越過了這個慣用的界限，譬如研究了月蝕時地球落在月亮上的影子，或者當麥哲倫❿進行了環繞世界的著名航行後，就立即證明了這種推斷是錯誤的。我們現在說大地看起來是平的，只是因為我們只能看見地球這個球體的一小部分表面。同樣地，宇宙空間可能是彎曲而有限的（見第五章），但在有限的觀察範圍內，它照樣顯得平坦而無垠。

　　可是，這一套議論跟原子中電子運動的力學矛盾有什麼關係嗎？有的。在進行這項研究時，我們已經暗自假定，原子內的力學、天體運動力學、還有日常生活中我們所熟悉的「不大不小」的物體的運動力學都遵從相同的規律，因而可以用同樣的術語來描述它們。然而在事實上，我們熟知的力學概念和定律是憑經驗建立在對大小與人體相當的物體進行研究的基礎上的。後來，這一套定律又被用來解釋更大的物體（如行星和恆星）的運動，結果能夠極為精確地推算出幾百萬年前和幾百萬年後的各種天文現象，因而成功地成為天體力學。看來，這種推斷無疑是正確的。

　　但是，誰能保證這種能用來解釋巨大天體和一般大小的物體（炮彈、鐘擺、玩具陀螺等）運動的定律，同樣能適用於比無論哪一種最小的機械裝置都小許多億倍、輕許多億倍的電子的運動呢？

　　當然，沒有理由預言一般的力學定律在解釋原子的微小組成部分的運動時必定失敗，但話說回來，如果真的失敗了，也不用太驚訝。

　　本來是天文學家用來解釋太陽系中行星運動的東西，現在卻用來解釋電子的運動，難免會導致似是而非的結果。在這種情況下，應該先考慮在將古典力學應用於這種微小的粒子時，基本概念和定

---

❿ 麥哲倫（Ferdinand Magellan, 1480-1521），葡萄牙航海家，人類史上首次率船隊環行地球一周。——譯者

律是否需要加以改變。

　　古典力學中的基本概念是運動質點的軌跡，以及質點沿軌跡運動的速度。過去人們認為，任何運動的物質微粒在任何時刻都處在空間的一個確定位置上，這個微粒的各個相繼的位置形成一條連續的線，稱作軌跡。這個命題一直被認為是不言自明的，並被當作基本概念來描繪一切物體的運動。一個給定的物體在不同時刻所處不同位置之間的距離，除以相應的時間間隔，就給出了速度的定義。從位置和速度的概念出發，整個古典力學就建立起來了。直到不久以前，還不曾有哪位科學家想到這些描述運動的基本概念會有什麼不對勁的地方，哲學家們也一直把它們當作先驗的東西。

　　然而，在用古典力學定律來描述微小的原子系統時，情況卻是大謬不然。人們意識到這裏發生了根本性的錯誤，而且越來越傾向於認為，錯誤發生在最根本之處，即錯在整個古典力學的基礎上。運動物體的連續軌跡和任意時刻的準確速度這兩個運動學概念，對原子內的小微粒來說未免太粗糙了。簡單地說，想要把我們所熟悉的古典力學觀念推廣到極細微的物質中去，事實證明，需要對它們進行大幅度的改造。不過，如果古典力學的老概念不適用於原子世界，那麼，它們一定也不能絕對無誤地反映大物體的運動狀況。因此我們得出結論：古典力學的原則應看作是對「真實情況」的很好的近似；這種近似一旦應用於原先適用範圍之外的更為精細的系統，就會完全失效。

　　對原子系統中的力學運動的研究，以及量子力學的建立，為科學奠定了新的基礎。量子力學的建立出於一個新的發現，即兩個不同物體間存在著一個各種可能發生的相互作用的下限。這個發現把運動物體的軌跡這個古典定義推翻了。事實上，我們如果說運動物體具有

遵從精確數學形式的軌跡，也就等於說存在著借助某種專門物理儀器記錄下運動軌跡的可能性。但是不要忘了，想要記錄任何運動物體的軌跡，都不可避免地會干擾原來的運動。這是因為如果運動物體對記錄其空間連續位置的儀器發生作用，那麼，按照牛頓的作用力與反作用力大小相等的定律，這套儀器也會對運動物體發生作用。如果我們能使兩個物體（在這裏是運動物體和記錄位置的儀器）之間的相互作用依需要任意減小（這在古典物理學中被認為是可能的），就能做出理想的儀器，使它既對運動物體的連續運動極為敏感，又對物體運動不產生實際影響。

但是，由於存在著物理相互作用的下限，我們就再也不能將記錄儀器對運動物體的影響任意減小了，這就從根本上改變了形勢。因此，觀察物體運動這一行動對運動所造成的影響，就變成了運動本身的一個重要部分。這樣，我們就再也不能用一條無限細的數學曲線來表示軌跡，而不得不代之以具有一定厚度的鬆散帶子。在新力學看來，古典物理學中的細線軌跡應該變成一條模糊的寬帶。

物理相互作用的這個下限 —— 更常用的名稱叫做作用量子（quantum of action）—— 其數值很小，只有在研究很小的物體時才顯得重要。因此，一顆手槍子彈的軌跡儘管確實不是一條數學上的清晰曲線，但是這條軌跡的「粗細」卻比子彈體中一個原子的直徑還要小好多倍，因此，實際上可把它的厚度當作零。但是，對於比子彈小得多的物體，它們的運動很容易受觀察儀器的影響，因而軌跡的「粗細」變得越來越重要。對圍繞原子核旋轉的電子而言，軌跡的粗細和原子的直徑差不多，因此，電子運動的軌跡再也不能用圖53那樣的曲線來描述，而得用圖54的方式來表達了。在這種情況下，對微粒的運動不能再用我們所熟悉的古典力學術語，因為無論是它的位置還

是速度，都具有一定程度的測不準性〔海森堡（Werner Heisenberg）
❶的測不準原理和波耳（Niels Bohr）❷的互補原理（complimentarity principle）〕。

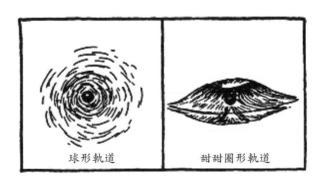

球形軌道　　　　　　　甜甜圈形軌道

圖 54　原子內電子運動的微觀力學圖景

　　物理學的這項驚人的新發現，把過去我們熟知的概念，如運動
粒子的軌跡、精確位置和準確速度，統統扔到垃圾桶裏了，我們的日
子可真是不好過啊！過去已被接受的基本法則不再能用來研究電子
的運動了，那麼，我們現在該立足於何處？究竟以什麼數學公式來
取代古典力學中的數學公式，才能兼顧到量子物理學所要求的位置、
速度、能量等物理量的測不準性呢？

　　問題的答案可透過研究一個類似的古典光學理論的題目而找到。
我們知道，日常生活中所觀察到的大部分光學現象，都可以用光沿
著直線傳播的說法來解釋，因此，我們把光稱作光線。不透明物體
所投下陰影的形狀、平面鏡和曲面鏡所成的像、透鏡和其他複雜光

---

❶ 海森堡（1901-1976），知名的德國理論物理學家，哥本哈根學派的代表人
　物。——譯者
❷ 波耳（1885-1962），知名的丹麥物理學家，哥本哈根學派的創始人。——譯者

學系統的聚焦，都可以根據光線的反射和折射的基本定理得到順利的解釋（圖 55a、b、c）。

　　但我們同時也知道，這種用光線來表示光的傳播的幾何光學方法，在光學系統中當光路的幾何寬度與光的波長可相比擬時就大大失靈了。這時發生的現象叫做繞射（diffraction），對此，幾何光學完全無能為力。一束光在通過一個很小的小孔（尺寸在 0.0001 公分上下）後，就不再沿直線行進，而是成扇狀散開（圖 55d）。現在拿一面鏡子，在鏡面上劃出許多平行的細線，就成為「繞射光柵」；如果有一束光射到上面，那麼，光就不再遵從熟悉的反射定律，而是被拋向不同方向；具體方向與光柵的線條間距和入射光的波長有關（圖 55e）。還有，當光從散布在水面上的油膜介面反射回來時，會產生一系列特殊的明暗條紋（圖 55f）。

　　在這幾種情況中，「光線」這個熟悉的概念完全不能說明所觀察到的現象，因此我們必須用「光的能量在整個光學系統所在空間中的連續分布」的概念來代替它。

　　很容易看出，光線概念在解釋繞射現象時的失敗和軌跡概念在量子物理學中的失敗，兩者是很相似的。正像光學中不存在無限細的光束一樣，量子力學原理也不允許存在無限細的物體運動軌跡。在這兩種情況中，一切打算用確定的數學曲線來反映物體（光或微粒）運動的嘗試都必須放棄，而代之以連續分布在一定空間中的「某種東西」，這樣的表示方法。對於光學來說，這「某種東西」就是光在各點的振動強度；對於力學來說，這「某種東西」就是新引入的位置測不準性的概念，也就是說，運動微粒在任意給定時刻都可以處在幾種可能位置當中的任何一個位置，而不是處在事先可預定的唯一的一點上。我們再也不能準確說出運動微粒在給定時刻位於何

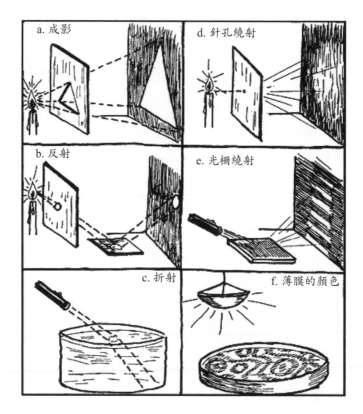

圖 55　左邊三個圖是可以用光線來解釋的現象，右邊三個圖是無法用光
　　　　線解釋的現象

處，只能根據「測不準原理」的公式計算出運動的範圍。波動光學（研
究光的繞射）的定律和波動力學〔又稱微觀力學，它由德布羅意（L.de
Broglie）❸和薛丁格（Erwin Schrödinger）❹所發展，是研究微小粒
子的運動〕定律的相似性，可由一個實驗明顯地表示出來。

　　圖 56 上畫的是斯特恩研究原子繞射的裝置。一束用本章前面提

---

❸ 德布羅意（1892-1987），法國理論物理學家。──譯者
❹ 薛丁格（1887-1961），奧地利理論物理學家。──譯者

到的方法產生的鈉原子被一塊晶體的表面所反射。晶格中規則排列的原子層在這裏起了光柵的作用，它使入射的微粒束繞射。入射微粒經晶體表面反射後，用一組以不同角度安放的小瓶分別收集起來進行統計。圖 56b 右側的虛線表示出實驗結果。可以看到，鈉原子不是沿一個方向反射（即不像 a 用一把玩具槍向金屬板射出滾珠的情況那樣），而是在一定角度內形成很像 X 射線繞射圖樣的分布。

　　這類實驗不可能用描述單個原子沿確定軌道運動的古典力學觀點來解釋，而要用新興的微觀力學——把微粒的運動看成與現代光學中光波的傳播相同的學科——來解釋，這是完全可以理解的。

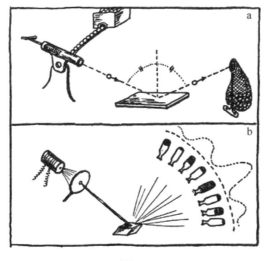

圖 56

a. 可以用軌跡的概念解釋的現象（滾珠在金屬板上的反彈）；
b. 不能用軌跡的概念解釋的現象（鈉原子在晶體表面的反射）

7
現代煉金術

一、基本粒子

我們已經知道，各種化學元素的原子有相當複雜的力學系統，原子由一個中心核及許多繞核旋轉的電子組成。那麼，我們當然還要問下去：這些原子核究竟是物質結構的最基本的單位呢，還是可以繼續分割成更小、更簡單的部分呢？能不能把這92種不同的原子減少為幾種真正簡單的微粒呢？

早在19世紀中葉，就有一位英國化學家普勞特（William Prout）希望能加以簡化，而提出不同元素的原子本質上相同，它們都是以不同程度「集中」起來的氫原子這個假設。他的根據是：用化學方法所確定的各元素的原子量（atomic weight），幾乎都是氫元素原子量的整數倍。因此普勞特認為，既然氧原子比氫原子重16倍，那它一定是聚集在一起的16個氫原子；原子量為127的碘原子一定是127個氫原子的組合，等等。

但在當時，化學上的發現並不支持這個大膽的假設。對原子量進行的精確測量表明，大多數元素的原子量只是接近於整數，有一些則根本不接近（例如，氯的原子量為35.5）。這些看起來與普勞特的假設直接矛盾的事實當下就把它否定了。因此，直到他去世，

他也不知道自己其實是正確的。

直到 1919 年，這個假設才又靠英國物理學家阿斯頓（F. W. Aston）的發現而重見天日。阿斯頓指出，普通的氯是由兩種氯元素摻雜在一起的，它們的化學性質完全相同，只是原子量不同，一種為 35，一種為 37。化學家所測定的非整數原子量 35.5 只是它們摻雜在一起後的平均值❶。

對各種化學元素的進一步研究揭示了一個令人震驚的事實：大部分元素都是由化學性質完全相同、而重量不同的若干成分組成的混合物。於是，人們給它們取了個名字，叫做同位素（isotope），意思是在元素週期表中占據同一位置的元素。事實證明，各種同位素的質量總是氫原子質量的整數倍，這就賦予普勞特那被遺忘了的假設以新的生命。我們在前面看到過，原子的質量主要集中在原子核上，因此，普勞特的假設就能用現代語言改寫成：不同種類的原子核是由不同數量的氫原子核組成的。氫核因在物質結構中起重要的作用而得到一個專名——「質子」（proton）。

不過，對上面的敘述，還應該作一項重要的修改。以氧原子為例，它在元素的排列中居第八位，它的原子有 8 個電子，所以它的原子核也應帶 8 個正電荷。但是，氧原子的重量卻是氫原子的 16 倍。因此，如果我們假設氧原子核由 8 個質子組成，那麼，電荷數是對的，但質量不符；如果假設它有 16 個質子，那麼質量是對了，但電荷數卻錯了。

顯然，要擺脫這個困難，只有假設在這些複雜的原子核的質子中，有一些失去了原有的正電荷，成了中性的粒子。

---

❶ 較重氯元素的成分占25%，較輕的占75%。平均原子量為0.25×37+0.75×35=35.5。這正是早期化學家所發現的數值。

關於這種我們現在稱之為「中子」（neutron）的無電荷質子，拉塞福早在 1920 年就提到過它的存在，不過要到 12 年後它才由實驗所證實。這裏需要注意，不要把質子和中子看成兩種截然不同的粒子，而要把它們當作處在兩種不同帶電狀態下的同一種粒子──「核子」（necleon）。事實上，我們已經知道，質子可以失去正電荷而轉化成中子，中子也能獲得正電荷而轉化成質子。

把中子引進原子核裏，剛才提到的困難就得到了解決。為了解釋氧原子核重 16 個單位，但只有 8 個電荷單位這一事實，可假設它由 8 個質子和 8 個中子組成。重量為 127 單位的碘，它的原子序數為 53，所以就應有 53 個質子，74 個中子。重元素鈾（原子量為 238，原子序數為 92）的原子核裏有 92 個質子，146 個中子❷。

這樣，普勞特的大膽假說在提出之後歷經一個世紀才得到了應得的光榮確認。現在，我們可以說，無窮無盡的各種物質都不過是兩類基本物質的不同結合罷了。這兩類物質是：①核子，它是物質的基本粒子，既可帶有一個正電荷，也可不帶電；②電子，帶負電的自由電荷（圖 57）。

下面有幾份來自「萬物烹調大全」的食譜。從中可以看到，在宇宙這間大廚房裏，每一道菜是如何用核子和電子烹調出來的。

水　把 8 個中性核子和 8 個帶電核子聚在一起當作核心，外面再加上 8 個電子，這就是氧原子。用這樣的方法製備一大批氧原子。把一個帶電核子搭配上一個電子，這就是氫原子。照氧原子數目的兩倍做出氫原子來。按 2：1 的比例將氫原子和氧原子組合成水分子，

❷ 看一下原子量表，就會發現，週期表前一部分的元素，其原子量為原子序數的兩倍，也就是說，這些元素的原子核內有等量的質子和中子；在重元素中，原子量增加得更快，這表明在這些元素的原子核內，中子數多於質子數。

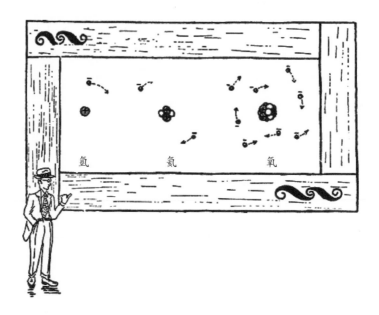

氫　　　氦　　　氧

圖57　普勞特的假說

把它們置於杯內，保持冷卻狀態，這就是水。

食鹽　以 12 個中性核子和 11 個帶電核子為中心，外加 11 個電子，這就是鈉原子。以 18 個或 20 個中性核子和 17 個帶電核子為中心，都外加 17 個電子，這就是氯原子的兩種同位素。照這樣的方法製備同等數目的鈉、氯原子後，用三維的西洋棋盤那樣的格式擺開，這就是食鹽的正規晶體。

TNT❸　由 6 個中性核子和 6 個帶電核子組成核，外加 6 個電子做成碳原子。由 7 個中性核子和 7 個帶電核子組成核，外加 7 個電子做成氮原子。再按照水的配方製備氧原子和氫原子。把 6 個碳原子連成一個環，環外再接上第 7 個。在碳環的 3 個原子中，每個各連上一個氮原子，而每個氮原子再接上一對氧原子。給那個碳環外

❸ 學名三硝基甲苯，俗稱黃色火藥。——譯者

的第 7 個碳原子加上 3 個氫原子；碳環中剩下的兩個碳原子也各連上一個氫原子。把這樣組成的分子規則地排列起來，成為小粒晶體。再把晶粒壓在一起。不過要小心操作，因為這種結構不穩定，有極大的爆炸性。

　　儘管我們已經看到，中子、質子和帶負電的電子構成了我們所想得到的一切物質的必要組成材料，但這份基本粒子名單還顯得不那麼完全。事實上，如果有帶負電的自由電子，為什麼不能有帶正電的自由電子，即正電子呢？

　　同樣，如果作為物質基本成分的中子可以獲得正電荷而成為質子，難道它就不能獲得負電荷而變成負質子嗎？

　　回答是：正電子確實存在，它除了帶電符號與一般帶負電的電子相反外，各方面都與負電子一樣。負質子也有可能存在，不過尚未被實驗所證實❹。

　　正電子和負質子在我們這個世界上的數量不如負電子和正質子多的原因，在於這兩類粒子是互相「敵對」的。大家知道，一正一負的兩個電荷碰到一起會互相抵消。兩類電子就是正與負兩種電荷，因此，不能指望它們會存在於空間的同一處。事實上，如果正電子與負電子相遇，它們的電荷會立即互相抵消，兩個電子也不成為獨立粒子了。此時，兩個電子一起滅亡——這在物理學上稱作「湮沒」（annihilation）——並且在電子相遇點導致強烈電磁輻射（γ 射線）的產生，輻射的能量與原電子的能量相等。按照物理學的基本定律，能量既不能創造，又不能消滅，我們這裏遇到的現象，只不過是自由電荷的靜電能變成了輻射波的電動能。這種正負電子相遇的現象

---

❹ 負質子的存在已於1955年由實驗證實。——譯者

被玻恩（Max Born）稱為「狂熱的婚姻」❺，而較為悲觀的布朗（T. B. Brown）則稱之為「雙雙自殺」❻。圖58a顯示了這種相遇的情況。

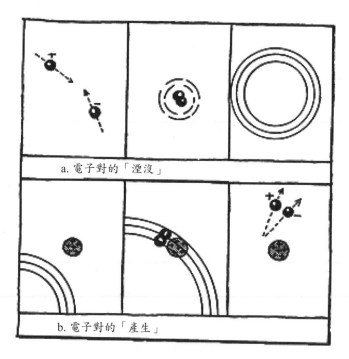

a.電子對的「湮沒」

b.電子對的「產生」

圖58　兩個電子「湮沒」而產生電磁波的過程，以及電磁波經過原子核附近時「產生」一對電子的過程簡圖。

　　兩個符號相反的電子的「湮沒」過程有它的逆過程——「電子對的產生」，也就是一個正電子和一個負電子由強烈的γ射線產生。我們說「由」，是因為這一對電子是靠消耗了γ射線的能量而產生的。事實上，為形成一對電子所消耗的輻射能量，正好等於一個電子對

---

❺ 參閱M. Born, *Atomic Physics*（G. E. Stechert & Co., New York, 1935）。
❻ 參閱T. B. Brown, *Modern Physics*（John Wiley & Sons, New York, 1940）。

在湮沒過程中釋放出的能量。電子對的產生是在入射輻射從原子核近旁經過時發生的❼。圖58b顯示了這個過程。我們早就知道，硬橡膠棒和毛皮摩擦時，兩種物體各自帶上相反的電荷，這也是一個說明兩種相反的電荷可以從根本沒有電荷之處產生的例子。不過，這也沒有什麼值得大驚小怪的。如果我們有足夠多的能量，我們就能隨意製造出電子來。不過要明白一點，由於湮沒現象，它們很快又會消失，同時把原來耗掉的能量如數交回。

　　一個有趣的「大量產生」電子對的例子，叫做「宇宙線簇射」（cosmic-ray shower），它是從星際空間射到大氣層來的高能粒子所引發的。這種在宇宙的廣袤空間裏向四面八方飛竄的粒子流究竟從何而來，至今仍然是科學上的一個未解之謎❽，不過我們已經知道當電子以極驚人的速度轟擊大氣層上層時發生了什麼事。這種高速的初級電子在大氣層原子的原子核附近穿過時，原有能量逐漸減小，變成 γ 射線放出（圖59）。這種輻射導致大量電子對的產生。新生的正、負電子也同初級電子一起前進。這些次級電子的能量也相當高，也會輻射出 γ 射線，從而產生數量更多的新電子對。這個連續的倍增過程在大氣層中重複發生，所以，當初級電子最終抵達海平面時，是由一群正負各半的電子陪伴著的。不用說，這種高速電子在穿進其他大物體時也會產生簇射，不過由於物體的密度較高，相應的分支過程要快速得多（見後面圖版 II a）。

---

❼ 看來，電子對的產生得到了原子核周圍電場的幫助。不過從原則上來講，電子對的形成也可以在完全空虛無物的空間中產生。

❽ 這種高能粒子的速度達到光速的99.9999999999999%。對它的來源只能進行最模糊的（也可能是最可信的）猜測，即認為它可能是由宇宙間巨大的氣體塵埃雲（星雲）的極高電位加速而產生的。不妨設想星雲積累電荷的過程類似於地球大氣層中雷電雲積存電荷的過程，不過前者的電位差要大得多。

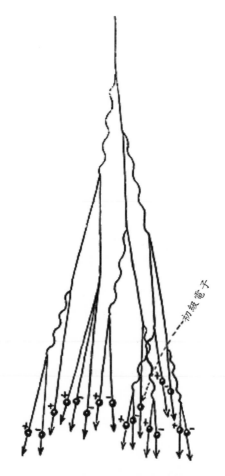

初級電子

圖 59　宇宙射線簇射的起因

　　現在讓我們來談談負質子可能存在的問題。可以設想，這種粒子是中子獲得一個負電荷或者失去一個正電荷（兩者的意思是一樣的）而變成的。不難理解，這種負質子也和正電子一樣，是不會在我們這個物質世界中長久存在的。事實上，它們將立即被附近的帶正電原子核所吸引和吸收，大概還會轉化為中子。因此，即使這種負質子確實作為基本粒子的對稱粒子而存在，它也不容易被發現。要

知道，正電子的發現是在普通負電子的概念進入科學後又過了將近半個世紀的事呢！如果確實有負質子存在，我們就可以設想存在著所謂反原子和反分子。它們的原子核由中子（和一般物質中的一樣）和負質子組成，外面圍繞著正電子。這些「反原子」的性質和普通原子的性質完全相同，所以你根本看不出水與「反水」、奶油與「反奶油」等東西有什麼不同──除非把普通物質和「反物質」湊在一起。如果這兩種相反的物質相遇，兩種相反的電子就會立即發生湮沒，兩種相反的質子也會立即中和，這兩種物質就會以超過原子彈的程度猛烈爆炸。因此，如果真的存在由反物質構成的星系，那麼，從我們這個星系扔去一塊普通的石頭，或者從那裏飛來一塊石頭，在它們著陸時都會立即成為一顆原子彈。

有關反原子的奇想，到這裏就告一段落吧。現在我們來考慮另一類基本粒子。這種粒子也是頗不尋常的，而且在各類可進行觀測的物理過程中都有它的份。它叫做「微中子」（neutrino），是「走後門」進入物理學領域的；儘管各個方面都有人大喊大叫地反對它，它卻在基本粒子家族中穩穩占有一席之地。它是如何被發現的，以及它是怎樣被認識的，這是現代科學中最令人振奮的故事之一。

微中子的存在是用數學家所謂的「反證法」發現的。這個令人振奮的發現不是始於人們覺察到多了什麼東西，而是由於人們發現少了某種東西。究竟少了什麼呢？答案是：少了一些能量。按照物理學最古老而最穩固的定律，能量既不能創造，也不能消滅。那麼，如果本應存在的能量找不到了，這就表示，一定有個小偷或一群小偷把能量拐跑了。於是，一夥熱衷於秩序、喜歡取名字的科學偵探就給這些偷能量的賊取了個名字，叫做「微中子」，儘管我們還沒有看到它們的影子呢！

　　這個故事敘述得有點太快了。現在還是回到這樁大「竊能案」上來。我們已經知道，每個原子的原子核約有一半核子帶正電（質子），其餘呈中性（中子）。如果給原子核增加一個或數個中子和質子❾，從而改變質子和中子間相對的數量平衡，就會發生電荷的調整。如果中子過多，就會有一些中子釋放出負電子而變為質子；如果質子過多，就會有一些質子射出正電子而變為中子。這兩個過程表示在圖 60 中。

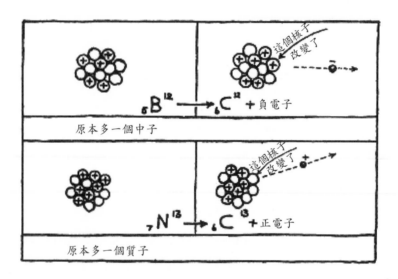

圖 60　負 β 衰變和正 β 衰變的示意圖（為了清楚起見，所有的核子都畫在一個平面上）

　　這種原子核內的電荷調整叫做 β 衰變（beta-decay），放出的電子叫做 β 粒子。由於核子的轉變是個確定的過程，就一定會釋放出一定量的能量，並由電子帶出來。因此，我們預料，從同一物質放射出來的 β 粒子，都應該有相同的速度。然而，觀測表明，β 衰變的

❾ 這可以用轟擊原子核的方法做到，本章後面將講述這種方法。

情況與這種預測直接矛盾。事實上，我們發現釋放出來的電子具有從零到某一上限的不同動能。既沒有發現其他粒子，也沒有其他輻射可以使能量達到平衡。這樣一來，β 衰變中的「竊能案」可就嚴重了。曾經有人竟一度認為，我們面臨了著名的能量守恆定律不再成立的第一個實驗證據，這對於整套物理理論的精巧建築真是極大的災難！不過，還有一種可能：也許丟失的能量是被某種我們的觀測方法無法察覺的新粒子帶走的。包立（Wolfgang Pauli）提出一個理論：他假設這種偷竊能量的「巴格達竊賊」是不帶電荷、質量不大於電子質量的微粒，叫做微中子。事實上，根據已知的高速粒子與物質相互作用的事實，我們可以斷定，這種不帶電的輕粒子不能被現有的一切物理儀器所察覺，它可以不費吹灰之力在任何物質中穿過極遠的距離。對於可見光來說，只需薄薄一層金屬膜即可把它完全擋住；穿透力很強的 X 射線和 γ 射線在穿過幾英寸厚的鉛塊後，強度也會顯著降低；而一束微中子可以悠哉悠哉地穿過幾光年厚的鉛！難怪用任何方法也觀測不出微中子，只能靠它們所造成的能量赤字來發現它們！

　　微中子一旦離開原子核，就再也無法捕捉到它了。可是，我們有辦法間接地觀測到它離開原子核時所引起的效應。當你用步槍射擊時，槍身會有一股後坐力而衝撞你的肩膀；大炮在發射重型炮彈時，炮身也會向後坐。力學上的這種反衝（recoil）效應也應該在原子核發射高速粒子時發生。事實上，我們確實發現，原子核在 β 衰變時，會在與電子運動相反的方向上獲得一定的速度。但是事實證明，它有一個特點：無論電子射出的速度是快是慢，原子核的反衝速度總是一樣（圖 61）。這可就有點奇怪了，因為我們本來認為，一個快速的發射體所產生的反衝會比慢速發射體強烈。這個謎的解答在於，原子核在射出電子時，總是陪送一個微中子，以保持應有的能量平衡。

如果電子速度大、帶的能量多，微中子的速度就慢一些、能量小一些；
反之亦然。這樣，原子核就會在兩個微粒的共同作用下，保持較大
的反衝。如果這個效應還不足以證明微中子的存在，恐怕就沒有什
麼能夠證明它啦！

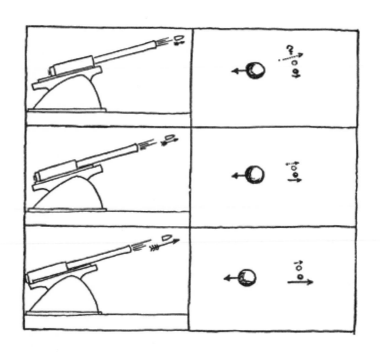

圖 61　　大炮和核子物理的反衝問題

　　現在，讓我們把前面講過的內容總結一下，提出一個物質結構
的基本粒子表，並指出它們之間的關係。

　　首先要列入的是物質的基本粒子——核子。目前所知道的核子
或者是中性的，或者是帶正電的；但也可能有帶負電的核子存在。

　　其次是電子。它們是自由電荷，或帶正電，或帶負電。

還有神祕的微中子。它不帶電荷，大概是比電子輕得多的。

最後還有電磁波。它們在空間中傳播電磁力。

物理世界的所有這些基本成分是互相依賴，並以各種方式結合的。中子可變成質子並發射出負電子和微中子（中子 ⟶ 質子＋負電子＋微中子）；質子又可發射出正電子和微中子而回復為中子（質子 ⟶ 中子＋正電子＋微中子）。符號相反的兩個電子可轉變為電磁輻射（正電子＋負電子 ⟶ 輻射），也可反過來由輻射產生（輻射 ⟶ 正電子＋負電子）。最後，微中子可以與電子相結合，成為不穩定的粒子，在宇宙射線中出現。這種微粒稱做介子（meson）（微中子＋正電子 ⟶ 正介子；微中子＋負電子 ⟶ 負介子；微中子＋正電子＋負電子 ⟶ 中性介子）。也有人把介子稱為「重電子」，但這種叫法不太恰當。

結合在一起的微中子和電子帶有大量的內在能量，因此，結合體的質量比這兩種粒子各自的質量之和大 100 倍左右。

圖 62 顯示組成宇宙中各種物質的基本粒子。

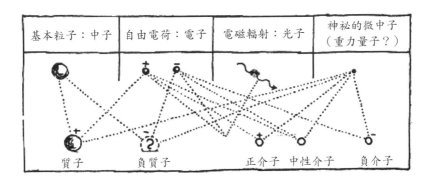

圖62　現代物理學中的基本粒子及其各種組合

　　大家可能會問：「這是最後結果了嗎？」「憑什麼認為核子、電子和微中子真的是基本粒子，不能再分成更小的微粒子呢？才半個世紀之前，人們還認為原子是不可分割的，不是嗎？而今天的原子已經變得那麼複雜！」對於這個問題，我們得這樣回答：現在確實無法預測物質結構科學的發展前景，不過我們有比較充足的理由可以相信，這些粒子的確就是物質的不可再分的基本單位。理由是：各種原來被認為不可分的原子表現出彼此不同的、極為複雜的化學性質、光學性質和其他性質，而現代物理學中基本粒子的性質是極為簡單的，簡單得可與幾何點的性質相比。還有，跟古典物理中為數不少的「不可分原子」相比，我們現在只有三種不同的實體：核子、電子和微中子。而且，無論我們如何希望、怎麼努力把萬物還原為最簡單的形式，總不能把萬物化為一無所有吧！所以，看來我們對物質組成的探討已經到了盡頭了❿。

二、原子的心臟

　　我們既然對構成物質的基本粒子的本性和性質已有全面的了解，現在就可以再來仔細研究一下原子的心臟——原子核。原子的外層結構在某種程度上可比作一個縮小的行星系統，但原子核本身卻全然是另一種情景。首先有一點是很清楚的：使原子核本身保持為一個整

❿ 這是作者撰寫本書時，科學界的普遍看法。但是，在作者於1968年去世之後，有越來越多的實驗證據表明，核子（中子和質子）並不是真正的基本粒子，而是由一種名叫夸克（quark）的組成部分構成的合成物。夸克共有6種，人們按其性質的不同把它們命名為下夸克（d）、上夸克（u）、奇夸克（s）、魅夸克（c）、底夸克（b）和頂夸克（t）。中子是由一個上夸克和兩個下夸克組成的（u，d，d），質子則含有兩個上夸克和一個下夸克（u，u，d）。因此，請讀者記住，現在核子已不再被認為是基本粒子和基本物質，本書後面出現這種說法時，就不再一一加注說明。——校者

體的力不可能是靜電力，因為原子核內有一半粒子（中子）不帶電，另一半（質子）帶正電，因而會互相排斥。如果一群粒子之間只存在斥力，怎麼能存在穩定的粒子群呢！

　　因此，為了理解原子核的各個組成部分能保持在一起的原因，必須設想它們之間存在著另一種力，它是一種吸引力，既作用在不帶電的粒子之間，也作用在帶電的粒子之間，與粒子本身的種類無關。這種使它們聚在一起的力通常被稱為「內聚力」。這種力在其他地方也能看到，例如在一般液體中就存在內聚力，這種力阻止各個分子向四面八方分散。

　　在原子核內部，各個核子間就存在這種內聚力。這樣，原子核本身非但不致在質子間靜電斥力的作用下分裂開來，而且這些核子還能像罐頭裏的沙丁魚一樣緊緊挨在一起；相比之下，處於原子核外各原子殼層上的電子卻有足夠的空間進行運動。本書作者最先提出這樣一種看法：可以認為原子核內物質的結構方式是與普通液體類似的。原子核也像一般液體一樣有表面張力。大家想必還記得，表面張力這一重要現象在液體中是這樣產生的：位於液體內部的粒子被相鄰的粒子向各個方向以相等的力拉扯，而位於表面的粒子只受到指向液體內部的拉力（圖63）。

圖 63　液體的表面張力的解釋

　　這種張力使得不受外力作用的一切液滴具有保持球形的傾向，因為在體積相同的一切幾何形體當中，球體的表面積最小。因此，可以得出結論說，不同元素的原子核可以簡單地看成由同一類「核液體」組成的大小不同的液滴。不過可別忘記，雖然定性地說，這種核液體與一般液體很相像，但定量地說，兩者卻大不相同，因為核液體的密度比水的密度大 240,000,000,000,000 倍，表面張力也比水大 1,000,000,000,000,000,000 倍。為了便於理解，可用下面的例子說明。如果有一個用金屬絲彎成的倒 U 字形框架，大小約二英寸見方，下面橫搭一根直絲，如圖 64 這樣。現在給框內充入一層肥皂膜，這層膜的表面張力會把橫絲向上拉。在絲下懸一小重物，可以把這個張力平衡掉。如果這層膜是普通的肥皂水，它在厚度為 0.01 公釐時自重 1/4 克，能支撐 3/4 克的重物。

　　假如我們有辦法製成一層核液體薄膜，並把它張在這個框架上，這層膜的重量就會有 5 千萬噸（相當於 1 千艘海輪），橫絲上則能懸掛 1 兆噸的東西，這相當於火星的第二個衛星「火衛二」的重量！要在核液體裏吹出一個泡泡來，得有多強壯的肺才行啊！

　　在把原子核看成小液滴時，一定不要忽略它們是帶電的，因為有一半的核子是質子。因此，核內存在著相反的兩種力：一種是把各個核子約束在一起的表面張力，一種是核內各帶電部分之間傾向於把原子核分成好幾塊的斥力。這就是原子核不穩定的首要原因。如果表面張力占優勢，原子核就不會自行分裂，而兩個這樣的原子核在互相接觸時，就會像普通的兩滴液體那樣具有聚變（fusion，亦稱融合）的趨勢。

　　與此相反，如果排斥的電力占了上風，原子核就會有自行分裂為兩塊或多塊高速飛離的碎塊的趨勢。這個過程通常稱為「裂變」

「火衛二」

圖 64

（fission，亦稱分裂）。

　　波耳和威勒（John Archibald Wheeler）在 1939 年對不同元素原子核的表面張力和靜電斥力的平衡問題進行了精密的計算，他們得出一個極重要的結論：元素週期表中前一半元素（到銀為止）是表

面張力占優勢，而重元素則是斥力居上風。因此，所有比銀重的元素在原則上都是不穩定的，當受到來自外部的足夠強烈的轟擊時，就會裂開為兩塊或多塊，並釋放出相當多的內部核能（圖65b）。與此相反，當總重量不超過銀原子的兩個輕原子核相接近時，就有自行發生聚變的可能（圖65a）。

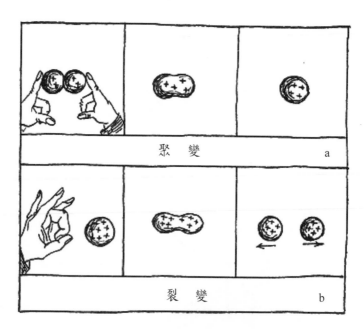

圖65　兩個液滴的聚變和裂變

　　不過我們要記住，兩個輕原子核的聚變也好，一個重原子核的裂變也好，除非我們施加影響，一般是不會發生的。事實上，要使輕原子核發生聚變，我們就得克服兩個原子核之間的靜電斥力，才能使它們靠近；而要強令一個重原子核進行裂變，就必須強烈地轟擊它，使它進行大幅度的振動。

　　這一類必須有一開始的激發才能導致某一物理過程的狀態，在科學上叫做準穩態（state of metastability）。立在懸崖頂上的岩石、一盒火柴、炸彈裏的 TNT 火藥，都是物質處於準穩態的例子。在這些例子中，都有大量的能量在等待得到釋放。但是不踢岩石，岩石不會滾下；不劃或不加熱火柴，火柴不會燃著；不用雷管給TNT引爆，炸藥不會爆炸。在我們生活的這個世界上，除了銀塊❶之外都是潛在的核爆炸物質。但是，我們並沒有被炸得粉身碎骨，就是因為核反應的發生是極端困難的，說得更科學一點，是因為需要用極大的激發能量才能使原子核發生變化。

　　在核能的領域內，我們所處的地位（更確切地說，是不久前所處的地位）很像是愛斯基摩人。這個人生活在 0℃ 以下的環境中，接觸到的唯一固體是冰，唯一液體是酒。這樣，他不會知道火為何物，因為用兩塊冰進行摩擦是不能生出火來的；他也只把酒看成令人愉快的飲料，因為他無法把它升溫到燃點。

　　現在，當人類由最近的發現，得知原子內部蘊藏著極大的能量可供釋放時，他們的驚訝多麼像這個不知火為何物的愛斯基摩人第一次看到酒精燈時的心情啊！

　　一旦克服了使核反應開始進行的困難，之前的一切困擾就大大地得到補償了。例如，數量相等的氧原子和碳原子按照

$$O + C \longrightarrow CO + 能量$$

這個化學方程式化合時，每1克混合好的氧和碳會放出920卡❷熱量。如果把這種化學結合（分子的融合，圖 66a）換成原子核的融合（圖 66b），即

---

❶ 應該記住，銀的原子核是既不聚變也不裂變的。
❷ 卡是度量熱能的熱量單位，1克水升高1℃所需的能量為1卡。

$$_6C^{12} + {}_8O^{16} = {}_{14}Si^{28} + 能量$$

這時，每克混合物放出的能量將達到 14,000,000,000 卡之多，比前者大 1,500 萬倍。

　　同樣地，1 克複雜的 TNT 分子在分解成水分子、一氧化碳分子、二氧化碳分子和氮氣（分子裂變）時，約釋放 1,000 卡熱量；而同樣重量的物質，如汞，在核分裂時會釋放 10,000,000,000 卡熱量。

　　但是，千萬別忘了，化學反應在幾百度的溫度下就可以進行，而相應的核轉變卻往往在達到幾百萬度時還未引發呢！正是這種引發核反應的困難，說明了整個宇宙眼下還不會有在一聲巨響中變成一大塊純銀的危險，因此大家可以放心好了。

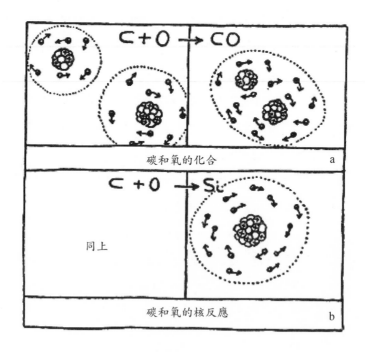

圖 66

三、轟擊原子

　　原子量的整數值為原子核構造的複雜性提供了有力的論據，不過這種複雜性只有利用把原子核碎裂成兩塊或更多塊的直接實驗，才能最終加以證實。

　　第一次表明有可能使原子碎裂的跡象，是 1896 年法國科學家貝克勒爾（Edmond Alexandre Becquerel）所發現的放射性。事實表明，位於週期表盡頭的元素，如鈾和釷，能自行發出穿透性很強的輻射（與一般 X 射線相似）的原因，在於這些原子會進行緩慢的自發性的衰變。人們對這個發現做了精細的研究，很快得出結論：重原子在衰變中會自行分裂成兩個大不相同的部分：①叫做 α 粒子的小塊，它是氦的原子核；②原有原子核的剩餘部分，它又是子元素的原子核。例如，當鈾原子核碎裂時，會放出 α 粒子，留下的子元素原子核稱為鈾 X_1，它的內部經歷重新調整電荷的過程後，再放出兩個自由的負電荷（普通電子），而變成比原來的鈾原子輕四個單位的鈾同位素。緊接著又是一連串的 α 粒子發射和電荷調整，直到變為穩定的鉛原子，才不再進行衰變。

　　這種交替發射 α 粒子和電子的嬗變也會發生在另外兩族放射性物質上，它們是以重元素釷為首的釷系和以錒為首的錒系。這三族元素都會進行一系列衰變，最後成為三種鉛同位素。

　　我們在上一節講過，元素週期表中後一半元素的原子核是不穩定的，因為在它們的原子核內傾向於分離的靜電力超過了把核約束在一起的表面張力。細心的讀者把這一條和自發放射衰變的情況比較一下，就會覺得詫異：既然所有比銀重的元素都是不穩定的，為什麼只有在最重的幾種元素（如鈾、鐳、釷）上才觀察到自發衰變呢？

這是因為，雖然所有比銀重的元素在理論上都可以看作是放射性元素，而且它們也確實都在漸漸地衰變成輕元素，不過在大多數情況下，自發衰變進行得非常緩慢，以致無法發現這種過程。一些大家熟悉的元素，如碘、金、汞、鉛等，它們的原子在一個世紀中說不定只分裂一兩個。這可太慢了，用任何靈敏的物理儀器都無法記錄下來。只有最重的元素，由於它們自發分裂的趨勢很強，才能產生能夠觀測到的放射性❸。這種相對的嬗變率還決定了不穩定原子核的分裂方式。例如，鈾的原子核就可能以幾種方式裂開：或者是分裂成兩塊相等的部分，或是三塊相等的部分，或是許多塊大小不等的部分。不過，最容易發生的是分成一個 α 粒子和一個剩餘的子核。根據觀察，鈾原子核自行裂成兩塊相等部分的機率要比放射出一個 α 粒子的機率低一百萬倍。所以，在 1 克鈾中，每 1 秒內都有上萬個原子核進行放射 α 粒子的分裂，而要觀測到一次分成兩塊相等部分的裂變，卻要等上好幾分鐘呢！

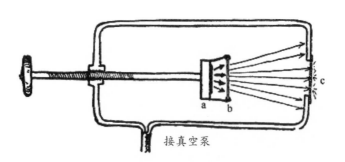

圖 67　首次的原子分裂

---

❸ 以鈾為例，1克鈾中每秒鐘至少有幾千個原子進行分裂。

　　放射現象的發現，不容置疑地證明了原子核結構的複雜性，也打開了人工產生（或激發）核嬗變的道路。它使我們想到，如果重元素，特別是那些不穩定的重元素能夠自行衰變，那麼，我們能否用足夠強力的高速粒子去轟擊那些穩定的原子核，使它們發生分裂呢？

　　拉塞福就抱著這樣的想法，決定讓各種通常是穩定的元素遭受不穩定放射性元素在分裂時放出的核碎塊（α 粒子）的轟擊。他在1919 年為此項實驗首次採用的儀器（圖 67），與當今某些物理實驗室中轟擊原子的巨大儀器相比，真是簡單到了極點。它包括一個圓筒形真空容器，一端有一扇窗，上面塗有一薄層螢光物質當作螢幕（c）。α 粒子轟擊源是沉積在金屬片上的一薄層放射性物質（a），待轟擊的靶子（這個實驗用的是鋁）做成箔狀，放在離轟擊源一段距離之處（b）。鋁箔靶被放置得恰好能使所有入射 α 粒子都會嵌在上面。因此，如果轟擊沒有導致靶子產生次級核碎塊的話，螢光屏是不會發亮的。

　　把一切安裝就緒之後，拉塞福就透過顯微鏡觀察螢幕。他看到屏上絕不是一片黑暗，整個螢幕上都閃爍著萬萬千千的跳動亮點！每個亮點都是質子撞在屏上所產生的，而每個質子又是入射 α 粒子從靶子上的鋁原子裏撞出的「一塊碎片」。因此，元素的人工嬗變就從理論上的可能性變成了科學上的既成事實[14]。

　　在拉塞福做了這個經典實驗之後的幾十年內，元素的人工嬗變已發展成為物理學中最大和最重要的分支之一，無論是在產生供轟擊用的高速粒子的方法上，還是在對結果的觀測上，都取得了極大進展。

　　在觀測粒子撞擊原子核所發生的情況時，最理想的儀器是一種

---

[14] 上述過程可用反應式表述如下：

$$_{13}Al^{27} + _2He^4 \longrightarrow _{14}Si^{30} + _1H^1$$

能夠直接用眼睛觀看的雲室〔因為它是威爾遜（C. T. R. Wilson）發明的，又稱威爾遜雲室（Wilson cloud chamber）〕。圖68是雲室的簡圖。它的工作原理基於一個事實：高速運動的帶電粒子，在穿過空氣或其他氣體時，會使沿路的氣體原子發生一定程度的變形。它們在粒子的強電場作用下，會失去一個或數個電子而成為離子。這種狀態不會長久持續下去。粒子一過，離子很快又重新俘獲電子而恢復原狀。不過，如果在這種發生了電離的氣體中含有飽和的水蒸氣，它們就會以離子為核心形成微小的水滴──這是水蒸氣的性質，它能附著在離子、灰塵等東西上──結果沿粒子的路徑會出現一道細細的霧珠。換句話說，任何帶電粒子在氣體中運動的軌跡就變得可見，如同一架拖著尾煙的飛機。

　　從製作工藝來看，雲室是件簡單的儀器，它主要包括一個金屬圓筒（A），筒上蓋有一塊玻璃蓋子（B），內裝一個可上下移動的

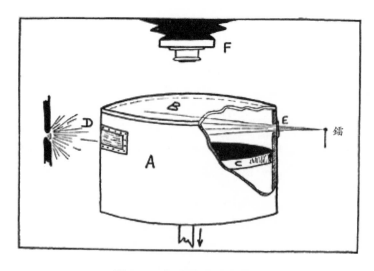

圖68　威爾遜雲室原理圖

活塞（C）（移動部件圖中未畫出）。玻璃蓋子和活塞工作面之間充
有空氣（或依實際需要改充其他氣體）和一定量的水蒸氣。當一些
粒子從視窗（E）進入雲室時，讓活塞驟然下降，活塞上部的氣體就
會冷卻，水蒸氣則會形成細微的水珠，沿粒子軌跡凝結成一縷霧絲。
由於受到從邊窗（D）射入的強光照射，以及活塞面黑色背景的襯托，
霧跡清晰可見，並可用與活塞連動的照相機（F）自動拍攝下來。這
個簡單的裝置，使我們能獲得有關核轟擊的極完美的照片，因此，
它已成為現代物理學中最有用的儀器之一。

　　當然，我們也希望能設計出一種在強電場中加速各種帶電粒子
（離子）、以形成強大粒子束的方法。這樣不但能省去稀少而昂貴的
放射性物質，還能增加其他類型的粒子（如質子），而且粒子的動
能也比一般放射性衰變中所放出的粒子大。在各種產生強大高速粒
子束的儀器中，最重要的有靜電發生器（electrostatic generator）、迴
旋加速器（cyclotron）和直線加速器（linear accelerator）。圖 69、
圖 70 和圖 71 分別簡述了它們的作用原理。

　　使用上述加速器產生各種強大的粒子束，並引導它們去轟擊用各
種物質做成的靶子，可以產生一系列核嬗變，並用雲室拍攝下來，這
樣研究起來就很方便。書末的圖版Ⅲ、Ⅳ就是幾張核嬗變的照片。

　　劍橋大學的布萊克特（Patrick Maynard Stuart Blackett）拍攝了
第一張這種照片。他拍攝的是一束衰變中產生的 α 粒子通過充氮的
雲室❶❺。首先可以看出，所有的軌跡都有確定的長度，這是因為粒子
在飛過氣體時，逐漸失去自己的動能，最後歸於靜止。粒子軌跡的長

---

❶❺ 核反應式如下：

$$_7N^{14} + _2He^4 \longrightarrow _8O^{17} + _1H^1$$

（本書末刊載這幅照片）。

圖 69　靜電發生器的原理

基礎物理學告訴我們，傳遞給一個金屬導體球的電荷會分布在外表面上。
因此，我們可以在空心金屬球上開一個小洞，把帶有少量電荷的小導體
一次又一次地伸進筒內與球的內表面接觸，從而使它的電壓達到任意數
值。在實際應用中，我們使用的是一根通過小洞伸進球內的傳送帶，由
它把一個小感應起電器產生的電荷送入球內。

度有兩種，這是因為有兩種不同能量的 α 粒子（粒子源是釷的兩種
同位素 ThC 和 ThC' 的混合物）。在照片上還能看到，α 粒子的軌跡
基本上是筆直的，只是在尾部、即粒子快要失去全部初始能量時，才
容易由氮原子的非正面碰撞造成明顯的偏折。但是，在這張星狀的 α

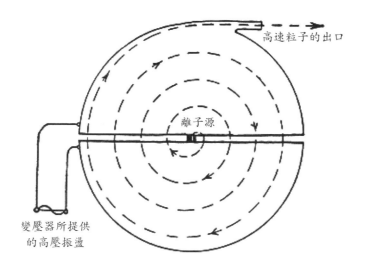

圖 70　迴旋加速器的原理

迴旋加速器主要包含兩個放在強磁場中的半圓形金屬盒（磁場方向和紙面垂直）。兩個盒與變壓器的兩端分別相連，因此，它們交替帶有正電和負電。從中央的離子源射出的離子在磁場中沿半圓形路徑前進，並在從一個盒體進入另一個盒體的中途受到加速。離子越走越快速，描繪出一條向外擴展的螺旋線，最後以極高的速度衝出。

圖 71　直線加速器的原理

這套裝置包括長度逐漸增加的一連串圓筒，它們由變壓器交替充以正電和負電。離子在從一個圓筒進入另一個圓筒的途中被這相鄰兩筒間的電位差加速，因此能量逐漸增大。由於速度與能量的平方根成正比，所以，如果把筒長按整數的平方根的比例設計，離子就會保持與交流電場同相。把這套裝置設計得足夠長，就能把離子加速到任意大的速度。

粒子圖中，有一道軌跡很特殊，它有一個特殊的分叉，分叉的一支細而長，一支粗而短。這表示它是 α 粒子和氮原子面對面碰撞的結果。細而長的軌跡是被撞出的質子，粗而短的則是被撞到一旁的氮原子。因為看不到其他軌跡，這就說明，肇事的 α 粒子已經附在氮原子核上一起運動了。

在圖版 III b 上，我們能看到人工加速的質子與硼核碰撞的效應。高速質子束從加速器出口（照片中央的黑影）射到外面的硼片上，從而使原子核的碎塊沿各個方向穿過空氣飛去。從照片上可看到一個有趣之處，就是碎塊的軌跡是以三個為一組（照片上可看到兩組，其中一組還以箭頭標出），這是由於硼原子被質子擊中時，會裂成 3 個相等的部分 ❻。

另一張照片，圖版 III a 拍下的是高速氘核（由一個質子和一個中子形成的重氫原子核）和靶上的另一個氘核相碰撞的情景 ❼。

照片中，較長的軌跡屬於質子（$_1H^1$ 核），較短的則屬於三倍重的氫核（也稱氚核）。

中子和質子一樣，是構成各種原子核的主要成分。如果沒有中子參與反應的雲室照片，那是很不完全的。

但是，不要指望在雲室中看到中子的軌跡，因為中子是不帶電的，所以，這匹核子物理學中的「黑馬」在行進途中不會造成電離。不過，當你看到從獵人槍口冒出一股輕煙，又看到從天上掉下一隻鴨子，你就曉得有一顆子彈飛出去過，儘管你看不到它。同樣，當

---

❻ 核反應式為：

$$_5B^{11} + _1H^1 \longrightarrow _2He^4 + _2He^4 + _2He^4$$

❼ 核反應式為：

$$_1H^2 + _1H^2 \longrightarrow _1H^3 + _1H^1$$

你觀看圖版 III c 這一雲室照片時，你看到一個氮原子分裂成氫核（向下的一支）和硼核（向上的一支），就一定會意識到這個氮核一定是被一個看不見的粒子從左邊狠狠撞了一下。事實正是如此，我們在雲室左邊的壁上放置了鐳和鈹的混合物，這正是高速中子源[18]。

　　只要把中子源和氮原子分裂的地點這兩個點連接起來，就是表示中子運動路徑的直線了。

　　圖版 IV 是鈾核的裂變照片，它是包基爾德（Boggild）、勃勞斯特勞姆（Brostrom）和羅瑞森（Lauritsen）拍攝的。從一張敷有一層鈾的鋁箔上，沿相反方向飛出兩塊裂變的產物。當然，在這張照片上是顯示不出引發這次裂變的中子和其所產生的中子的。

　　利用加速粒子轟擊原子核的方法，我們可以得到無窮無盡的各種核嬗變，不過現在我們應該轉到更重要的問題上來，即看看這種轟擊的效率如何。要知道，圖版 III 和 IV 所示的只是單個原子分裂的情況。如果要把 1 克硼完全轉變為氦，就要把所有 55,000,000,000,000,000,000,000 個硼原子都擊碎。目前最強大的加速器每秒鐘能產生 1,000,000,000,000,000 個粒子。即使每個粒子都擊碎一個硼核，那也得把這台加速器開動 5,500 萬秒，也就是差不多兩年才行。

　　然而，實際上的效率要比這低得多。通常在幾千個高速粒子當中，只能指望有一個命中靶子的原子核而造成裂變。這個極低的效率是由於原子核外的電子會減緩入射帶電粒子的通過速度。電子殼層受轟擊的截面積要比原子核受轟擊的截面積大得多，我們又顯然

---

[18] 這個過程的核反應式可以表示如下：

　（a）中子的產生：

$$_4Be^9 + _2He^4（來自鐳的 \alpha 粒子）\longrightarrow _6C^{12} + _0n^1$$

　（b）中子轟擊氮原子核：

$$_7N^{14} + _0n^1 \longrightarrow _5B^{11} + _2He^4$$

無法把每個粒子都瞄準原子核，因此，粒子要在穿過許多原子的電子殼層後，才有直接命中某一個原子核的機會。圖 72 說明了這種情形。在圖上，原子核用黑色小圓點表示，電子殼層用陰影線表示。原子與原子核的直徑之比約為 10,000：1，因此它們受轟擊面積的比值為 100,000,000：1。我們還知道，帶電粒子在穿過一個原子的電子殼層後，能量會減少萬分之一左右。因此，它在穿過 1 萬個電子殼層後就會停下來。由這些數據不難看出，在 1 萬個粒子中，只有 1 個有可能在能量消耗完之前撞到某個原子核上。考慮到帶電粒子給靶上的原子以摧毀性打擊的效率是如此之低，要使 1 克硼完全嬗變，恐怕至少也得把一台最先進的加速器開動兩萬年！

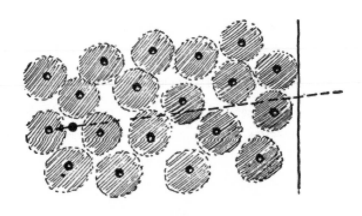

圖 72

四、核子學

往往有一些詞彙，看起來似乎不那麼恰當，但卻頗有實用價值。「核子學」（Nucleonics）就是其中之一。因此，我們不妨採用這個詞。正如「電子學」講的是自由電子束的廣泛實際應用一樣，「核子學」

也應理解成對核能量的大規模釋放進行實際應用的科學。上一節中我們已經看到，各種化學元素（除了銀以外）的原子核內都蘊藏著巨大的內能；對輕元素來說，內能可在核融合時放出；對重元素來說，則在核分裂時放出。我們又看到，用人工加速的粒子轟擊原子核的方法，儘管在研究核嬗變的理論上極為重要，但由於效率極低，派不上實際用場。

不過，這種低效率主要是由於 α 粒子和質子是帶電粒子，它們在穿過原子時會失去能量，又不易逼近被轟擊的靶原子核。我們當然會想到，如果用不帶電的中子來轟擊，大概會好一些。然而，這還是很困難！因為中子可以輕而易舉地進入原子核內，它們在自然界中就不以自由狀態存在；即使藉由人工方法，用一個入射粒子從某個原子核裏「踢」出一個中子來（如鈹靶在 α 粒子轟擊下產生中子），它也會很快地又被其他原子核重新俘獲。

因此，想要產生強大的中子束，就得從某種元素的原子核裏把中子一個一個地踢出來。這樣做，豈不是又回到低效率的帶電粒子的老路上！

然而，有一個跳出這種惡性循環的方法：如果能用中子踢出中子，而且踢出不止一個，中子就會像兔子繁衍（參見圖 97），或者像細菌繁殖一樣地增加起來。不久，由一個中子所產生的後代就會多到足以向一大塊物質中的每一個原子核進攻的程度。

自從人們發現了這種使中子增加的核反應後，核子物理學就空前地繁榮起來，並從作為研究物質最隱祕性質的純科學這座清靜的象牙塔中走了出來，投進了報紙標題、狂熱政論和發展軍事工程的漩渦。凡是看報紙的人，沒有不知道鈾核分裂可以放出核能——通常稱為原子能——這種能量的。鈾的裂變是哈恩（Otto Hahn）和斯特拉斯

曼（Fritz Strassman）在 1938 年末發現的。但是，不要認為由裂變生成的兩個大小差不多相等的重核本身能使核反應進行下去。事實上，這兩部分核塊都帶有許多電荷（各帶鈾核原電荷的一半左右），因此不可能太接近其他原子核；它們將在鄰近原子的電子層作用下迅速失去自己的能量而歸於靜止，並不能引起下一步裂變。

鈾的裂變之所以能一躍成為極重要的過程，是由於人們發現了鈾核碎片在速度減慢之後會放出中子，從而使核反應能自行維持下去（圖 73）。

裂變的這種特殊的後發效應的發生原因，在於重原子核在裂開時會像斷裂成兩節的彈簧一樣處於劇烈的振動狀態。這種振動不足以導致二次裂變（即碎片再一次雙分），卻完全有可能拋出幾個基本粒子來。要注意：我們所說的每個碎塊放射出一個中子，這只是個平均數字；有的碎塊能產生兩個或三個中子，有的則一個也不產生。當然，裂變時碎塊所能產生的中子數有賴於振動強度，而這個強度又取決於裂變時釋放的總能量。我們知道，這個能量的大小是隨原子核重量的增大而增加的。因此，我們可以預料到，裂變所產生的中子數隨著週期表中原子序數的增大而增多。例如，金核裂變（由於所需的激發能量太高，至今尚未實驗成功）所產生的中子數，大概會少於每塊一個；鈾則為每塊一個（即每次裂變產生兩個）；更重的元素（如鈽），應多於每塊一個。

如果有 100 個中子進入某種物質，為了能夠滿足中子的連續增殖，這 100 個中子顯然應產生出多於 100 個中子。至於能否達到這一狀況，要看中子使這種原子核裂變的效率有多大，也要看一個中子在造成一次裂變時所產生的新中子有多少。應該記住，儘管中子比帶電粒子有高得多的轟擊效率，但也不會達到 100%。事實上，總

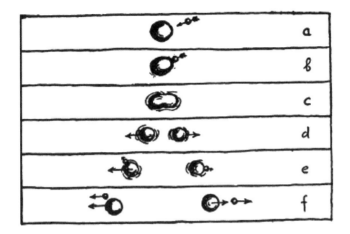

圖73　裂變過程的各個階段

有一些高速中子在和某個原子相撞時，只交給它一部分動能，然後帶著剩餘的動能跑掉。這樣一來，粒子的動能將分散消耗在幾個原子核上，而沒有一個發生裂變。

　　根據原子核結構理論，可以歸結出一點：中子的裂變率隨著裂變物質原子量的遞增而提高，對於週期表末尾的元素，裂變率接近百分之百。

　　現在，我們給出兩個中子數的例子，一個是有利於中子增加的，一個是不利的：①快中子對某元素的裂變率為35%，裂變產生的平均中子數為1.6。[19] 這時，如果有100個中子，就能引起35次裂變，產生35×1.6=56個第二代中子。顯然，中子數目會逐代下降，每一代都減少將近一半。②對另一種較重元素，裂變率升高至65%，裂變產生的平均中子數為2.2。此時，如果有100個中子，就會導致65次裂變，放出的中子總數為65×2.2=143個。每產生新的

---

[19] 這些數值只是為了舉例而給出的，並非某一種元素的真實數據。

一代，中子數就增加約 50%，不用多久，就會產生出足以轟擊核樣本當中每一個原子核的中子來。這種反應，我們稱為分支連鎖反應（branching chain reaction）；能產生這種反應的物質，我們叫做裂變物質（fissionable substance）。

　　對於發生漸進性分支連鎖反應（圖74）的必要條件做細心的實驗觀測和深入的理論研究之後，可以得出結論說，在天然元素中，只有一種原子核可能發生這種反應，那就是鈾的輕同位素鈾 235。

　　但是，鈾 235 在自然界中並不單獨存在，它總是和大量較重的非裂變同位素鈾 238 混在一起（鈾 235 占 0.7%，鈾 238 占 99.3%），

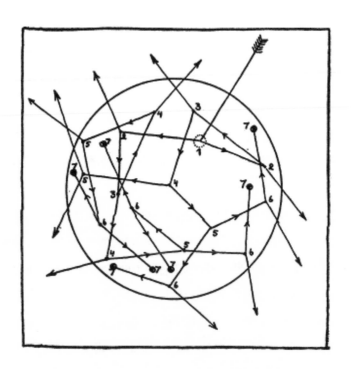

圖74　在一塊球形的裂變物質中發生的連鎖反應。儘管有許多中子從表面上跑掉了，但每一代的中子數仍會不斷增加，最後導致爆炸。

這就會像濕木柴中的水分妨礙木柴的燃燒一樣影響到鈾的分支連鎖反應。不過,正因為有這種不活潑的同位素與鈾235摻雜在一起,才使得這種高裂變性的鈾235至今仍然存在,否則,它們早就會由於連鎖反應而迅速毀掉了。因此,如果打算利用鈾235的能量,那麼,就得先把鈾235和鈾238分離開來,或者是研究出不讓較重的鈾238搗蛋的辦法。這兩類方法都是釋放原子能這個課題的研究對象,並且都得到了成功的解決。由於本書不打算過多地涉及這類技術性問題,所以我們只在這裏簡單地講一講。

要直接分離鈾的兩種同位素是個相當困難的技術問題。它們的化學性質完全相同,因此,一般的化工方法是無能為力的。這兩種原子只在質量上稍有不同——兩者相差1.3%,這就為我們提供了靠原子質量的不同來解決問題的擴散法、離心法、電磁場偏轉法等。圖75a和b顯示了兩種主要分離方法的原理圖,並附有簡短說明。

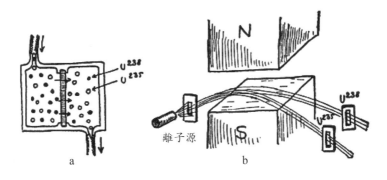

圖 75

a. 用擴散法分離同位素。含有兩種同位素的氣體被抽入泵室的左半部,並透過中央的隔板擴散到另一邊。由於較輕的分子擴散得快一些,在右半部的氣體中可獲得較濃縮的鈾235;b. 用磁場法分離同位素。原子束在強磁場中穿過,較輕的同位素被偏轉得多一些。為了提高粒子束的強度,必須選用較寬的縫隙,因此鈾235和鈾238兩束粒子會部分地重疊,得到的只是部分的分離。

　　所有這些方法都有一個缺點：由於這兩種同位素的質量相差甚小，因此分離過程不能一步完成，需要多次反覆進行，才能使輕的同位素一步步濃縮。這樣，經過相當多次重複後，可得到很純的鈾 235 產品。

　　更聰明的方法是使用所謂的緩和劑（moderator），人為地減少天然鈾中重同位素的影響，從而使連鎖反應能夠進行。在了解這個方法之前，我們得先知道，鈾的重同位素對連鎖反應的破壞作用，在於它吸收了鈾 235 裂變時產生的大部分中子，從而破壞了連鎖反應的進行。因此，如果我們能設法使中子在碰到鈾 235 的原子核之前不致被鈾 238 原子核所俘獲，裂變就能繼續進行下去，問題也就解決了。不過，鈾 238 比鈾 235 約多了 140 倍，不讓鈾 238 得到大部分中子，豈不是痴人說夢！然而，在這個問題上，另一件事實可以幫忙，那就是鈾的兩種同位素「俘獲中子的能力」隨中子運動速度的不同而不同。對於裂變時所產生的快中子，兩者的俘獲能力相同，因此，每當有一個中子被鈾 235 的原子核所俘獲，鈾 238 就能俘獲 140 個中子。對於中等速度的中子來說，鈾 238 的俘獲能力甚至比鈾 235 還要強。不過，重要的一點是：當中子的速度很低時，鈾 235 能比鈾 238 俘獲到多得多的中子。因此，如果我們能使裂變產生的高速中子在與下一個鈾原子核（238 或 235）相遇之前先大大減速，那麼，鈾 235 的數量雖少，卻會比鈾 238 有更多的機會來俘獲中子。

　　我們把天然鈾的小顆粒，摻在某種能使中子減速而本身又不會俘獲大量中子的物質（緩和劑）裏面，就可得到減速裝置。最好的緩和劑是重水[20]、碳、鈹鹽。從圖 76 可以看出，這樣一個散布在緩和劑中的鈾顆粒「堆」是如何作用的[21]。

---

[20] 即由氫的同位素氘（$_1H^2$）和氧化合成的水，其分子式為 D_2O。——譯者
[21] 至於有關鈾堆的更詳盡的討論，請參考專論原子能的書刊。

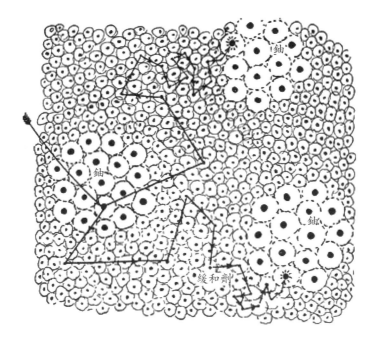

圖76　這張圖看起來倒很像是生物的細胞圖，事實上，它所表示的是嵌
　　　在緩和劑（小原子）中的一團團鈾原子（大原子）。在左邊的一
　　　團鈾原子中有一個發生了裂變，產生的兩個中子進入緩和劑，並
　　　在與它們的原子的一系列碰撞過程中逐漸減慢速度。當這些中子
　　　到達另一團鈾原子時，已被減速到相當程度，這樣就能被鈾235
　　　的原子核俘獲，因為鈾235俘獲慢中子的效率比鈾238高。

　　我們說過，鈾的輕同位素鈾235（只占天然鈾的0.7%）是唯一
能維持逐步發展的連鎖反應、並放出巨大核能的天然裂變物質。但
這並不等於說，我們不能人工製造出性質與鈾235相同、而在自然
界中並不存在的元素。事實上，利用裂變物質在連鎖反應中所產生
的大量中子，我們可以把原來不能發生裂變的原子核變成可以裂變
的原子核。

　　第一個這種例子，就是上述由鈾和緩和劑混合成的反應堆。我們已經看到，在使用緩和劑以後，鈾 238 俘獲中子的能力會減小到足以讓鈾 235 進行連鎖反應的程度。然而，還是會有一些鈾 238 的原子核俘獲到中子。這一來又會發生什麼事呢？

　　鈾 238 的核在俘獲一個中子後，當然就馬上變成更重的同位素鈾 239。不過，這個新生子核的壽命不長，它會相繼放出兩個電子，變成原子序數為 94 的新元素的原子。這種人造新元素叫做鈽（Pu-239），它比鈾 235 還容易發生裂變。如果我們把鈾 238 換成另一種天然放射性元素釷（Th-232），它在俘獲中子和釋放兩個電子後，就變成另一種人造裂變元素鈾 233。

　　因此，從天然裂變元素鈾 235 開始，進行循環反應，理論上和實際上都可能將全部的天然鈾和釷變成裂變物質，成為濃縮的核能源。

　　最後，讓我們大致計算一下，可供人類用於和平發展或自我毀滅的戰爭的總能量有多少。計算顯示，所有天然鈾礦中的鈾 235 所蘊藏的核能，如果全部釋放出來，可供全世界的工業使用數年；如果考慮到鈾 238 轉變成鈽的情況，時間就會加長到幾個世紀。再考慮到蘊藏量 4 倍於鈾的釷（轉變為鈾 233），至少就可用一兩千年。這足以使任何「原子能匱乏」論不能立足了。

　　而且，即使所有這些核能源都被用光，而且也不再發現新的鈾礦和釷礦，後代人也還是能從普通岩石裏獲得核能。事實上，鈾和釷也跟其他元素一樣，都少量地存在於一切普通物質中。例如，每噸花崗岩中含鈾 4 克，含釷 12 克。乍看之下，這未免太少了。但不妨往下算一算：1 公斤裂變物質所蘊藏的核能相當於 2 萬噸 TNT 炸藥爆炸或 2 萬噸汽油燃燒所放出的能量。因此，1 噸花崗岩中的這

16 克鈾和釷，就相當於 320 噸普通燃料。這就足以補償複雜的分離步驟所會帶來的一切麻煩了——特別是當我們面臨豐富礦源趨於枯竭的時候。

物理學家們在征服了鈾、釷之類的重元素裂變時所釋放的能量後，又盯上了與此相反的過程——核聚變（核融合），即兩個輕元素的原子聚合成一個重原子核，同時釋放出大量能量的過程。在第十一章裏，大家會看到，太陽的能量就來自因氫核進行猛烈的熱碰撞而合成較重的氦核這種聚變反應。為了實現這種所謂熱核反應，以供人類應用，最適用的聚變物質是重氫，即氘。氘在水裏以少量存在。氘核含有一個質子和一個中子。當兩個氘核相撞時，會發生下面兩個反應當中的一個：

$$2\ \text{氘核} \longrightarrow\ _2\text{He}^3 + \text{中子}$$

$$2\ \text{氘核} \longrightarrow\ _1\text{He}^3 + \text{質子}$$

為了實現這種變化，氘必須處於幾億度的高溫下。

第一個實現核聚變的裝置是氫彈，它用原子彈來引發氘的聚變。不過，更複雜的問題是如何實現可為和平目的提供大量能量的受控熱核反應。要克服主要的困難——約束極熱的氣體——可以利用強磁場使氘核不與容器壁接觸（否則容器會熔化和蒸發！），並把它們約束在中心的熱區內。

8
無序定律

一、熱的無序

斟上一杯水，並且仔細觀察它，這時，你看到的只是一杯清澈而均勻的液體，看不出有任何內部運動的跡象（當然，這是指不晃動玻璃杯的情況）。但是我們知道，水的這種均勻性只是一種表象。如果把水放大幾百萬倍，就會看出它具有明顯的顆粒結構，是由大量緊緊挨在一起的單個分子組成的。

在這樣的放大倍數下，我們還可以清清楚楚地看到，這杯水絕非處於靜止狀態。它的分子處在猛烈的騷動中，它們來回運動，互相推擠，很像一群非常激動的人。水分子或其他一切物質分子的這種無規律運動叫做**熱運動**（thermal motion），因為熱現象就是這種運動的直接結果。儘管肉眼不能察覺到分子本身和分子的運動，但分子的運動能對人體器官的神經纖維產生一定的刺激，從而使人感覺到熱。對於比人小得多的生物，如懸浮在水滴中的細菌，這種熱運動的效應就要顯著得多了。這些可憐的細菌會被進行熱運動的分子從四面八方無休止地推來擠去，得不到安寧（圖77）。這種有趣的現象是十九世紀英國的生物學家布朗（Robert Brown）在研究植物花粉時首次發現的，因此被稱為**布朗運動**（Brownian motion）。這是一種普遍存在的運動，

可在懸浮於任何一種液體中的任何一種物質微粒（只要它足夠細小）上觀察到，也可以在空氣中飄浮的煙霧和塵埃上觀察到。

　　如果把液體加熱，那麼，懸浮小微粒的狂熱舞蹈將變得更為奔放；如果液體冷卻下來，舞步就會顯著變慢。毫無疑問，我們所觀察到的現象正是物質內部熱運動的效應。因此，我們通常所說的溫度不是別的，正是分子運動激烈程度的量度。透過對於布朗運動與溫度的關係的研究，人們發現在溫度為 -273℃，即 -459 °F 時，物質的熱運動就完全停止了。這時，一切分子都歸於靜止。這顯然就是最低的溫度，它被稱為絕對零度（absolute zero）。如果有人提起更低的溫度，那顯然是荒唐的。因為哪裏會有比絕對靜止更慢的運動呢？

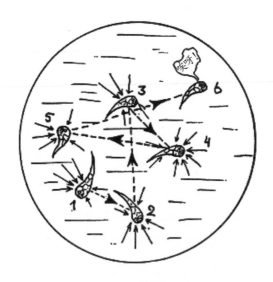

圖 77　一個細菌被周圍的分子推來推去而連續換了六個位置

　　一切物質的分子在接近絕對零度這個溫度時，能量都是很小的。因此，分子之間的內聚力將把它們凝聚成固態的硬塊。在凝結狀態下，

這些分子只能做輕微的顫動。如果溫度升高，這種顫動就會越來越強烈；到了一定程度，這些分子就可以獲得一定程度的運動自由，從而能夠滑動。這時，原先在凝結狀態下所具有的硬度消失了，物質就變成了液體。物質的熔解溫度取決於分子內聚力的強度。有些物質，如氫或空氣（氮和氧的混合物），它們分子間的內聚力很微弱，因此在相對較低的溫度下就能脫離固體狀態。氫要在 14K（即 -259℃）以下才處於固態，氧和氮則分別在 55K 和 64K（即 -218℃和 -209℃）時會熔解。另一些物質的分子則有較強的內聚力，因此能在較高的溫度下保持固態。例如，酒精（乙醇）能保持固態到 -114℃，固態水（即冰）在 0℃時才會融化。還有一些物質能在更高的溫度下保持固態：鉛在 +327℃時熔解，鐵在 +1535℃，而稀有金屬鋨能堅持到 2700℃。物質在處於固態時，它們的分子顯然是被緊緊束縛在一定的位置上，但這並不是說，它們不會受到熱的影響。根據熱運動的基本定律，處在相同溫度下的一切物質，無論是固體、液體還是氣體，其單個分子所具有的能量是相同的，只不過對某些物質來說，這樣大的能量已足以使它們的分子從固定位置上掙脫開來，而對另一些物質來說，分子只能在原位上振動，如同被短鏈子拴住的狂怒的狗一樣。

　　固體分子的這種熱顫動或熱振動，在上一章所描述的 X 射線照片中可以很容易地觀察到。我們確實知道，攝得一張晶格分子的照片需要一定的時間，因此在這段曝光時間內，絕不允許分子離開自己的固定位置。來回顫動非但無助於拍照，反而會使照片模糊起來。這種模糊現象可從圖版 I 那張分子照片上看到。為了得到清晰的圖像，必須盡可能把晶體冷卻，這一般是把晶體浸到液態空氣中來實現的。反過來，如果把被攝的晶體加熱，照片就會變得越來越模糊。當達到熔點時，由於分子脫離原來的位置，在熔解的液體裏不規則地運動起來，

絕對零度

室溫

熔點

圖 78

它的影像就會完全消失。

　　在固體熔化後，分子仍然會聚在一起。因為熱攪動（thermal agitation）雖然已經大得能把分子從晶格上拉下來，但還不足以使它們完全離開。然而，當溫度進一步升高時，分子間的內聚力就再也不能把分子聚攏在一起了。這時，如果沒有容器壁的阻擋，它們將沿各個

方向四散飛開。這樣一來，物質當然就處在氣態了。液體的氣化也和固體的熔化一樣，不同的物質有不同的溫度；內聚力弱的物質變成氣體所需達到的溫度要比內聚力強的物質低。氣化的溫度還與液體所受壓力的大小有很大關係，因為外界的壓力顯然是會幫內聚力的忙的。我們知道，正因為如此，封得密不透風的一壺水，它的沸騰溫度要比在敞開時高；另外，在大氣壓大為降低的高山頂上，水不到 100℃ 就會沸騰。順便提一下，測量水在什麼溫度下沸騰，就可以計算出這地方的大氣壓力，也就可以知道這地方的海拔高度。

但是，可不要學馬克‧吐溫（Mark Twain）❶ 所說的那個例子啊！他在一篇故事裏講到，他曾把一支無液氣壓計放到煮豌豆湯的鍋裏。這樣做非但不能判斷出任何海拔高度，這鍋湯的滋味還會被氣壓計上的銅氧化物給破壞了。

一種物質的熔點越高，它的沸點也越高。液態氫在 -253℃ 沸騰，液態氧和液態氮分別在 -183℃ 和 -196℃，酒精在 +78℃，鉛在 +1620℃，鐵在 +3000℃，鋨要到 +5300℃ ❷。

在固體那美妙的晶體結構被破壞以後，它的分子先是像一堆蛆蟲一樣爬來爬去，繼而又像一群受驚的鳥一樣飛散開。但這並不是說，熱運動的破壞力已達到極限。如果溫度再升高，就會威脅到分子本身的存在，因為這時候分子間的相互碰撞變得極為猛烈，有可能把分子撞開，成為單個原子。這種被稱為熱解離（thermal dissociation）的過程取決於分子的強度；某些有機物質在幾百度時就會變為單個原子或

---

❶ 馬克‧吐溫是知名的美國作家。在他的《浪跡海外》（*A Tramp Abroad*）中，有這樣一則幽默故事：幾個去阿爾卑斯山遠足的人，想測量一下山的高度。這本來可以由氣壓計的讀數計算出來，也可測量水的沸點而推得。但他們卻記成應該把氣壓計放到沸水裏煮一下，結果把氣壓計煮壞了，沒能讀出數來，而煮過氣壓計的水用來做菜湯時，味道竟然很好。──譯者

❷ 這裏的所有數值都是在標準大氣壓下測得的。

原子群，另一些分子可要堅固得多，如水分子，它要到 1000℃以上才會崩潰。不過，當溫度達到幾千度時，分子就不復存在了，整個世界都將是純化學元素的氣態混合物。

在太陽的表面上，情況就是這樣，因為那裏的溫度可達 6000℃。而在比太陽「冷」一些的紅巨星❸的大氣層中，就能存在一些分子，這已經靠專門的分析方法得到了證實。

在高溫下，猛烈的熱碰撞不僅把分子分解成原子，還能把原子本身的外層電子去掉，這叫做熱電離（thermal ionization）。如果達到幾萬度、幾十萬度、幾百萬度這樣的極高溫度——這樣的溫度超過了實驗室中所能獲得的最高溫度，然而在包括太陽在內的恆星的內部卻是屢見不鮮——熱電離就會越來越占優勢。最後，原子也完全不能存在了，所有的電子層都統統被剝去，物質就只是一群光禿禿的原子核和自由電子的混合物。它們將在空間中狂奔猛撞。儘管原子的身體遭到這樣徹底的破壞，但只要原子核完好無缺，物質的基本化學特性就不會改變。一旦溫度下降，原子核就會重新拉回自己的電子，完整的原子又形成了（圖 79）。

為了達到物質的徹底熱裂解，使原子核分解為單獨的核子（質子和中子），溫度至少要上升到幾十億度。這樣高的溫度，目前即使在最熱的恆星內部也未發現。也許在幾十億年以前，我們這個宇宙正年輕時曾經有過這種溫度。這個令人感興趣的問題，我們將在本書最後一章加以討論。

這樣，我們看到，熱攪動的結果使得按量子力學定律構築起來的精巧物質結構逐漸被破壞，並把這座宏大建築物變成亂糟糟的一群亂衝亂撞、看不出任何明顯規律的粒子。

---

❸ 見第十一章。

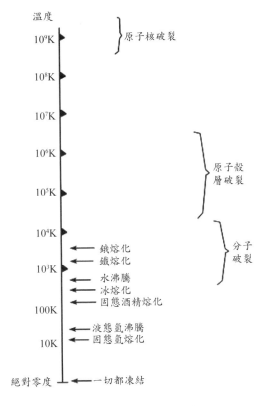

圖 79　溫度的摧毀效應

二、如何描述無序運動？

　　如果你認為，既然熱運動是無規則的，所以就無法對它做任何物理描述，那可就大錯特錯了。對於完全不規則的熱運動，有一類叫做無序定律（Law of Disorder）、或者更經常被稱作統計行為定律（Law of Statistical Behavior）的新定律在起作用。為了理解這一點，讓我們先來看一下著名的「醉鬼走路」問題。假設在某個廣場的某個燈柱上靠著一個醉鬼（天曉得他在什麼時候和怎樣跑到這兒來的），他突然

打算隨便走動一下。讓我們來觀察他的行動吧。他開始走了：先朝一
個方向走上幾步，然後換個方向再邁上幾步，如此這般，每走幾步就
隨意折個方向（圖80）。那麼，這位仁兄在這樣彎彎折折地走了一段
路程，比如折了100次以後，他離燈柱有多遠呢？乍看之下，由於對
每一次拐彎的情況都不能事先加以估計，這個問題似乎是無解的。然
而，仔細考慮一下，就會發現，儘管我們不能說出這個醉鬼在走完一
定路程後肯定位於何處，但我們還是能答出他在走完了相當多的路程
後距離燈柱的最可能的距離有多遠。現在，我們就用嚴格的數學方法
來解答。以廣場上的燈柱為原點畫兩條坐標軸，X軸指向我們，Y軸
指向右方。R表示醉鬼走過N個轉折後（圖80中N為14）與燈柱的
距離。若X_n和Y_n分別表示醉鬼所走路徑的第n個分段在相應兩個軸
上的投影，由畢氏定理顯然可以得出：

$$R^2 = (X_1 + X_2 + X_3 + \cdots + X_n)^2 + $$
$$(Y_1 + Y_2 + Y_3 + \cdots + Y_n)^2$$

這裏的X和Y既有正數，又有負數，視這位醉鬼在各段具體路程
中是離開還是接近燈柱而定。應該注意，既然他的運動是完全無序的，
因此在X和Y的取值中，正數和負數的個數應該差不多相等。我們現
在按照代數的基本規則展開上式中的括弧，即把括弧中的每一項都與
自己這一括弧中的所有各項（包括自己在內）相乘。這樣，

$$(X_1 + X_2 + X_3 + \cdots + X_n)^2$$
$$= (X_1 + X_2 + X_3 + \cdots + X_n)(X_1 + X_2 + X_3 + \cdots + X_n)$$
$$= X_1^2 + X_1 X_2 + X_1 X_3 + \cdots + X_2^2 + X_1 X_2 + \cdots + X_n^2$$

這一長串數字包括了X的所有平方項（$X_1^2, X_2^2, \cdots X_n^2$）和所謂「混
合積」，如$X_1 X_2, X_2 X_3$等等。

圖 80　醉鬼所走的路

　　到目前為止，我們所用到的只不過是簡單的數學。現在要用到統計學觀點了。由於醉鬼走路是不規則的，他朝燈柱走和背著燈柱走的可能性相等，因此在 X 的各個取值中，正負會各占一半。這樣，在那些「混合積」裏，總是可以找出數值相等、符號相反的一對對可以互相抵消的數對來；N 的數目越大，這種抵消就越徹底。只有那些平方項永遠是正數，因此能夠保留下來。這樣，總的結果就變成

$$X_1^2 + X_2^2 + \cdots + X_n^2 = NX^2$$

X 在這裏表示各段路程在 X 軸上投影長度的平均值❹。

　　同理，第二個括弧也能化為 NY^2，Y 是各段路程在 Y 軸上投影長度的平均值。這裏還得再說一遍，我們所進行的並不是嚴謹的數學

❹ 嚴格來說是方均根值，即平方的平均數再開平方。——譯者

運算，而是利用了統計規律，即考慮到由於運動的任意性所產生的可抵消的「混合積」。現在，我們得到醉漢離開燈柱的可能距離為

$$R^2 = N\,(X^2 + Y^2)$$

或
$$R = \sqrt{N} \cdot \sqrt{X^2 + Y^2}$$

但是各路程的平均投影在兩根軸上都是 45°，所以

$$\sqrt{X^2 + Y^2}$$

就等於平均的路程長度（還是由畢氏定理證得）。用 1 來表示這個平均路程長度時，可得到

$$R = 1 \cdot \sqrt{N}$$

用通俗的語言來說，就是：醉鬼在走了許多段不規則的彎折路程後，距燈柱的最可能距離為各段路徑的平均長度乘以路徑段數的平方根。

　　因此，如果這個醉鬼每走一公尺就（以隨意角度）拐一個彎，那麼，在他走了 100 公尺的長路後，他距燈柱的距離一般只有 10 公尺；如果筆直地走呢，就能走 100 公尺——這表示，走路時有清醒的頭腦肯定會占很大便宜的。

　　從上面這個例子可以看出統計規律的本質：我們給出的並不是每一種場合下的精確距離，而是最可能的距離。如果有一個醉鬼偏偏能夠筆直走路不拐彎（儘管這種醉鬼太罕見了），他就會沿直線離開燈柱。要是有另一個醉鬼每次都轉 180° 的彎，他就會離開燈柱又折回去。但是，如果有一大群醉鬼都從同一根燈柱開始互不干擾地走自己的彎彎路，那麼，經過一段足夠長的時間後，你將發現他們會按上述規律分布在燈柱四周的廣場上。圖 81 畫出了六個醉漢不規則走動時的分布情況。不用說，醉漢越多、不規則拐彎的次數越多，上述規律也就越精確。

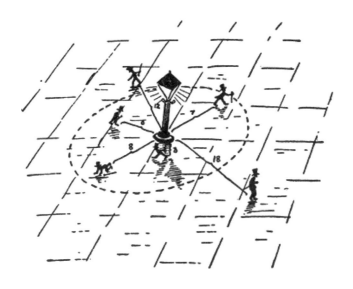

圖 81　燈柱附近六名醉鬼的統計分布情況

　　現在，把一群醉鬼換成一群很小的物體，如懸浮在液體中的植物花粉或細菌，你就會看到生物學家布朗在顯微鏡下看到的那種現象。當然，花粉和細菌是不喝酒的，但我們曾說過，它們被捲入了周圍分子的熱運動，被它們不停地踢向各個方向，因此被迫走出彎彎曲曲的路，就像那些因酒精作怪而失去了方向感的人一樣。

　　在用顯微鏡觀察懸浮在一滴水中的許多小微粒的布朗運動時，你可以集中精力觀察在某個時刻位於同一小區域內（靠近「燈柱」）的一批微粒。你會發現，隨著時間的推移，它們會逐漸分散到視野中的各個地方，而且它們與原來位置的距離與時間的平方根成正比，正如我們在推導醉鬼公式時所得到的公式一樣。

　　這條定律當然也適用於水滴中的每一個分子。但是，我們是看不見單個分子的，即使看見了，也無法將它們互相區別開來。因此，我們得採用兩種不同的分子，從它們的不同（如顏色）而看出它們的運

動來。現在,我們拿一個試管,注入一半呈漂亮紫色的過錳酸鉀水溶液,再小心地注入一些清水,同時注意不要把這兩層液體搞混。觀察這個試管,我們就會看到,紫色將漸漸進入清水中去。如果觀察足夠長的時間,全部液體就會從底部到頂端都變成顏色均勻的統一體(圖82)。這種大家所熟知的現象叫做擴散(diffusion),它是過錳酸鉀染料的分子在水中的不規則熱運動所引起的。我們應該把每個過錳酸鉀分子想像成一個小醉鬼,被周圍的分子不停地衝撞。水的分子彼此挨得很近(與氣體分子相比),因此,兩次連續碰撞間的平均自由程(free path)很短,大約只有億分之一英寸。另一方面,分子在室溫下的速度大約為 1/10 英里／秒,因此,一個分子每隔一兆分之一秒就會發生一次碰撞。這樣,每經過 1 秒鐘,單一個染料分子發生碰撞並轉換方向的次數達到上兆次,它在 1 秒鐘內所走的距離就是億分之一英寸(平均自由程)乘以「1 兆的平方根」,即每秒鐘走 0.01 英寸。這就是擴散的速度。考慮到在沒有碰撞時分子在 1 秒鐘後就會跑到 1/10 英里以外的地方去,可見,這種擴散速度是很慢的。要等上 100 秒鐘,分子才會挪到 10 倍($\sqrt{100} = 10$)遠的地方;要經過 10,000 秒鐘,也就是將近 3 個小時,顏色才會擴展 100 倍($\sqrt{10,000} = 100$),即 1 英寸遠。瞧,擴散可是一個相當慢的過程啊。所以,如果你要加糖到茶裏面,還是要用湯匙攪動一下,不要枯等糖分子自行運動啊。

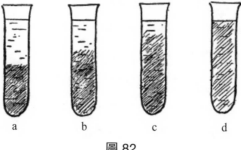

圖82

我們再來看一個擴散的例子：在一根撥火爐的鐵棍中，熱的傳導方式。這是分子物理學中最重要的過程之一。把鐵棍的一端插入火中，根據經驗可知，另一端要在相當長的時間之後才會變得燙手。你大概不知道這熱量是靠電子的擴散傳遞過來的。火爐的鐵棍也好，其他各種金屬也好，內部都有許多電子。這些電子和諸如玻璃之類的非金屬物質中的電子不同，金屬中那些位於外電子殼層的電子能夠脫離原子，在金屬晶格內遊蕩。它們會像氣體中的微粒一樣參與不規則熱運動。

金屬物質的外表面層是會對電子施加作用力、不讓它們逃出的❺；但在金屬內部，電子卻幾乎可以隨意運動。如果給金屬線加上一個電場作用力，這些不受約束的自由電子將沿電場作用力的方向衝過去，形成電流；而非金屬物質的電子則被束縛在原子上，不能自由運動，因此，非金屬大多是良好的絕緣體。

當把金屬棒的一端插入火中，這一部分金屬中自由電子的熱運動便大為加劇；於是，這些高速運動的電子就開始攜帶過多的熱能向其他區域擴散。這個過程很像染料分子在水中擴散的情況，只不過這裏不是兩種不同的微粒（水分子和染料分子），而是熱電子氣擴散到冷電子氣的區域去。醉鬼走路的定律在這裏也同樣適用，熱在金屬棒中傳遞的距離與相應時間的平方根成正比。

最後，再舉一個與前二者截然不同而具有宇宙意義的重要擴散例子。在下一章中，我們將看到，太陽的能量是由它自己內部深處的元素在嬗變時產生的。這些能量以強輻射的形式釋放出去。這些「光微粒」，或者說光量子，從太陽內部向表面運動。光的速度為300,000

---

❺ 當金屬絲處在高溫狀態時，它內部電子的熱運動將變得足夠猛烈，使得一些電子從表面射出。這種現象已被用於電子管（electron tube），是無線電愛好者所熟知的事實。

公里／秒，太陽的半徑為 700,000 公里。所以，如果光量子走直線的話，只需要 2 秒多就能從中心到達表面。但事實上絕非如此。光量子在向外行進時，要與太陽內部無數的原子和電子相撞。光量子在太陽內的自由程約為 1 公分（比分子的自由程長多了！），而太陽的半徑是 70,000,000,000 公分，這樣，光量子就得像醉漢那樣拐上（7×10^{10}）^{2} 即 5×10^{21} 個彎才能到達表面。這樣，每一段路需要花 $\frac{1}{3 \times 10^{10}}$ 即 3×10^{-11} 秒，而整個旅程所用的時間即為 $3 \times 10^{-11} \times 5 \times 10^{21} = 1.5 \times 10^{11}$ 秒，也就是 5000 年上下！這一回，我們又一次看到了擴散過程是何等緩慢。光從太陽中心走到表面要花 50 個世紀，而從太陽表面穿越星際空間直線到達地球，卻僅僅用 8 分鐘就夠了！

三、計算機率

上面關於擴散的討論只是把機率的統計定律應用於分子運動的一個簡單例子。在進行更深入的討論，以了解最重要的熵的定律這個總轄一切物體——小到一滴液體，大到由恆星組成的宇宙——的熱行為的定律之前，我們得先學一點計算各種簡單和複雜事件的可能性（即機率）的方法。

最簡單的機率問題莫過於擲硬幣了。人人都知道，擲出的硬幣正面朝上和反面朝上的機率是相等的（如果不作弊的話）。我們把這種出現正面和反面的可能性稱為一半對一半的機會。如果把得正面的機會和得反面的機會相加，就得到 $\frac{1}{2} + \frac{1}{2} = 1$。在機率理論中，整數 1 意味著必然性。在擲硬幣時，不是可以很肯定地說，不是得正面就是得反面嗎？當然，如果硬幣滾到床下，再也找不到了，那又另當別論。

假如現在把一枚硬幣接連擲兩次，或者同時擲兩枚硬幣（這兩種情況是一樣的），那麼不難看出，會有圖 83 所示的 4 種不同的可能性。

圖 83　擲兩枚硬幣的四種可能性

第一種情形是得到兩個正面，最後一種情形是兩個反面。中間的兩種情形實際上是同一種，因為先是正面或先是反面（或哪枚正面，哪枚反面），這是無所謂的。這樣，我們可以說，得兩個正面的機會是 1：4，即 $\frac{1}{4}$，得兩個反面的機會也是 $\frac{1}{4}$，得一正一反的機會是 2：4，即 $\frac{1}{2}$。$\frac{1}{4}+\frac{1}{4}+\frac{1}{2}=1$，也就是說，每擲一次，三種情況必定出現一種。再來看看擲三個硬幣的情況，可能性總括起來如下表：

第一枚	正	正	正	正	反	反	反	反
第二枚	正	正	反	反	正	正	反	反
第三枚	正	反	正	反	正	反	正	反
	I	II	II	III	II	III	III	IV

從這張表中可以看出，得三枚都是正面的機會為 $\frac{1}{8}$，得三枚都是反面的機會也為 $\frac{1}{8}$。其餘的可能性被兩正一反和兩反一正兩種情況均分，各得 $\frac{3}{8}$。

這種表的篇幅增長得很快，不過，我們還是可以看一看在擲 4 枚硬幣時的情況。這時有如下 16 種可能性：

第一枚	正 正 正 正 正 正 正 正 反 反 反 反 反 反 反 反
第二枚	正 正 正 正 反 反 反 反 正 正 正 正 反 反 反 反
第三枚	正 正 反 反 正 正 反 反 正 正 反 反 正 正 反 反
第四枚	正 反 正 反 正 反 正 反 正 反 正 反 正 反 正 反
	I　II　II　III　II　III　III　IV　II　III　III　IV　III　IV　IV　V

在這裏，得到四個正面的機率為 $\frac{1}{16}$，得到 4 個反面的機率也是一樣。三正一反和三反一正都各有 $\frac{4}{16}$ 即 $\frac{1}{4}$ 的機率，正反相等的情況的機率為 $\frac{6}{16}$，即 $\frac{3}{8}$。

照這種方式列下去，擲的枚數一多，表就會長得把你的紙用光都寫不下。例如，擲 10 枚時，就會有 1,024 種可能性（即 $2\times2\times2\times2\times2\times2\times2\times2\times2\times2$）。不過，我們根本不需要列出這些長表格，只要從前面列過的這幾張簡單情況的表中，就可以觀察出判斷機率大小的簡單法則，並把它直接運用到比較複雜的情況下。

首先，我們看到，擲兩次時得兩個正面的機率，等於第一次和第二次分別得到正面的機率之乘積，具體來說就是

$$\frac{1}{4}=\frac{1}{2}\times\frac{1}{2}$$

同樣，連得三個正面和連得四個正面的機率也為每次扔擲中得到正面的機率的乘積

$$\frac{1}{8}=\frac{1}{2}\times\frac{1}{2}\times\frac{1}{2}\ ;\ \frac{1}{16}=\frac{1}{2}\times\frac{1}{2}\times\frac{1}{2}\times\frac{1}{2}$$

因此，若有人問起連擲 10 次都得到正面的機會有多大，你可以輕鬆地把 $\frac{1}{2}$ 自乘 10 次的結果告訴他。這個數是 0.00098。它表示出現這種情況的可能性很小，大概只有千分之一的機會！這就是「機率相乘」的法則。具體地說，如果你需要同時得到幾個不同的事件，你可以把單獨實現每一個事件的機率相乘來得到總的機率。假若你

需要許多事件，而每一個事件又都不是那麼有把握實現的話，那麼，你希望它們全部實現的機會實在是小得可憐啊！

另外，還有一個法則，即「機率相加」法則，內容是：如果你需要幾個事件當中的一個（無論哪一個都行），這個機率就等於所需要的各個事件單獨實現的機率之和❻。

這條法則在擲硬幣兩次、正反各一的那個例子中表現得很清楚：你所需要的或者是「先正後反」，或者是「先反後正」，這兩個事件每個單獨實現的機率都為 $\frac{1}{4}$，因此得到其中任何一個的機率為 $\frac{1}{4}+\frac{1}{4}=\frac{1}{2}$。總之，如果你要求的是「又有某事，又有某事，還有某事……」的機率，就應把各事件單獨實現的機率相乘；如果你要求的是「或者某事，或者某事，或者某事……」的機率，就應把各個機率相加。

在前一種，即什麼都打算要的情況下，要的事件越多，實現的可能性越小；在後一種，即只要其中某一事件的情況下，供選擇的名單越長，得到滿足的可能性越大。

當實驗的次數很多時，機率定律就變得很精確了。擲硬幣的實驗就很好地證明了這一點。圖 84 給出了擲 2 次、3 次、4 次、10 次和 100 次硬幣時，得到不同正、反面分布的機率。可以看出，擲的次數越多，機率曲線就變得越尖銳，正、反面以一半對一半的機會出現的極大值也就越突出。

因此，在擲 2 次、3 次及 4 次的情況下，統統是正面或反面的機會還是相當可觀的。在擲 10 次的情況下，即使是 90% 是正面或反面的機會都很難出現。如果次數更多，例如擲 100 次或 1000 次，機率曲線會尖得像一根針，即使從一半對一半的分布上稍微偏離一點點，其出現的機率也會變得非常小。

---

❻ 這條法則只適用於各個事件都不相容的情況。——譯者

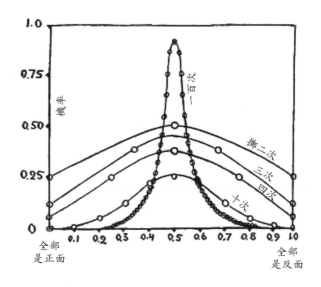

圖 84　投擲硬幣得到正、反面的相對次數

　　現在我們用剛剛學過的計算機率的簡單法則，來判斷在梭哈這種撲克牌遊戲中，五張牌呈現各種組合的可能性。

　　也許你還不會玩這種牌戲，所以我來簡單說明一下：參加者每人摸五張牌，以得到最好的組合牌型者為贏家。這裏我們略去了為湊成一手好牌而交換幾張牌所引起的複雜變化，也不討論靠詐術給對方造成你拿到了好牌的錯覺而自動認輸的心理戰術——其實詐術才是這種牌戲的核心所在，並使得著名的丹麥物理學家波耳設計了一種全新的玩法：根本無須用到牌，參加者只要說說自己拿到了什麼組合（想像中的），並互相蒙騙就行。這已全然超出機率計算的範圍，成了純心理學的問題了。

　　現在讓我們計算一下撲克牌中某些組合的機率來作為練習。有一種組合叫做「同花」，即 5 張牌都屬於同一花色（圖 85）。

　　如果想要摸到一副同花，第一張是什麼牌是無所謂的，只要計算另外 4 張也和第一張屬於同一花色的機率就行了。一副牌共 52 張，每一花色 13 張❼。在你摸去第一張以後，這種花色就只剩下 12 張了。因此，第二張也屬於這一花色的機會為 $\frac{12}{51}$。同樣，第三、第四、第五張依然屬於同一花色的可能性分別為 $\frac{11}{50}$、$\frac{10}{49}$、$\frac{9}{48}$，既然我們要求所有 5 張都同一花色，就要用機率乘法。這樣，你會發現，得到同花的機率為：

$$\frac{12}{51} \times \frac{11}{50} \times \frac{10}{49} \times \frac{9}{48} = \frac{11880}{5997600} \approx \frac{1}{500}$$

　　但是，不要以為每玩 500 次，一定會得到一次同花。你可能一次也摸不到，也可能摸到兩次。我們這裏僅僅是在計算可能性。有可能，你連摸 500 多次，一次同花也摸不到；也可能恰恰相反，你第一次就摸到了同花。機率論所能告訴你的只是在 500 次遊戲中，可能碰到一次同花。用同樣方法你可以計算出，在 3000 萬次遊戲中，得到 5 張 A（包括一張「鬼牌」在內）的機會大概有 10 次。

　　另一種更為少見、因此也更厲害的組合就是所謂「福爾豪斯」（full house），又稱為「葫蘆」。它包括一個「一對」和一個「三條」（即有兩張牌同一點數，另外 3 張為另一點數。如圖 86 所示的兩張 5、3 張 Q）。

圖 85　同花（黑桃）　　　　圖 86　葫蘆（福爾豪斯）

---

❼ 此處省去了52張牌以外的、可代替任意一張牌的「鬼牌」所引起的複雜變化。

　　想要做成葫蘆時，頭兩張牌是什麼點數是無所謂的，但在後 3 張中，則應有兩張與前面兩張之一的點數相同，第 3 張則與前兩張中的另一張點數相同。因為還剩下 6 張牌（如果已摸到一張 5、一張 Q，那就還剩下 3 張 5 和 3 張 Q）可供組合，所以第三張合乎要求的機率是 $\frac{6}{50}$。在剩餘的 49 張牌中還有 5 張合格的牌，所以第四張也滿足條件的機率為 $\frac{5}{49}$。第五張也合格的機率為 $\frac{4}{48}$。因此，得到葫蘆的機率為

$$\frac{6}{50} \times \frac{5}{49} \times \frac{4}{48} = \frac{120}{117600}$$

這差不多是同花機率的一半❽。

　　同樣，我們還能算出其他組合如「順子」（即點數連續的五張牌）等的機率以及算出包括「鬼牌」在內和進行交換所表現的機率來。

　　透過這種計算可以看出，撲克牌中一副牌的好壞級別正是與它的數學機率值相對應的。這究竟是由過去某個數學家所安排的呢，還是靠聚集在全世界的各豪華或破爛賭窟裏的幾百萬個賭徒們拿錢財冒險而從經驗中得出來的？我們不得而知。如果是後者的話，我們得承認，對於研究複雜事件的相對機率來說，這的確是一份非常突出的統計材料！

　　另一個有趣而出乎意料的計算機率的例子是所謂「生日重合」的問題。請回憶一下，你是否曾在同一天接到過兩份生日宴會的請柬。你可能會說這種可能性很小，因為你大概只有 24 個朋友會邀請你參加

---

❽ 實際上機率還要小一些，因為上述計算中還包括了「四條」（四張同點牌加其他任何一張牌的情況）。這種機率為

$$2 \times \left(\frac{3}{50} \times \frac{2}{49} \times \frac{1}{48} \right) = \frac{12}{117600}$$

減去這個數值後，得到葫蘆的機率為

$$\frac{120-12}{117600} = \frac{108}{117600} \quad ——譯者$$

他們的生日宴會，而一年卻有 365 天呢！既然有這麼多天可供選擇，那麼，你的 24 個朋友中，有兩個人在同一天生日的機率一定是非常之小吧。

然而，你的判斷是大錯特錯的。儘管聽起來似乎令人難以置信，但實際情況卻是：24 個人當中，有兩個人、甚至幾組兩個人的生日相重合的機率是相當高的，實際上要比不出現重合的機率還要大。

想要證實這一點，你可以列出一張 24 個人的生日表來，或乾脆從《美國名人錄》之類的書上任選一頁，隨意點出 24 個人來查查看。當然，我們也可以動用在擲硬幣和玩撲克牌這兩個題目上早已熟悉的簡單機率法則，來算算它的機率。

我們先來計算 24 個人生日各不相同的機率。先看第一個人，他的生日當然可以是一年中的任意一天。那麼，第二個人與第一個人不是同一天生日的可能性有多大呢？這個人（第二個）可能出生於任何一天，因此，在 365 個機會中有一個與第一個人相重合，有 364 個不相重合$\left(\text{即概率為} \dfrac{364}{365}\right)$。同樣，第三個人與前面兩個人都不在同一天出生的機率為 $\dfrac{363}{365}$，這是因為去掉了兩天的緣故。再後面的人，生日不與前面任何一個人生日相同的機率依次為 $\dfrac{362}{365}$，$\dfrac{361}{365}$，$\dfrac{360}{365}$ 等等，最後一個人的機率為 $\dfrac{365-23}{365}$，即 $\dfrac{342}{365}$。

把所有這些分數相乘，就得到所有這些人的生日都不相重合的機率為

$$\frac{364}{365} \times \frac{363}{365} \times \frac{362}{365} \times \cdots \times \frac{342}{365}$$

用高等數學的方法進行計算，幾分鐘就可以得出乘積來。如果不會用高等數學，那只能不辭辛苦地一步步乘出來[9]。這花不了多少時

---

[9] 如果你會用計算尺，或是會查對數表更好！

間，結果約為 0.46。這說明生日不相重合的機率略小於一半；換句話說，在你這兩打朋友中，沒有兩個人在同一天生日的可能性為 46%，而有重合的可能性為 54%。所以，如果你有 25 個朋友或更多一些，但卻從來沒在同一天被兩個人邀請去赴生日宴會，那你就可以很肯定地判斷說，要不是他們大多數人不搞什麼生日會，就是他們沒邀請你去！

這個生日重合問題提供了一個很好的例子，它說明在判斷複雜事件的機率時，憑想當然爾來下判斷是多麼靠不住。我本人曾用這個問題問過許多人，其中還有不少是卓越的科學家。結果，除了一個人外，其他人都下了從 2 對 1 到 15 對 1 的賭注打賭說，不會發生這種可能性。如果哪位老兄跟他們都打了賭，他可能會發財啦！

有一點要一再強調：儘管我們能把不同事件的發生機率按其規則計算出來，並能找出其中最大的機率來，但這並不等於肯定這個最大者就一定會發生。我們只能推測說「大概」會怎麼樣，而不能說「一定」會怎麼樣，除非把實驗重複做一千次、一萬次，要是重複幾十億次就更好。而當只進行有限的幾次實驗時，機率定律就不那麼管用了。讓我們來看一個試圖用統計規律來翻譯一小段密碼的例子吧。在愛倫坡（Edgar Allan Poe, 1809-1849）的著名小說〈金甲蟲〉（The Gold Bug）中，有一位勒格讓先生。當他在南卡羅來納州的荒涼海灘上溜達時，發現了一張半埋在濕沙裏的羊皮紙。這張羊皮紙在冷時什麼也看不出，但在勒格讓先生的房間裏受了火爐的烘烤，就顯現出一些清晰可辨的紅色神祕符號來。符號裏有一個人的頭骨，說明這份手稿是一個海盜寫的；還有一個山羊頭，說明這個海盜正是有名的吉德船長❿。還有幾行符號，無疑是指明一處埋藏珍寶的所在（圖 87）。

---

❿ 英文中小山羊是 Kid，吉德是 Kidd，兩者發音和詞形都相近，故有此說。——譯者

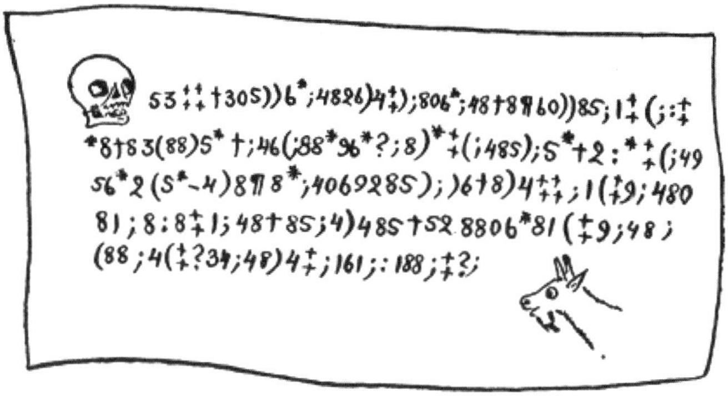

圖 87　吉德船長的手稿

　　我們不妨尊重愛倫坡的威望，姑且承認 17 世紀的海盜認識分號、引號，還有如 ‡、†、¶ 等。

　　勒格讓先生很想把這筆錢弄到手，於是便絞盡腦汁想譯出這段密碼。最後，他按照英文中各個字母出現的相對頻率來進行破譯。他的根據在於：隨便找一段英文來，莎士比亞的十四行詩也好，華萊士（Edgar Wallace）❶ 的偵探小說也好，數一數各字母出現的次數時，你將發現，字母 e 出現的次數遙遙領先。其餘的字母按出現次數多少排列如下：

　　a, o, i, d, h, n, r, s, t, u, y, c, f, g, l, m, w, b, k, p, q, x, z

　　勒格讓數了一數吉德船長的密碼，查出數字 8 出現的次數最多。「啊哈，」他想，「這就是說，8 大概是 e。」

　　是的，在這一點上他猜對了。當然，只是大概，而不是一定。如果這段密碼寫的是：「You will find a lot of gold and coins in an iron box in woods two thousand yards south from an old hut on Bird Island's north

---

❶ 華萊士（1875-1932），英國小說家兼劇作家。——譯者

tip」（在鳥島北端的舊茅屋南面 2 千碼處樹林中的一個鐵箱內，你可以找到許多金錢）。這裏可連一個 e 也沒有！不過機率論挺幫勒格讓先生的忙，他真的猜對了。

第一步走對了，這使勒格讓先生信心大增，他就按同樣方法列出了各字母出現的次數表。下面就是按出現頻率排列的吉德船長手稿中的符號表❷。

符號	出現次數	按機率排列順序	實際字母
8	33	e	e
;	26	a	t
4	19	o	h
‡	16	i	o
)	16	d	s
*	12	h	n
5	11	n	a
6	11	r	i
(	10	s	r
1	8	t	f
†	7	u	d
0	6	y	l
9	5	c	m
2	5	f	b
3	4	g	g
:	4	l	y
?	3	m	u
¶	2	w	v
—	1	b	c
.	1	k	p

❷ 原表中錯誤較多，現結合圖87重新統計，製出此表。——譯者

　　表中第三欄是按各字母在英語中出現的頻率排列的（由高到低），所以，有理由假設第一欄中的各符號與第 3 欄中的字母逐一相對應。但是這樣一來，吉德船長的手稿就成了 ngiiugynddrhaoefr…

　　這什麼意思也沒有！

　　怎麼回事呢？是不是吉德這個老海盜詭計多端，採用了與英語字母出現頻率不相同的另一套特別的單詞呢？根本不是這麼回事。原因很簡單，這篇文字太短了，以致統計學的最大機率分布不起作用。如果吉德船長把珍寶以一種很複雜的方法藏起來，然後用好幾頁紙寫出密碼，那麼，勒格讓先生用機率規則來解這個謎就會有把握得多。如果用這密碼寫成一大本書，那就更不成問題了。

　　如果擲 100 次硬幣，你可以很有把握地說正面朝上的次數大約有 50 次；但如果只擲 4 次，正面就可能出現 3 次或 1 次。實驗次數越多，機率定律就越精確，這時它才成為一條法則。

　　由於這篇密碼的字數太少，不足以應用統計法進行分析，勒格讓先生只好憑藉英語中單詞的細微字母結構來破譯。首先他依然假設出現次數最多的「8」是 e，因為他注意到，「88」的組合在這一小段文字中經常出現（5 次）。大家知道，e 在英語中是經常雙寫的，如 meet, fleet, speed, seen, been, agree 等。其次，如果「8」真的為 e，那它一定會作為「the」的一部分在文中經常出現。查閱一下手稿，就會發現「;48」這個組合在這段短文中出現了 7 次，因此我們假設「;」為 t，「4」為 h。

　　讀者們可以自己去破譯愛倫坡這篇故事中吉德船長的祕密文字。我把原文和譯文寫在下面：

　　「A good glass in the bishop's hostel in the devil's seat. Forty-one degrees and thirteen minutes northeast by north. Main branch seventh limb east side. Shoot from the left eye of the death's head. A beeline from the tree through the shot fifty feet out.」（主教驛站內魔像座位下有一面好鏡子。北偏東 41 度 13 分。主幹上朝東的第七根樹枝。從骷髏的左眼開一槍。從那棵樹沿子彈方向走 50 英尺）。

　　勒格讓先生最後譯出的字母列在表上最後一欄。可以看出，它們與機率定律所規定的字母不甚相符，這當然是由於文字篇幅太短，機率定律沒有很多機會發生作用。不過，即使在這個小小的「統計樣本」中，我們也能注意到，各個字母有按機率論的要求排列的趨勢，一旦字母達到很大的數目，這個趨勢就會變成確鑿的事實。

　　關於用大量實驗來實際檢驗機率論的例子大概只有一個，那就是著名的星條旗與火柴的問題（另外還有一個實例：保險公司肯定不會破產）。

　　為了驗證這個機率問題，需要有一面美國國旗，即紅白條相間的旗子。如果沒有這種旗子，在一張大紙上畫上幾條等距的平行線也可以。還要一盒火柴——什麼火柴都行，只要比平行線之間的距離短就可以。此外，還需要一個希臘字母 π。這個字母還有一個意思，它表示圓的周長與直徑的比值。你大概知道，這個數等於 3.1415926535…

圖 88

（還有許多位數字，不過沒有必要再繼續寫下去）。

現在把旗子鋪在桌子上，扔出一根火柴，讓它落在旗子上（圖88）。它可能完全落在一條帶子裏，也可能落在不同顏色之間。這兩種情況發生的機會各有多大呢？

想要確定機率，首先也得像其他題目那樣，弄清楚各種可能情況發生的次數各為多少。

但是，火柴落在旗子上，難道不是有無限多種方式嗎？怎麼能數得清各種可能的情況呢？

讓我們好好思考一下這個問題。火柴落在條帶上的情況，可由火柴中心點到最近條帶邊界的距離以及火柴與條帶走向所形成的角度來決定，如圖89。圖中給出了3種基本類型。為了方便起見，把火柴長度與條帶寬度取相同數值，比方說都為2英寸吧。如果火柴的中點離邊界很近，角度又較大（如例a），火柴便與邊界相交。如果情況相

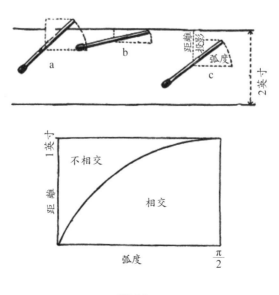

圖89

反，或者角度小（如例 b），或者距離大（如例 c），火柴就全部落在同一條帶子裏。說精確些，如果火柴的一半長度在垂直方向的投影大於從火柴中點到最近邊界的距離，則火柴與邊界相交（如 a），反之則不相交（如 b 和 c）。這句話可用圖 89 下半部的圖形表示：橫軸以弧度為單位表示火柴落下的角度，縱軸是火柴的半長在垂直方向上的投影長度，在三角學中，這個長度叫做給定角度的正弦（sine）。顯然，當角度為零時，正弦值也為零，因為這時火柴呈水平方向。當角度為 $\frac{\pi}{2}$ 即直角[13] 時，火柴與邊界垂直，與其投影重合，正弦值就是 1。對於處於兩者之間的角度，其正弦的值由大家所熟悉的正弦曲線給出。（圖 89 只畫了從 0 到 $\frac{\pi}{2}$ 這四分之一段曲線。）

　　有了這條曲線，要計算火柴與邊界相交或不相交的兩種機率就很方便了。事實上，我們已經看到（再看圖 89 上部的三個例子），火柴中點離邊界的距離如果小於半根火柴的垂直投影，即小於此時的正弦值，火柴就會與邊界相交。這時，代表這個距離和角度的點是在正弦曲線之下。與此相反，火柴完全落在一個條帶內時，相應的點在曲線之上。

　　按照計算機率的規則，相交機率與不相交機率的比值等於曲線下的面積與曲線上的面積的比值。也就是說，兩個事件的機率，各等於自己的那一塊面積除以整個矩形的面積。可以從數學上證明，圖中正弦曲線下的面積恰好等於 1。而整個矩形的面積為 $\frac{\pi}{2} \times 1 = \frac{\pi}{2}$。所以我們得出結論：火柴（在長度與條帶寬度相等時）與邊界相交的機率為 $\frac{1}{\frac{\pi}{2}} = \frac{2}{\pi}$ 。

　　π 在這個最料想不到的場合跳了出來，這件有趣的事是 18 世紀的科學家布豐（George Louis Leclerc Buffon）[14] 最先注意到的，因此，這

---

[13] 半徑為1的圓，周長是直徑的 π 倍，即2π。因此四分之一弧長是$\frac{2\pi}{4}$，就是$\frac{\pi}{2}$。
[14] 布豐（1707-1788），法國博物學家。——譯者

個題目也叫做布豐問題。

　　具體的實驗是一位勤奮的義大利數學家拉茲瑞尼（Lazzarini）進行的。他扔擲了 3408 根火柴，數一數有 2169 根與邊界相交。以這個真實數據代入布豐公式，π 就變成了 $\frac{2 \times 3408}{2169}$，即 3.1415929[15]，與精確值相比，一直到小數點後第七位才開始不同！

　　這個例子對機率定律的實用性無疑是個極有趣的明證。但比起擲幾千次硬幣，用扔擲總次數除以正面向上的總數可得到 2 這個結果來，卻也有趣不到哪裏去。在後一種場合下，你一定會得到 2.000000…，誤差也會和拉茲瑞尼所確定的 π 值的誤差一樣小。

四、「神祕」的熵

　　從上面這些完全取自日常生活的計算機率的例子裏，我們得知，當對象的數目很少時，這種推算往往是不怎麼靈的；而當數目增多時，就會越來越準。這就使得在描述由多得數不清的分子或原子組成的物體時，機率定律就特別有用了，因為即使是我們接觸到的極小物質，也是由極多的分子或原子組成的。因此，對於六七個醉鬼，每個人各走上二三十步的情況，統計定律只能給出大概的結果；而對於每秒鐘都經歷幾十億次碰撞的幾十億個染料分子，統計定律就能導出極為嚴格的擴散定律。我們可以這麼說：試管中那些原本只溶解在一半水中的染料，將在擴散過程中均勻地分布於整個液體中，因為這種均勻分布比原先的分布具有更大的可能性。

　　完全出於同樣的道理，在你坐著看這本書的房間裏，四堵牆內、天花板下、地板之上的整個空間裏均勻地充滿著空氣。你從來不會碰到這些空氣突然自行聚攏在某一個角落，使你在椅子上窒息而死的這

───────────────

[15] 此處原文有誤，應為 3.14246196。——編者

種意外狀況。不過，這種恐怖的事情並不是絕對不可能的，它只是極不可能發生而已。

　　為了說明這一點，設想有一個房間，被一個想像中的垂直平面分成兩個相等的部分。這時，空氣分子在這兩個部分中最可能表現出什麼樣的分布呢？這個問題當然與前面討論過的擲硬幣問題一樣。任選一個單獨分子，它位於房間裏左半邊或右半邊的機會都是相等的，正如擲一個硬幣時，正面或反面朝上的機會相等。

　　第二個、第三個，以及其他所有分子在不考慮彼此間作用力的情況下❶，處在房間左半部或右半部的機會都是相等的。這樣，分子在房間兩半的分布，正如一大堆硬幣的正反分布一樣，一半對一半的分布是最有可能的，我們早已在圖84中看過這一點了。我們還看到，扔擲的次數越多（或分子數目越大），50% 的可能性就越來越確定，當數目很大時，可能性就變成了必然性。在一間標準大小的房間裏，約有 10^{27} 個分子❶，它們同時聚在右半間（或左半間）的機率為

$$\left(\frac{1}{2}\right)^{10^{27}} \approx 10^{-3\times10^{26}}$$

即 $1/10^{3\times10^{26}}$。

　　另一方面，空氣分子以 0.5 公里／秒左右的速度運動，因此，從房間一端跑到另一端只要 0.01 秒，也就是說，在一秒鐘內，屋裏的分子就會進行 100 次重新分布。於是，要得到完全處於右邊（或左邊）的分布，需要等上 $10^{299,999,999,999,999,999,999,999,998}$ 秒。要知道宇宙的年齡迄今為

---

❶ 由於氣體分子間距離很大，空間並不擁擠，所以在一定體積內雖已有一大堆分子，卻並不影響其他分子的進入。

❷ 一間10英尺寬、15英尺長、9英尺高的房間，體積為1350立方英尺，或5×10^7立方公分，可容5×10^4克空氣。空氣分子的平均重量為$30\times1.66\times10^{-24} \approx 5\times10^{-23}$克，所以總分子數為$5\times10^4／5\times10^{-23} = 10^{27}$。

止也只有 10^{17} 秒呀！所以，安安靜靜地繼續讀你的書吧，不必擔心發生突然憋死的災難。

　　再舉一個例子。在桌子上有一杯水。我們知道，由於不規則的熱運動，水分子會以高速向各個可能的方向運動。但是，由於內聚力的約束，水分子不致逸出。

　　既然每個分子單獨運動的方向完全受機率定律的支配，我們就應該考慮到一種可能性：在某個時刻，杯子上半部的所有水分子都具有向上的速度，這時下半部的水分子必定都具有向下的速度❶。此時，在兩組水分子的分界面處，內聚力是沿水平方向的，因此不能阻擋這種「分離的一致願望」，這時，我們將看到一個非常罕見的物理現象：上半杯水將以子彈的速度自動飛向天花板！

　　另一種可能性是水分子的全部熱能偶然地集中在這杯水的上層，因此上面的水猛烈地沸騰，而下面卻結了冰。那麼，為什麼你從來沒有見過這種情景呢？這並不是絕對不可能，而是極不可能發生。事實上，如果你試著計算一下不規則運動著的分子偶然獲得相反兩組速度的機率，就會得出與全部空氣分子聚集在一個角落的機率相仿的數字；同樣地，因互相碰撞而使一部分分子失去大部分動能，同時另一部分分子得到這部分能量的機率，也是小到不必理會的。因此，我們實際看到的情況的速度分布，正是具有最大機率的分布。

　　如果某個物理過程在開始的時候，其分子的位置或速度未處於最可能的狀態，例如從屋裏的一角釋放出一些氣體，或是在冷水上面倒些熱水，那麼，將會發生一系列物理變化，使整個系統從較不可能的狀態到達最可能的狀態。氣體將均勻地擴散到整個房間，上層水的

---

❶ 必須考慮到，由於動量守恆定律排除了所有分子向同一方向運動的可能性，因此水分子一定是一半對一半的速度分布。

熱量將向底層傳遞，直到全部的水取得一致的溫度。因此，我們可以這樣說：一切有賴於分子不規則熱運動的物理過程都會朝著機率增大的方向發展，而當過程停止，即達到平衡狀態時，也就達到了最大的機率。在屋內空氣分布的那個例子中，我們已經看到，分子的各種分布的機率往往是一些很不方便的小數字（如空氣聚集在半間屋裏的機率為 $10^{-3 \times 10^{26}}$），因此，我們一般都取它們的對數。這個數值稱為熵（entropy），它在所有與物質不規則熱運動有關的現象中起著主導作用。現在，可以將前面那些有關物理過程中機率變化的敘述改寫如下：一個物理系統中任何自發的變化，都會朝著使熵增加的方向發展，而最後的平衡狀態，則對應於熵的最大可能值。

這就是著名的熵定律（Law of Entropy），也稱為熱力學第二定律（第一定律是能量守恆定律）。瞧，這裏頭並沒有什麼可怕的東西啊！

從上述所有例子中，我們都可以看出，當熵達到了極大值時，分子的位置和速度都是完全不規則地分布著，任何使它們的運動有序化的做法都會引起熵的減小。因此，熵定律又稱為無序加劇定律（Law of Increasing Disorder）。熵定律的另一個比較實用的數學公式，可以從熱轉變為機械運動的問題中推導出來。大家記得，熱就是分子的不規則運動，因此不難理解，把物體的熱能全部轉變為大規模運動的機械能，就等於強迫物體的所有分子都向著一個方向運動。我們已經看到，一杯水中有一半自行衝向天花板的可能性是太微乎其微了，實際上可以當成根本不會發生。因此，雖然機械運動的能量可以完全轉化為熱（例如透過摩擦），但熱能卻永遠不會完全轉為機械能。這就排除了所謂「第二類永動機」[19]——即在室溫下吸收物體熱量、降低物

---

[19] 還有所謂「第一類永動機」，即不用提供能量而能自行作功的機械裝置。這是違背能量守恆定律的。

體溫度以獲得能量來作功——的可能性。因此，不可能設計出一種船，它不用燒煤，只靠把海水吸進機艙並吸收它的熱量，就能在鍋爐裏產生蒸汽，最後再把失去熱量的冰塊扔回海裏。

那麼，真正的蒸汽機是怎樣既不違反熵定律、同時又把熱變為功的呢？它之所以能做到這兩點，是由於在燃料燃燒所釋放的熱中，只有一部分轉變成機械能，其餘大部分熱量或者由廢氣帶入大氣中，或者被專門的冷卻設備所吸收。這時，整個系統有兩種相反的熵變化：①一部分熱轉變為活塞的機械能，這時熵會減小；②其餘熱量從鍋爐進入冷卻設備，這時熵會增大。熵定律說明，系統的總熵要增大，因此，只要第二個因素比第一個大一些就行了。用一個例子來說明會更清楚：在 6 英尺高的架子上，有一個 5 英磅重的東西。依照能量守恆定律，這個重量不可能在沒有外力幫忙的情況下，自行升向天花板。然而，它卻可能向地板上甩下一部分的重量，並利用這時釋放出的能量使另一部分上升。

同樣，我們可以使一個系統中某一部分物體的熵減小，只要這時在剩下的部分中有相應的熵增大來補償它就行了。換句話說，對於一些進行無序運動的分子，如果我們不在乎其中一部分變得更無序的話，那是能夠使另外一部分變得有序一些的。的確，在所有熱機械的場合以及其他許多情況下，我們正是這樣做的。

五、統計波動

經過前一節的討論，大家想必已經了解，熵定律及其一切推論是完全建立在以數量極大的分子為對象的基礎上的，唯有這樣，所有基於機率的推測，才會變成幾乎絕對肯定的事實。如果物質的數量很小，這類推測就不那麼可信了。

　　舉例來說，如果把前面例子中那個充滿空氣的大房間，換成邊長各為百分之一微米❷⓿的正方體空間，情況就完全兩樣了。事實上，由於這個立方體的體積為 10^{-18} 立方公分，只包含 $\frac{10^{-18} \times 10^{-3}}{3 \times 10^{-23}} = 30$ 個分子，它們全部聚集在一半空間內的機率就變為 $\left(\frac{1}{2}\right)^{30} = 10^{-10}$。

　　同時，由於這個立方體的體積很小，分子改變混合狀態的次數達到每秒鐘 5×10^{10} 次（速度為 0.5 公里／秒，距離只有 10^{-6} 公分），因此，這個空間每一秒鐘都可能有 10 次空出一半的機會。至於在這個空間裏，分子在某一端比在另一端更集中些的情況就更可能經常發生了。例如，20 個分子在一頭，10 個分子在另一頭（即有一端多出 10 個分子）的情況，就會以

$$\left(\frac{1}{2}\right)^{10} \times 5 \times 10^{10} = 10^{-3} \times 5 \times 10^{10} = 5 \times 10^{7}$$

即每秒 5000 萬次的頻率發生❷⓵。

　　因此，在小範圍內，空氣分子的分布並不是很均勻的。如果能把分子放得足夠大，我們將會看到，分子不斷地在某個地方較為集中一下子，然後又散開，接著又在其他地方發生某種程度的集中。這種效應叫做密度波動（fluctuation of density），它在許多物理現象中起著重要作用。例如，當太陽光穿過地球大氣時，大氣的這種不均勻性就造成了太陽光譜中藍色光的散射，因而使天空帶著我們所熟悉的藍色，同時使太陽的顏色變得比實際上紅一些。這種變紅的效應在日落時尤其顯著，因為這時太陽光穿過的大氣層最厚。如果不存在密度波動，天空就永遠是黑的，我們在白天裏也能見到星辰。

　　液體中也同樣會發生密度波動和壓力波動，只不過不那麼顯著罷

---

❷⓿ 1微米等於0.0001公分，常用希臘字母 μ 表示。

❷⓵ 嚴格地說，這是至少有10個分子聚在半邊的機率，而不是剛好有10個分子在一端，另外20個在另一端的機率。——譯者

了。因此，布朗運動又有了新的解釋，即懸浮在水中的微粒之所以被推來擠去，是由於微粒在各個方面所受到的壓力在迅速變化的緣故。當液體越來越接近沸點時，密度波動也越來越顯著，以致使液體微呈乳白色。

我們不禁要問，對於這種統計波動會對其影響很大的小物體來說，熵定律是否還適用呢？一個細菌，一生都被分子撞來撞去，它當然會對我們關於熱能否變成機械運動的觀點嗤之以鼻的！不過，我們應該看到，這時熵定律已失去了它本來的意義，而不應該認為這個定律不正確。事實上，這個定律敘述的是：分子運動不能完全轉化為包含有極大量分子的物體的運動。而一個細菌，它比周圍分子也大不了許多，對它來說，熱運動和機械運動的區別已經不存在，它被周圍的分子撞來撞去，就好像一個人在激動的人群中被大家撞得東倒西歪一樣。如果我們是細菌，那麼，只要把我們自己接到一個飛輪上，就能造出一台第二類永動機。只可惜我們沒有大腦來想辦法利用它了。因此，我們不用因為我們不是細菌而感到遺憾！

當把熵的增加定律應用到生物體時，似乎會產生矛盾。事實上，生長著的植物（從空氣中）攝入二氧化碳的簡單分子，（從土壤裏）吸收水，並把它們合成複雜的有機物分子以組成自己。從簡單分子到複雜分子意味著熵的減小。在其他一般情況下，如燃燒木頭而把木頭分子分解成二氧化碳和水蒸氣時，這個過程是熵增大的過程。難道植物真的違反了熵的增加定律嗎？是不是植物內部真的像過去的一些哲學家所認為的，有種神祕的活力在幫助它生長呢？

對這個問題所進行的分析表明，並不存在這種矛盾。因為植物在攝入二氧化碳、水和某些鹽類的同時，還吸收了許多陽光。陽光中除了有能量——它被植物儲存在體內，將來又在植物燃燒時釋放出去

——之外，還有所謂「負熵」（低熵），當植物的綠葉將光線吸收進去時，負熵就消失了。因此，在植物葉片中所進行的光合作用包括以下兩個相關的步驟：①太陽的光能轉變為複雜有機物分子的化學能；②太陽光的低熵降低了植物的熵，使簡單分子構築成複雜分子。用「有序 vs. 無序」的術語來說就是：太陽的光線在被綠葉吸收時，它的內部秩序也被剝奪走，並傳給了分子，使它們能夠構成更複雜和更有秩序的分子。植物從無機界得到物質供應，從陽光得到負熵（秩序）；而動物靠著吃植物（或其他動物）來得到負熵，因而可以說是負熵的間接使用者。

9
生命之謎

一、我們是由細胞組成的

在討論物質結構時，我們有意漏掉了相對數量很少、然而卻極為重要的一類物體。這類物體由於是活的而和宇宙間其他一切物體不同。生物和非生物之間有什麼重要區別呢？曾經成功解釋了非生物的各種性質的物理學基本定律，現在用以解釋生命現象時，有多大的可信度呢？

當談到生命現象時，我們往往想到一些很大、很複雜的活體，例如一棵樹、一匹馬、一個人。但是，如果從這樣複雜的有機體著手研究生物的基本性質，那就無異於在分析無機物的結構時以汽車之類的複雜機器為對象，結果必然是無益的。

這樣做會遇到的困難是很明顯的。一部汽車是由材料、形狀和物理狀態各不相同的成千個部件組成的。有一些是固體（如鋼製底盤、銅製導線、擋風玻璃等），還有一些是液體（如散熱器中的水、油箱中的汽油、汽缸中的機油），還有一些是氣體（如由汽化器送入汽缸的混合氣）。因此，在分析這個叫做汽車的複雜物體時，第一步是把它分解成物理性質一致的分離部件。這樣，我們就會發現，汽車是由各種金屬（如鋼、銅、鉻等）、各種非晶體（如玻璃、塑

膠等）和各種均勻的液體（如水、汽油等）所組成。

　　然後，我們可進一步用各種物理研究方法進行分析，從而發現，銅製部件是由小粒晶體組成的，每粒晶體又是由一層層銅原子有規則地剛性連接疊成的；散熱器內的水是由大量鬆散聚集在一起的水分子組成，每一個水分子又由一個氧原子和兩個氫原子組成；通過汽化器閥門進入汽缸的混合氣則是由一大群高速運動的氧分子、氮分子和汽油蒸氣分子摻雜在一起組成的；而汽油分子又是碳原子和氫原子的結合體。

　　同樣，在分析像人體那樣複雜的活生物體時，我們也得先把它分成單獨的器官，如腦、心、胃等，然後再把它們分開成各種生物學上的單質，即通常所說的「組織」。

　　這各種各樣的組織，可說是構成複雜生物體的材料，正如各種物理上的單質組成了機械裝置一樣。從這種意義上來說，根據各種組織的性質來研究生物體作用的解剖學和生物學，是和根據各種物質的力學、磁學、電學等性質來研究這些物質所組成的各種機器的作用的工程學相類似的。

　　因此，單靠弄清楚各組織如何組成複雜的有機體，還不能夠解答生命之謎，我們必須搞清楚，各有機體中的組織在根本上是如何由一個個不可分的單元組成的。

　　如果你認為，可以將活的單一生物組織比做普通的物理單質，那可是一個大錯誤。事實上，隨意選取一種組織（皮膚組織、肌肉組織、腦組織等）在低倍顯微鏡下觀察看看，就會發現這些組織裏包含有許多小單元，這些小單元的本性或多或少地決定了整個組織的性質（圖90）。生物的這些基本組成單元一般稱為「細胞」（cell），也可以叫做「生物原子」（也就是「不可再分者」），這是因為各種組織

的生物學性質至少要在有一個細胞時才能保持下去。

植物的組織細胞　　　腦的組織細胞　　　肌肉的組織細胞

圖 90　各種類型的細胞

　　例如，要是把肌肉組織切成半個細胞那麼大，它就會完全失去肌肉所具有的收縮性和其他性質，正如半個鎂原子就不再是鎂一樣❶。

　　構成組織的細胞是很小的（平均粗細只有 0.01 公釐❷）。一般的植物和動物都由極多個細胞所組成。例如，一個成年人就是由幾百兆個細胞組成的！

　　小一些的生物體，細胞總數當然要少些。如一隻蒼蠅，一隻螞蟻，最多也只有幾億個細胞。還有一大類單細胞生物，如阿米巴、真菌（能引起「金錢癬」的那種）和各種細菌，它們都是由單獨一個細胞構成的，只有在高倍顯微鏡下才能看到。對於這些在複雜有機體中泰然擔當其「社會職能」的單個活細胞所進行的研究，是生物學上最激動人心的篇章之一。

---

❶ 大家想必還記得原子結構那一章的內容：一個鎂原子（原子序數12，原子量24）的原子核有12個質子和12個中子，核外環繞著12個電子。把鎂原子對半分開，就會得到兩個新原子，每個原子有6個質子、6個中子和6個電子──這正是兩個碳原子。
❷ 有的細胞是很大的。例如，整個雞蛋黃就是一個細胞。不過，即使在這種情況下，細胞中有生命的部分仍然是只有顯微尺寸的，其餘大部分黃色物質只是一些為雞的胚胎發育所儲存的養料。

　　為了對生命問題有個大概的了解，我們必須對活細胞的結構和性質做出解答來。

　　活細胞憑著什麼特性而和一般無機物或死細胞——如做書桌的木頭、製鞋的皮革中的細胞——不同呢？

　　活細胞有以下幾個特殊的基本性質：①能從周圍物質中攫取自己需要的成分；②能把這些成分變為供自己生長所用的物質；③當它的體積變得足夠大時，能夠分成兩個與原來相同但小一半的細胞（每個新細胞仍然能再長大）。由單個細胞組成的複雜有機體，不用說也都具有「吃」、「長」、「生」這三種能力。

　　挑剔的讀者可能會反對說，這三個性質也存在於普通的無機物質之中。例如，在過飽和的食鹽水❸中扔進一小粒食鹽，在它的表面上就會「長」出一層層來自溶液（更確切地說，是從溶液中被趕出來）的食鹽分子。我們還能進一步設想，當這粒晶體達到一定的大小後，會因某種機械效應——如重量的增加——而裂成兩半；這樣形成的「子晶」還可以接著長下去。為什麼不把這個過程視為「生命現象」呢？

　　在回答這一類問題時，首先要指出，如果只把生命現象看成較為複雜的普通物理及化學現象，那麼，生物和非生物之間是不會有什麼明確的界線的。這正如在以統計定律描述大量氣體分子的運動狀況時，我們不能確定統計定律的適用界限一樣（見第八章）。事實上，我們知道，充滿一個大房間的氣體不會突然自行聚集在一個角落裏，

---

❸ 過飽和食鹽水可依下法製成。在熱水中溶解大量的鹽，然後冷卻到室溫。由於溶解度隨著溫度的降低而減小，水中就會含有比水能夠溶解的數量還要多的食鹽分子。然而，這些多餘的分子能在溶液中保持很長時間，直到扔進一小粒鹽為止。可以說，這粒鹽提供了起動力，是將食鹽分子從溶液中「遷徙」出來的組織者。

至少這種可能性是小到幾乎不存在的；但我們也知道，如果在整個房間裏只有兩個、三個或四個分子，那麼，這種集中的情況就會經常發生了。

　　但是，我們能找到這兩種不同情況在數量上的分界線嗎？那是1000 個分子、100 萬個分子、還是 10 億個分子呢？

　　同樣，在涉及食鹽在水溶液中的結晶之類現象和活細胞的生長分裂現象時，也不能期望存在一個明確的界線。生命現象雖然比結晶這種簡單分子現象複雜得多，但從根本上來講，卻並沒有什麼不同。

　　不過，對於剛才那個例子，我們倒是可以這樣說：晶體在溶液中生長的過程，只不過是把「食物」不加變化地集中在一起，只是原來和水混在一起的鹽分子簡單地聚集到晶體表面上來，這只是物質的單純機械增減，而不是生物化學上的吸收；晶粒的偶然裂開也只是因重力造成的，而且各裂塊的大小也不成比例，這與活細胞由於內部作用力的結果而不斷準確分成兩個細胞實在沒有什麼相似之處，因此，不能將它看成生命現象。

　　再來看看下面這個例子，它與生物學過程更為相似。如果在二氧化碳水溶液中加入一個酒精分子（C_2H_5OH）後，這個酒精分子能夠自行把水分子和二氧化碳分子一個個合成新的酒精分子[4]（圖91），那麼，我們只要往蘇打水中滴入一滴威士忌，就會把全部蘇打水變成純威士忌酒。這下子，酒精就真的可算是個活物了！

　　這個例子並非純屬虛構，後面我們可以看到，確實存在一種叫做病毒（virus）的複雜化學物質，它的複雜分子（由幾十萬個原子組成）就能夠從周圍環境中取得分子，把它們變成與自己相似的分子。

---

[4] 這個想像的化學反應的方程式如下：

$$3H_2O + 2CO_2 + C_2H_5OH = 2 [C_2H_5OH] + 3O_2$$

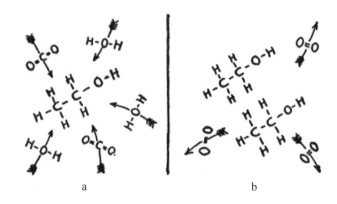

a   b

圖91　假如一個酒精分子能夠把水分子和二氧化碳分子組合成一個個新的酒精分子的話，就會是這個樣子。如果這種「自我合成」真能實現的話，那就真該把酒精看作活物了。

這些病毒既應被看作是普通的化學分子，又應被看作是活的有機體，因而正是連接生物與非生物的那個「丟失的環節」。

　　但是現在，我們還是回到普通細胞的生長和繁殖的問題來，因為儘管細胞很複雜，但它畢竟還是最簡單的活有機體。

　　在一架良好的顯微鏡下可以看到，一個具代表性的細胞是一種具有相當複雜的化學結構的半透明膠狀物質，這種物質一般稱為原生質（protoplasm）。原生質外面有一層細胞包層包著，在動物細胞中這是一層薄而柔軟的膜，在各種植物細胞中則是一層使植物獲得一定強度的厚而硬的壁（參看圖90）。每一個細胞內都有一個小小的球狀物，稱為細胞核（nucleus），它是由外形像一張細網的染色質（chromatin）構成的（圖92）。要注意，細胞中原生質的各部分在正常情況下對於光的透射率都是相同的，因此不能直接在顯微鏡下看到活細胞的結構。為了看到細胞的結構，我們必須給細胞染色，這是利用原生質各部分吸收染料的能力不同這一現象。細胞核的細

網特別能吸收加入的染料，因此就能在淺色背景上凸顯出來❺。「染色質」（即「吸收顏色的物質」）的名稱就是這樣得來的。

　　當細胞即將進行分裂時，細胞核的網狀組織會變得大大不同於往常，成了一組絲狀或棒狀的東西（圖92b、c），它們叫做「染色體」（chromosome，即「吸收顏色的物體」）。請看書末圖版Ⅴ的a和b❻。

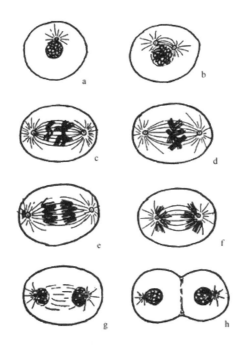

圖92　細胞分裂的各個階段（有絲分裂）

---

❺ 在一張紙上用白蠟寫字，字跡也是顯現不出來的。如果這時候用鉛筆將紙塗黑，由於被蠟覆蓋之處不會沾上石墨，字跡就能清楚地在黑色背景上顯現出來了。這兩者是同一個道理。

❻ 應該注意，給細胞染色往往會把它們殺死，從而觀察不到細胞的活動。因此，圖92所示的細胞分裂並不是觀察一個細胞，而是給處於不同發展階段的不同細胞染色的結果。從原理上說，這兩者是沒有什麼不同的。

任意選定一個物種，它體內的所有細胞（生殖細胞除外）都含有相同數目的染色體；而且一般來說，生物越是高級，染色體的數目也就越多。

小小的果蠅曾經大大幫助生物學家了解生命之謎，它的每個細胞裏有 8 條染色體。豌豆有 14 條。玉米有 20 條。生物學家自己以及所有的人類，細胞裏都有 46 條染色體。看來人們可以自豪一下了，因為這從數學上證明了人比果蠅優越 6 倍；可是淡水螯蝦（crayfish）的細胞裏卻有 200 條染色體，是人的 4 倍多，所以，看來還是不能一概而論啊！

重要的是，一切物種細胞內染色體的數目都是偶數，而且構成幾乎完全相同的兩套（見圖版 Va，例外的情況會在本章中另行討論），一套來自父體，一套來自母體。來自雙親的這兩套染色體決定了一切生物的複雜的遺傳性質，並且代代相傳下去。

細胞的分裂是由染色體發端的：每一條染色體先沿長度方向整齊地分成較細的兩條。這時，細胞體仍作為一個整體存在（圖 92d）。

當這團糾結的染色體開始變整齊些，並要進行分裂的時候，有兩個靠近細胞核外緣、相互離得很近的中心體逐漸離開，移向細胞的兩端（圖 92a、b、c）。這時，在分開的中心體和細胞核中的染色體間有細線相連。當染色體分開後，每一半都因細線的收縮被拉向較近的中心體（圖 92e、f）。當分裂過程將近尾聲時（圖 92g），細胞膜（壁）沿中心線凹陷進去（圖 92h），每一半細胞都長出一層薄膜（壁），這兩個只有一半大的細胞互相分開，於是成了兩個分開的新細胞。

如果這兩個子細胞從外界獲得充足的養分，它們就會長得和上一代細胞一樣大（即長大一倍），並且再經過一段時間後，又會照

同樣方式進行進一步的分裂。

　　對於細胞的分裂，我們只能給出如上的各個步驟，這是來自直接觀察的結果。至於對這些步驟進行科學的解釋，則由於對相應各個物理化學作用力的確切本質知道得太少，至今還不能做出。要對細胞整體作物理分析，細胞似乎還是太複雜了些，因此，在攻克細胞問題之前，最好先了解染色體的本質。這比較簡單一些，我們要在下一節來談。

　　不過，如果先把由大量細胞組成的複雜生物的繁殖過程弄清楚，還是比較有用的。這裏可以提出一個問題：是先有蛋呢，還是先有雞？其實，在這類反覆循環的過程中，無論先從會生蛋的雞開始，還是先從能孵出小雞的蛋開始，情況都是一樣的（其他動物也是一樣）。

　　我們就從剛出殼的小雞開始吧。一隻正在孵化的小雞，是經歷了一系列連續分裂而迅速長成的。大家記得，一隻長成的動物體是由上兆個細胞組成的，而它們統統由一個受精卵細胞不斷分裂而成。乍看之下，似乎會以為這個過程一定需要好多好多代的分裂才能成功。不過，如果大家還記得我們在第一章所討論過的問題，即西薩・班向打算賞賜他的國王索取構成幾何級數的 64 堆麥粒，或是重新安置決定世界末日的 64 片金片所需的時間，便能看出，只需為數不多的分裂次數，就能產生出極多的細胞來。如果用 x 表示從一個細胞變為成年人所有細胞所需的分裂次數，根據每一次分裂都使細胞數目加倍（因為每一個細胞都變為兩個），便可以列出下式：

$$2^x = 10^{14}$$

求解後得

$$x = 47$$

因此，我們身體裏的每一個細胞，都是決定我們的存在的那個卵細胞的大約第五十代後裔❼。

動物在小時候，細胞分裂進行得很快，但在成熟的生物體內，大多數細胞在正常情況下處於「休眠狀態」，只是偶爾分裂一下，以補償由於外損內耗所造成的數量減少，做到「收支平衡」。

現在，我們來討論一種特殊的細胞分裂，即負責生殖的「配子」（gamete，又叫「婚姻細胞」）的分裂過程。

各種具有兩個性別的生物體，在它們的早期階段，都有一批細胞被放到一邊「儲備起來」，以供將來生殖時使用。這些位於專門生殖器官內的細胞，只在器官本身成長時進行幾次一般分裂，分裂次數大大少於其他器官中細胞的分裂次數，因此，到了該用這些細胞來產生下一代時，它們仍然還是生命力旺盛的。這時，這些生殖細胞開始進行分裂，不過是以另一種方式、一種比上述一般分裂大為簡單的方式進行：構成細胞核的染色體不像一般細胞那樣劈成兩半，而是簡單地互相分開（圖93a、b、c），從而使每個子細胞得到原來染色體的一半。

細胞的一般分裂被稱為「有絲分裂」（mitosis），而這種產生「部分染色體」細胞的分裂方式被稱為「減數分裂」（meiosis）。由這種分裂所產生的子細胞叫做「精子細胞」和「卵細胞」，或者叫雄配子和雌配子。

細心的讀者可能會產生一個疑問：生殖細胞是分裂成兩個相同的部分的，那怎麼能產生雄、雌兩種配子呢？情況是這樣的：在我

❼ 將這個計算式和結果與決定原子彈爆炸的公式（見第七章）比較一下是很有趣的。使一公斤鈾的每一個原子（共 2.5×10^{24} 個）都進行裂變所需次數是由類似的式子 $2^x = 2.5 \times 10^{24}$ 決定的。求解後，得 $x = 61$。

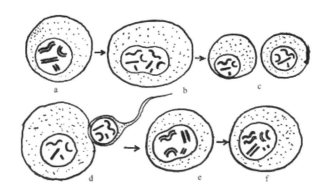

圖 93　配子的生成（a、b、c）和卵細胞的受精（d、e、f）。在第一階
　　　段（減數分裂），所儲備的生殖細胞未經劈裂就分成兩個「半細
　　　胞」。在第二階段（受精），精子細胞鑽入卵細胞；它們的染色
　　　體配合起來，這個受精卵從此開始進行圖 92 那樣的正常分裂。

們前面已提到過的那兩套幾乎完全相同的染色體中，有一對特殊的
染色體，它們在雌性生物體內是相同的，而在雄性生物體內是不同
的。這對特殊的染色體叫做性染色體，用 X 和 Y 這兩個符號來區別。
雌性生物體內的細胞只有兩條 X 染色體，而雄性生物體內則有 X、Y
染色體各一條❽。把一條 X 染色體換成 Y 染色體，就意味著性別的
根本不同（圖 94）。

　　由於雌性生物的生殖器官中，所有細胞都有一對 X 染色體，當
它們作減數分裂時，每個配子得到一條 X 染色體。但是每個雄性生
殖細胞有 X 染色體和 Y 染色體各一條，在它所分裂成的兩個配子中，
一個含有 X 染色體，一個含有 Y 染色體。

　　在受精過程中，一個雄配子（精子細胞）和一個雌配子（卵細胞）

❽ 這種說法對人類和所有哺乳動物都是適用的。鳥類的情況恰恰相反，如公雞有
　兩條相同的性染色體，而母雞卻有不同的兩條。

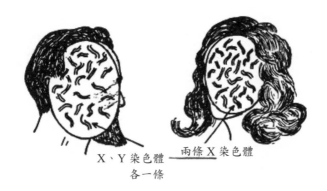

X、Y 染色體 　　兩條 X 染色體
各一條

圖 94　男性和女性「面值」的不同。女性的所有細胞都含有 23 對兩兩
　　　　相同的染色體，男性卻有一對不相同。這一對中有一條 X 染色
　　　　體和一條 Y 染色體。在女性的細胞中，兩條都是 X 染色體。

進行結合，這時，可能產生含有一對 X 染色體的細胞，也可能產生
含有 X 染色體和 Y 染色體各一條的細胞，這兩者的機會是均等的。
前者發育成女孩，後者發育成男孩。

　　這個重要的問題，我們在下一節還要講到。現在還是接著講生
殖過程。

　　精子細胞和卵細胞結合，這叫「配子結合」，這時得到了一個
完整的細胞，它開始以圖 92 所示的「有絲分裂」方式一分為二。這
兩個新細胞在經過一個短暫的休整後，又各自一分為二，這四個細
胞又各行分裂。這樣進行下去，每一個子細胞都得到原來那個受精
卵中染色體的一份精確的複製品。所有的染色體有一半來自父體，
另一半來自母體。受精卵逐漸發育成為成熟個體的過程由圖 95 簡略
地表示出來。

　　在圖 95a 中，我們看到的是精子進入休眠的卵細胞中。這兩個配
子的結合促發這個完整的細胞開始進行新的活動。它先分裂成兩個，

然後是 4 個、8 個、16 個……（圖 95b ～ e）。當細胞數目變得相當
大時，它們就會排列成肥皂泡狀，每個細胞都分布在表面上，以利於
更方便從周圍的營養介質中得到食物（f）。再往後，細胞會向內部
空腔裏凹陷進去（g），進入「原腸胚」（gastrula）階段（h）。這時，
它像是一個小荷包，荷包的開口兼供進食和排泄之用。珊瑚蟲之類

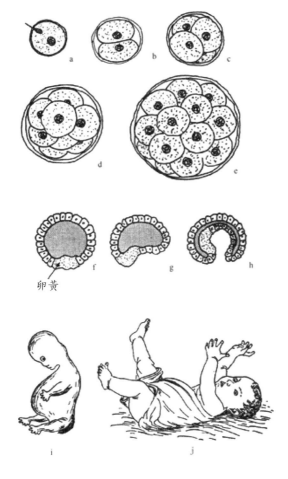

卵黃

圖 95　從卵細胞到人

動物的發育就到此為止，而更為進化的物種則繼續生長和變形。一部分細胞發展成為骨骼，另一些細胞則變為消化、呼吸和神經系統。在經歷了胚胎的各個階段後（i），最終變為可辨認出其所屬物種的生物（j）。

我們已提到過，在發育的有機體中，有一些細胞從早期發展階段起就可以說是被放到一旁保存起來，以供將來繁殖之用。當有機體成熟後，這些細胞又經歷了減數分裂，產生出配子，再從頭開始上述整個過程。生命就是這樣延續下來的。

二、遺傳和基因

在生殖過程中，最值得注意的是，來自雙親的兩個配子發育成的新生命，不會長成任何一種別的生物，它一定會成為自己父母以及父母的父母的複製品，雖然不完全一樣，卻也相當忠實。

事實上，我們確信，一對愛爾蘭塞特獵犬生下的小狗崽，長不出一頭大象或一隻兔子的模樣，也不會長成大象那麼大，或長到兔子那麼小就不再長；它就是生就一副狗相：它有四條腿、一條長尾巴，頭部兩側各有一隻耳朵和一隻眼睛。我們同時還可以頗有把握地預言，它的耳朵會是軟軟地下垂著，它的毛會是長長的、金棕色的，它大概一定很喜歡出獵。此外，它身上一定還在許多細微的部分保留著它的父母、甚至它的老祖先的特點；與此同時，它一定也有若干自己的獨特之處。

所有這各種各樣被賦予良種塞特獵犬的特性，是怎樣被放進用顯微鏡才能看到的配子中去的呢？

我們已經知道，每一個新生命都從自己的父母那裏各自得到正好半數的染色體。很明顯，作為整個物種的大同之處，一定是在父

母雙方的染色體中都具備的，而單獨個體的小異之處，一定是從單方面得來的。而且，儘管我們可以相當肯定地認為，在長期的發展過程中，在許多世代之後，各種動、植物的大多數基本性質都可能發生變化（物種的演化就是個明證），但在有限的時間內，人們只能觀察到很微小的次要特性的變化。

　　研究這些特性及其世代延續，是新興的基因學的主要課題。這門學科雖然尚處於萌芽時期，但已能告訴我們許多關於生命最深層的隱祕而激動人心的故事。例如，我們已經知道，遺傳是以數學定律那樣簡潔的方式進行的，這就與絕大部分生物學現象截然不同，因而也就說明，我們所研究的正是生命的基本現象。

　　下面就以大家熟知的色盲這種人眼的缺陷為例來探討一下。最常見的色盲是不能區別紅、綠二色。想要了解色盲是怎麼回事，得先明白為什麼我們能看到顏色，又得研究一下視網膜的複雜構造和性質，還得了解不同光波所能引起的光化學反應，等等。

　　如果再問及關於色盲的遺傳這個問題，乍看似乎會比解釋色盲現象本身還要複雜。可是，答案卻是出乎意料的簡單明瞭。由直接統計可以得出：①色盲中男性遠多於女性；②色盲父親和「正常」母親不會有色盲孩子；③「正常」父親和色盲母親的兒子是色盲，女兒則不是。由這幾點可以清楚看出，色盲的遺傳必然與性別有一定關係。只需假定產生色盲的原因是由於一條染色體出了毛病，並且這條染色體代代相傳，我們就可以用邏輯判斷得到進一步的假設：色盲是由 X 染色體中的缺陷造成的。

　　從這一假設出發，從經驗得來的色盲規律就像白天那麼清楚了。大家還記得，雌性細胞中有兩條 X 染色體，而雄性只有一條（另一條為 Y 染色體）。如果男性中這唯一的一條 X 染色體有色盲缺陷，

他就是色盲；而女性只在兩條 X 染色體都有這種毛病時才會成為色盲，因為一條染色體已足以使她獲得感覺顏色的能力。如果 X 染色體中帶有色盲缺陷的機率為千分之一，那麼，在 1000 個男性中就會有 1 個色盲。同樣推算的結果，女性中兩條 X 染色體都有缺陷的可能性則應按機率乘法定理計算（見第八章），即

$$\frac{1}{1000} \times \frac{1}{1000} = \frac{1}{1,000,000}$$

所以，100 萬個女性中，才可能發現 1 名先天色盲。

我們來考慮色盲丈夫和「正常」妻子（圖 96a）的情況。他們的兒子只從母親那裏接受了 1 條「好的」X 染色體，而沒有從父親那裏接受 X 染色體，因此，他不會成為色盲。

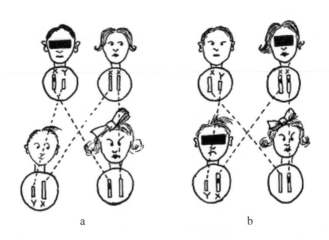

圖 96　色盲的遺傳

另外，他們的女兒會從母親那兒得到一條「好的」X 染色體，而從父親那裏得到的則是「壞的」。這樣，她不會是色盲，但她將來的孩子（兒子）可能是色盲。

在「正常」丈夫和色盲妻子（圖 96b）這種相反情況下，他們兒子的唯一 X 染色體一定來自母體，因而一定是色盲；而女兒則從父親那裏得來一條「好的」，從母親那裏得來一條「壞的」，因而不會是色盲。但也和前面的情況一樣，她的兒子有可能是色盲。這不是再簡單不過了嗎！

像色盲這種需要一對染色體全部有了改變才能表現出某種後果來的遺傳性質，叫做「隱性遺傳」（recessive）。它們能以隱蔽的形式，從祖父、外祖父一輩傳給孫子、外孫一輩。在偶然情況下，兩條漂亮的德國牧羊犬會生出一條與德國牧羊犬完全不同的小崽來，這個悲慘事件就是由上述原因造成的。

與此相對的「顯性遺傳」也是有的，就是在一對染色體中只要有一條起了變化就會表現出來的方式。我們在這裏離開了基因學的實例，用一種想像的「怪兔」來說明這類遺傳。這種怪兔生來就長著一對米老鼠❾那樣的耳朵。如果假設這種「米式耳朵」是一種顯性遺傳特性，即只需一條染色體的變化就能使兔子耳朵長成這種丟臉相（對兔子來說），我們就能預言後代兔子的樣子會如圖 97 所示（假定那隻怪兔及其後代都與正常兔子交配）。造成「米式耳朵」的那條不正常的染色體在圖中用一小塊黑斑標出。

除了顯性和隱性這兩種非此即彼的遺傳特性之外，還有可稱作「中間型」的一種。如果我們在花園裏種上一些開紅花和開白花的草茉莉，那麼，當紅花的花粉（植物的精子細胞）被風或昆蟲送到另一朵紅花的雌蕊上時，它們就與雌蕊基部的胚珠（植物的卵細胞）結合，並發育成種子。這些種子將來還是開紅花。同樣，白花與白

---

❾ 米老鼠是美國迪士尼樂園中的一個重要角色。它是一隻老鼠，但耳朵長成半圓形。——譯者

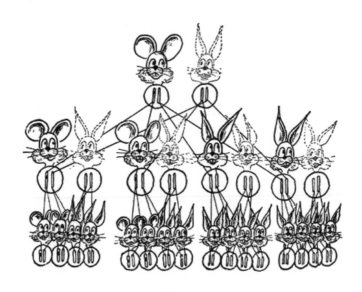

圖 97

花的種子，也還會開出白花來。但是，如果白花的花粉落到紅花的雌蕊上，或者紅花的花粉落到白花的雌蕊上，這樣得到的種子將會開出粉紅色的花朵來。然而不難看出，粉紅色花朵並不代表一種穩定的生物品種。如果在它們之間授粉，將會有 50% 的下一代開粉紅花朵，25% 開紅色花朵，25% 開白色花朵。

　　對於這種情況，只需假設花朵的紅色或白色的性質是附在這種植物細胞的一條染色體之中，就很容易得到解釋。如果兩條染色體相同，花的顏色就會是純紅或純白；如果一條是紅的，另一條是白的，這兩條染色體爭執的結果，是開出粉色的花朵來。請看圖 98，這張圖繪出了「顏色染色體」在下一代茉莉花中的分布，我們可以從中看出前面提到的那種數值關係。照圖 98 的模式，我們可以毫不費力地畫出，在白色和粉色茉莉的下一代中，含有 50% 的粉花和 50% 的白花，但不會有紅花；同樣，從紅花和粉花可育出一半的紅花和一半

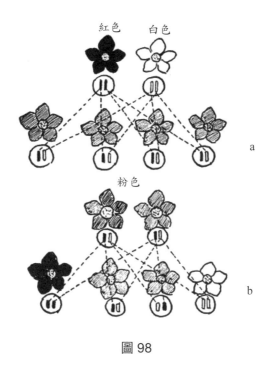

圖 98

的粉花來，但是不會出現白花。這些就是遺傳定律，是 19 世紀一位摩拉維亞的神職人員、謙和的孟德爾（Gregor Mendel, 1822-1884）在布爾諾（Brno）的寺院裏栽種豌豆時發現的。

　　到目前為止，我們已經把新生生物繼承來的各種性質與它們雙親的不同染色體聯繫起來了。不過，生物的各種性質多得幾乎數不清，而染色體的數目相對來說又為數不多（果蠅 8 條、人類 46 條），我們必須假設每一條染色體都攜有一長串特性才行。因此，可以想像這些特性是沿著染色體的絲狀形體分布著。事實上，只要看一看圖版 Va 所攝的果蠅唾液腺體的染色體❿，就很難不把那些沿橫向一層

---

❿ 大多數生物的染色體都極小，而果蠅的染色體相對來說要大得多，因此進行顯微攝影比較容易。

層分布的許多暗黑條紋看成載有各種性質的處所；其中有一些橫道控制著果蠅的顏色，另一些決定了它翅膀的形狀，還有一些分別註定它要有六條腿、身長 1/4 英寸左右，而且看得出是一隻果蠅，絕不是一條蜈蚣或一隻小雞。

　　事實上，基因學告訴我們，這種印象是正確的。我們不但可以證明染色體上的這些小小的組成單元——即所謂「基因」（gene）——本身載有各種遺傳性質，還常常能指出其中的哪些基因決定了什麼具體特性。

　　不過，即使用最大倍率的顯微鏡來觀察，所有的基因也都有幾乎同樣的外表，它們的不同作用一定是深深隱藏在分子結構內部的某個地方。

　　因此，想要了解每個基因的「生活目的」，就得細心研究動植物在一代代繁衍中各個遺傳性質的傳遞方式。

　　我們已經知道，每一個新生命從自己父母那裏各得到一半數目的染色體。既然父母的染色體又都是它們自己父母染色體的一半組成的，我們可能會想到，這個新生命從祖父或祖母、外祖父或外祖母這兩邊，只能分別得到其中一人的遺傳信息。但事實不一定如此，有時祖父、祖母、外祖父、外祖母都把自己的某些特性傳給自己的孫輩。

　　這是否推翻了上述染色體的傳遞規律呢？不，這個規律沒有錯，只是過於簡單了。我們必須考慮到這樣一種情況：當被儲備起來的生殖細胞準備進行減數分裂而變成兩個配子時，成對的染色體往往會發生纏結，交換其組成部分。圖 99a 和 b 簡單顯示了這類導致來自父母的基因混雜化的交換過程，這就是混合遺傳的原因。還有一種情況：一條染色體本身也可能彎成一個圈子，然後再從別的地方斷開，從而改變了基因的順序（圖 99c、圖版 Vb）。

　　顯然，兩條染色體的部分交換及一條染色體的變更順序非常可能使原來相距很遠的基因接近，而使原來的近鄰分開。這就如同給一副撲克牌切一下牌，這時雖然只分開一對相鄰的牌，卻會改變這一副牌上下兩部分的相對位置（還會把首尾兩張牌湊在一起）。

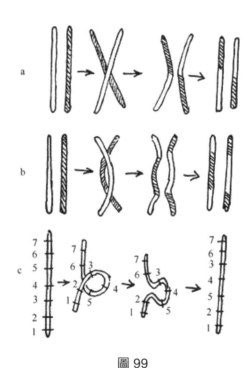

圖 99

　　因此，如果某兩項遺傳性質在染色體發生改變的情況下，仍然總是一起發生或消失，我們就可以判斷說，它們所對應的基因在染色體中一定是近鄰；相反地，經常分開出現的性質，它們所對應的基因一定處在染色體中相距很遠的兩個位置上。

　　美國基因學家摩根（Thomas Hunt Morgan）和他的學派沿著這個方向進行研究，並為他們的研究對象果蠅確定了染色體中各基因的

固定次序。圖 100 就是透過這種研究工作給果蠅的四條染色體列出的基因位置表。

像圖 100 這樣的圖表，當然也能以更複雜的動物和人作對象編製出來，只不過這種研究需要更加仔細、更加小心謹慎就是了[11]。

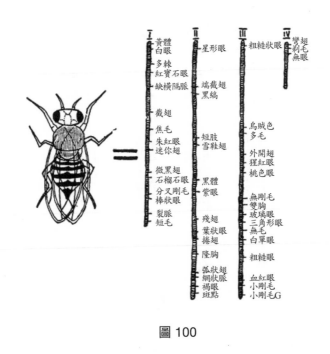

圖 100

三、「活的分子」——基因

對活有機體的極為複雜的結構逐漸進行分析之後，我們現在似乎已經接觸到生命的基本單元了。事實上，我們已經看出，活有機體的整個發展過程和生物發育成熟後的幾乎所有的性質，都是由深

---

[11] 目前這樣的圖表已由包括中國科學家在內的多國科學家合作編製出來了。——校者

藏在細胞內部的一套基因控制著。簡直可以這樣說，每一個動物和
每一株植物，都是「圍繞」其基因生長的。如果打一個極其粗略的
比方，可以說，活有機體和基因之間的關係，正類似於大塊無機物
質和原子核之間的關係。任何一種物質的一切物理性質和化學性質，
都可歸結到以一個數字表示其電荷數的原子核的基本性質上。例如，
有 6 個基本電量單位的原子核，周圍會聚攏來 6 個電子；具有這種結
構的原子傾向於排成正六面體，成為有極高硬度和高折射率的物質，
即所謂金剛石。再如一些分別帶有 29 個、16 個和 8 個電荷的原子核，
會形成一些緊緊連在一起的原子，它們會組成那種稱為硫酸銅的淺
藍色物質。當然，活的有機體，即使是最簡單的種類，也遠比任何
晶體複雜得多，但是，它的各個宏觀部分，都是由微觀上進行組織
的活性中心完全決定的。就這個典型的特點來說，兩者是相同的。

　　這些決定生物一切性質（從玫瑰的香味到大象鼻子的模樣）的
組織中心有多大呢？這個問題很容易回答：把染色體的體積，除以
它所包含的基因數目。根據顯微觀測，一條染色體的平均粗細有千
分之一公釐，也就是說，它的體積約為 10^{-14} 立方公分。實驗表明，
一條染色體所決定的遺傳性質竟有幾千種之多，這個數值可從計算
黑腹果蠅那種大染色體上橫列的暗道（單個基因）的個數而直接得
出[12]（圖版 V）。用染色體的總體積除以基因的個數，得出一個基因
的體積不會大於 10^{-17} 立方公分。原子的平均體積約為 10^{-23} 立方公分

$$[\approx (2 \times 10^{-8})^3]$$

因此，結論是：*每個單個的基因一定是由大約 100 萬個原子組成的。*[13]

---

[12] 一般尺寸的染色體都太小了，顯微鏡不能分辨出單個基因來。
[13] 後來發現基因與基因之間有大量的「垃圾片段」，因此實際組成單個基因的原
　　子數應不超過100萬。——譯者

我們還可以計算出基因的重量。以人為例，大家知道，成年人有 10^{14} 個細胞，每個細胞有 46 條染色體，因此，人體內染色體的總體積約為 $10^{14} \times 46 \times 10^{-14} \approx 50$ 立方公分，也就是不到兩盎司❶重（人體密度與水相近）。就是這點微不足道的「組織物質」，能夠在它的周圍建立起比自己重幾千倍的動植物體的複雜「包裝」來。正是它們「從內部」決定了生物生長的每一步和結構的每一處，甚至決定了生物的絕大部分行為。

不過，基因本身又是什麼呢？它是否能夠再細分成更小的生物學單元？答案是一個斬釘截鐵的「不」字。基因是生命物質的最小單元。進一步說，我們除了確定基因具有生命的一切特性，因而和非生物不同之外，我們現在也不懷疑它們同時還和遵從一般化學定律的分子（如蛋白質）有關。

換句話說，有機物質和無機物質之間那個過渡的環節（即本章開頭時所考慮到的「活分子」），看來就存在於基因之中。

基因一方面具有明顯的穩定性，可以把物種的性質傳遞幾千代而不發生任何變化；另一方面，構成一個基因的原子數目相對來說並不很大，因此，確實可以把它看作設計得很好的、每一個原子或原子團都按預定位置排列的一種結構。不同的基因有不同的性質，這反映到外部，就產生了各種不同的器官。這種情況可以認為是基因結構中原子分布的變化所引起的。

我們來看一個簡單的例子。TNT（三硝基甲苯）是在兩次世界大戰中起了重要作用的爆炸性物質，它的分子是由 7 個碳原子、5 個氫原子、3 個氮原子和 6 個氧原子按下列方式之一排列成的：

---

❶ 盎司，英制重量單位。1盎司約為28.35克。——譯者

　　這三種方式的不同之處，在於 N 原子團與碳環的連接方式不同。由此得到的三種物質一般叫做 α TNT、β TNT 和 γ TNT。這三種物質都能在實驗室中合成，而且都有爆炸性。但在密度、溶解度、熔點和爆炸力等方面，三者稍有差別。使用標準的化學方法，人們可以不太費力地把 N 原子團從一個連接點移到同一分子的其他點上去，從而把一種 TNT 換成另外一種。這種例子在化學中是很普遍的，分子越大，可以得到的變型（同分異構體）就越多。

　　如果把基因看作是由 100 萬個原子組成的巨大分子，那麼，在這個分子的各個位置上安排各個原子團的可能情況，可就多得不得了啊！

　　我們可以把基因設想成由週期性重複的原子團組成的長鏈，上面附著各種其他原子團，像手鐲上面掛有墜飾那樣。近年來，生物化學已進展到能確切地畫出遺傳「手鐲」的式樣了。它是由碳、氮、磷、氧和氫等原子組成的，叫做核糖核酸（ribonucleic acid）。在圖 101 中，我們把決定新生嬰兒眼睛顏色的遺傳「手鐲」，以超現實主義的手法畫出了一部分（省略了氮原子和氫原子）。圖中的四個墜

飾表示嬰兒的眼睛是灰色的。把這些墜飾換來換去，可以得到幾乎是無限多的不同分布。

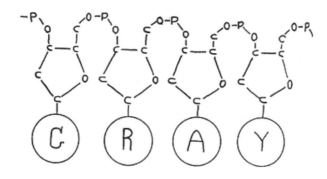

圖 101　決定眼睛顏色的遺傳「手鐲」（核酸分子）的一部分（已被大幅簡化了）

　　例如，如果一個遺傳「手鐲」有 10 個不同的墜飾，就會有 $1 \times 2 \times 3 \times 4 \times 5 \times 6 \times 7 \times 8 \times 9 \times 10 = 3,628,800$ 種不同的分布。

　　如果有一些墜飾是相同的，不同排列的總數就會少一些。上述那 10 個墜飾如果兩兩相同（共 5 種），就只會產生 113,400 種不同的排列。然而，當墜飾的總數增多時，排列的可能數目就會迅速增加。例如，當墜飾為 5 種、每種 5 個（即共 25 個）時，可產生約 62,330,000,000,000 種分布！

　　因此，可以看出，既然在大的有機分子裏，各種不同的「墜飾」在各個「懸鉤」上可以產生如此眾多的分布，這就不但可以滿足一切實際生物變化的需要，而且哪怕是我們用想像力發明出最荒誕的生物來，這個數目也是應付得來的。

　　對於這些沿絲狀基因分子排列的、可決定生物性質的墜飾來說，有一點很重要，就是它們的分布有可能自發地改變，從而使整個生物

體在宏觀上發生相應的改變。造成這種改變的最常見原因是熱運動。熱運動會使整個分子的形體像大風中的樹枝一樣彎來扭去，在溫度夠高時，分子體的這種振擺會強烈到足以把自己撕裂開來──這就是熱解離過程（見第八章）。但是，即使在溫度較低、分子能夠保持完整時，熱振動也可能造成分子內部結構的某些變化。例如，可以設想，連接在分子某處的墜飾在分子扭動時會與另外一個「懸鉤」接近，這時，它可能很容易就脫離了自己原來的位置，而連接到新的鉤子上去。

這種同分異構（isomeric）轉變❶❺的現象會在普通化學中那些較為簡單的分子中發生，這是大家都知道的。這種轉變也和一切其他化學反應一樣，遵從一條基本的化學動力學定律：*每當溫度升高10℃，反應速率大約加快一倍*。

至於基因分子的情況，由於它們的結構太複雜，恐怕在今後一段相當長的時間內，有機化學家們也未必能把它搞清楚。因此，目前還沒有一種化學分析方法能直接驗證基因分子的同分異構變化。不過，有一種現象，從某種角度來說，可以說比費力的化學分析要好得多，那就是：如果在雄配子或雌配子的基因中有一個發生了同分異構變化，它們結合成的細胞將會把這種變化在基因劈分和細胞分裂的一系列過程中忠實地保留下來，並使所產生的後代在宏觀特徵上呈現明顯的改變。

事實上，基因研究所取得的一個最重要的成果，就是發現了*生物體中遺傳性質的自發改變總是以不連續的跳躍形式發生，這就叫做突變*（mutation）。這一點是荷蘭生物學家德弗里斯（Hugo de Vries）在 1902 年發現的。

---

❶❺「同分異構」是指構成分子的原子都相同，但相對位置不同的現象。

　　為舉例說明，我們來看看前面提過的果蠅。野生的果蠅是灰身長翅，隨便從野外抓來一隻，幾乎沒有例外地都是這個樣子。但是，在實驗室條件下，一代一代地培育果蠅，突然會有一次得到一隻「畸形」果蠅，它有不正常的短翅，身體差不多是黑色的（圖102）。

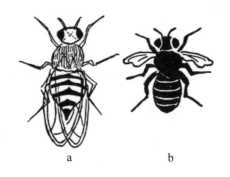

圖102　果蠅的自發性突變

a. 正常種：灰色身體，長翅；
b. 變異種：黑色身體，短翅（殘翅）

　　重要的是，在果蠅的「正常」前輩和黑身短翅這種走極端的例外情況之間，不會找到呈現各種灰色、翅膀長短不一的果蠅，就是說不會找到介於祖先和新種之間、外觀逐漸改變的類型。所有的新的一代（有上百隻！）幾乎都是同樣的灰色，同樣的長翅，只有一隻（或幾隻）截然不同。要麼不變，要麼大變（突變），這是個規律。同樣的情況已發現幾百例。例如，色盲就不一定完全來自遺傳。一定有這樣的情況，祖先都是「無辜」的，但孩子卻是色盲。人出現色盲，就如同果蠅長短翅一樣，都遵照「全有或全無」的原則進行；這裏考慮的並不是一個人辨色能力的好壞，而是他要麼是色盲，要麼不是。

　　凡是聽說過達爾文（Charles Darwin, 1809-1882）的人都知道，新一代的生物在性質上的這種改變，再加上*生存競爭、適者生存*，

就使物種的進化不斷地進行下去❶。正是由於這個原因，幾十億年前大自然的驕子——簡單的軟體動物——才能發展成像各位這樣具有高度智慧、連本書這樣佶屈聱牙的東西都讀得下、看得懂的生物啊！

　　遺傳性質的這種跳躍式的改變，如果從前面所說過的那種基因分子同分異構變化的角度來解釋，是完全行得通的。事實上，如果決定性質的墜飾改變了它在基因分子中的位置，它是不能只改變一半的，它要麼留在原處，要麼連到新位置，造成生物體性質的不連續的變化。

　　「突變」是由基因分子的同分異構變化造成的這個觀點，又從生物的突變率與周圍培養環境有關這一事實而得到了有力支持。雷索夫斯基（Timofeeff-Ressovsky）和齊默（K. G. Zimmer）就溫度對突變率的影響所做的實驗表明，（在不考慮周圍介質和其他因素所引起的複雜變化時）一般分子反應所遵從的基本物理化學定律，在這裏也同樣適用。這項重大的發現促使德爾布呂克（Max Delbrück，他原來是個理論物理學家，後來成為實驗基因學家）得出了一個具有劃時代意義的觀點，即認為生物突變現象和分子同分異構變化這個純物理化學過程等效。

　　關於基因理論的物理基礎，特別是 X 射線和其他輻射造成的突變所提供的重要證據，我們是可以無休止地談下去的。但僅就已經談到的情況來看，讀者們應該能夠相信，科學現在正在跨越對「神祕的」生命現象進行純物理解釋的門檻。

　　在結束這一章之前，我們還得談談一種叫做病毒（virus）的生物學單元，它很可能是不處在細胞內的*自由基因*。就在不久以前，生

---

❶ 突變現象的發現，對達爾文的古典理論只作了一點修改，即物種進化是由不連續的跳躍式變化造成的，而不是由於連續的小變化所致。

物學家們還認為生命的最簡單形式是各種細菌——在動植物組織內生長繁殖，有時還引起疾病的單細胞微生物。例如，人們已用顯微鏡查明，傷寒病是由一種 3 微米（μ）長、1/2 微米粗的桿狀細菌引起的；猩紅熱是由直徑 2 微米左右的球狀細菌引起的。可是，有一些疾病，例如人類的流行性感冒和菸草植株的花葉病，用普通顯微鏡卻怎麼也看不到細菌。但是，由於這些特別的「無菌」疾病從得病有機體轉移到健康有機體上的方式和所有一般傳染病相同，又由於這樣受到的「感染」會迅速地傳遍受害個體的全身，人們自然會假設，這些疾病是由一些假想的生物載體攜帶著的，於是便給它們命名叫病毒。

　　直到後來，由於使用了紫外線顯微技術（用紫外光），特別是由於發明了電子顯微鏡（用電子束代替可見光可獲得更大的放大率），微生物學家們才第一次見到了一直沒露過面的病毒的結構。人們發

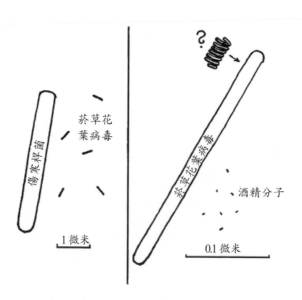

圖 103　細菌、病毒和分子的比較

現，病毒是大量小微粒的集合體。同一種病毒的大小完全一樣，而且都遠比細菌為小（圖 103）。流感病毒的微粒是些直徑為 0.1 微米的小球，菸草花葉病毒則是些長 0.280 微米、粗 0.015 微米的細棒。

　　圖版 VI 是用電子顯微鏡給已知的最小生命單元菸草花葉病毒微粒拍攝的照片。它令人印象深刻。大家還記得，單個原子的直徑是 0.0003 微米，因此，我們推斷花葉病毒的橫向大約只有 50 個原子，而縱向則約有 1000 個原子，總共不會超過幾百萬個原子**❼**！

　　這個數字好熟悉啊！它不是跟單個基因中的原子數很相近嗎！因此，病毒微粒可能是既沒有在染色體中占據一席之地、也沒有被一大堆細胞質所包圍的「自由基因」。

　　此外，病毒的繁殖過程看來也確實和染色體在細胞分裂過程中的倍增現象完全相同：整個病毒體沿軸線劈裂成兩個同樣大小的新病毒微粒。很明顯，在這個基本的繁殖過程中（如同圖 91 那個虛構的酒精分子增加過程），整個複雜分子的各個原子團都從周圍介質中引來相同的原子團，並把它們按自己原來的模式精確地排列在一起。當這種安排進行完畢，已經成熟的新分子就從原來的分子上脫離下來。事實上，在這種原始的生物中，看來並不發生「成長」的過程，新的有機體只是在舊有機體周圍「拼湊」出來。這種情況如果發生在人類身上，那就是孩子在外邊和母體相連，當他（她）長大成人後，就離開母體跑開了。不用說，要使這個繁殖過程成為可能，它必須在特殊的、具備各種必要成分的介質中進行；事實上，和自備細胞質的細菌不同，病毒只能在生物組織的活細胞質中才能繁殖，也就是說，

---

❼ 病毒微粒中的原子總數可能還要少些，因為它們很可能像圖103所畫的那樣，具有螺旋狀的分子結構，內部是空的。如果真的如此，菸草花葉病毒中的原子就只會待在圓柱形的表面上，每個病毒裏的原子數就會減少到幾十萬個。基因裏的情況也可能是如此。

它們是很「挑食」的。

病毒的另一種共同特點，就是它們能發生突變，並且突變後的個體能把新特性傳給自己的後代。這也和基因學定律相符。事實上，生物學家們已經能區分出同一病毒的幾個遺傳植株，並能對它的「種族繁衍」進行監視。當一場流行性感冒在村鎮上蔓延開來時，人們就知道，這是由某種新的突變型流感病毒引起的，因為它們經過突變後獲得了一些新的險惡性質，而人體卻還沒來得及發展自己相應的免疫能力。

在前面幾頁裏，我發表了大量的熱烈議論，證明病毒應被視為生命體。我同時也要以同樣的熱情，宣稱病毒也應被視為正規的化學分子，它們遵從一切物理的和化學的定律和法則。事實上，對病毒體所進行的化學分析已經表明：病毒可以看作是有確定組成的化合物，它們可以被當成各種複雜的有機（但又是無生命的）化合物對待，而且它們可以參與各種類型的置換反應。因此，把各種病毒的化學結構式像酒精、甘油、糖等物質的結構式一樣寫出來，看來只是個時間問題。更令人驚奇的是：同一種病毒的大小是完全一樣的。

事實證明，脫離了營養介質的病毒體會自行排列成普通正規晶體的樣子。例如，「番茄停育症」病毒就會結晶成漂亮的大塊的菱形十二面體！你可以把它和長石、岩鹽一樣放在礦物標本櫃裏；不過，一旦把它放回番茄地裏，它就會變成一大堆活的個體。

由無機物合成活有機體的第一大步是加州大學病毒研究所的弗蘭克爾－康拉特（Heinz Fraenkel-Conrat）和威廉斯（Robley Williams）邁出的。他們把菸草花葉病毒分離成兩個部分，每一部分都是一種很複雜的、但沒有生命的有機物。人們早就知道，這種病毒具有長棒的形狀（圖版Ⅵ），是由一束長而直的分子（叫做核糖核酸）作

為組織物質，外面像電磁鐵的導線那樣環繞著蛋白質的長分子。弗蘭克爾—康拉特和威廉斯使用了許多種化學試劑，成功地把這些病毒體分成核糖核酸分子和蛋白質分子，而沒有破壞它們。這樣，他們在一個試管裏得到核糖核酸的水溶液，另一個試管中得到蛋白質的水溶液。用電子顯微鏡進行檢查後，證明試管裏只有這兩種物質，但沒有一絲一毫的生命跡象。

但是，一旦把兩種液體倒在一起，核糖核酸的分子就開始以每24個組成一束，蛋白質分子就開始把核酸分子包圍起來，形成與實驗開始時完全一樣的病毒微粒。把它們施在菸草植株上，這些分而復合的病毒就會造成花葉病，好像它們壓根兒就沒有被分開過似的。當然，在這裏，試管裏的兩種化學成分是靠分離病毒得來的。不過，生物化學家們已經掌握了由普通化學物質合成核糖核酸和蛋白質的方法。儘管目前（1960 年）還只能合成一些較短小的分子，但沒有疑問，將來一定能用簡單成分合成病毒裏的那兩種分子，把它們放在一起，就會出現人造病毒微粒。

第四部
宏觀世界

10
不斷擴展的視野

一、地球與它的近鄰

　　現在，讓我們結束在分子、原子、原子核裏的旅行，回到比較熟悉的不大不小的物體上來。不過，我們還要再旅行一趟，這一次是向相反的方向，即朝著太陽、星星、遙遠的星雲和宇宙的深處。科學在這個方向上的發展，也像在微觀世界中的發展一樣，使我們離開所熟悉的物體越來越遠，視野也越來越廣闊。

　　在人類文明的初期，所謂的宇宙真是小得可憐。人們認為，大地是一個大扁盤，四面環繞著海洋，大地就在這洋面上漂浮。大地的下面是深不可測的海水，上面是天神的住所——天空。這個扁盤的面積足以把當時的地理知識所知道的地方統統容納進去。它包括了地中海和瀕海的部分歐洲和非洲，還有亞洲的一小塊；大地的北部以一脈高山為界，太陽在夜間就在山後的「世界洋」海面上休憩。圖 104 相當準確地表達出古代人關於世界面貌的概念。但是，西元前 3 世紀時，有一個人對這種簡單而被人們普遍接受的世界觀提出了異議。他就是著名的古希臘哲人（當時這個名稱是用來稱呼科學家的）亞里斯多德（Aristotle）。

圖 104　古代人認為世界只有這麼大

　　亞里斯多德在他的著作《天論》（*About Heaven*）裏，闡述了這樣一個理論：大地實際上是一個球體，一部分是陸地，一部分為水域，外面被空氣包圍著。他引證了許多現象來證明自己的觀點，這些現象在今天的人們看來是很熟悉的，似乎還顯得有些瑣碎。他指出，一艘船當消失在地平線上時，總是在船身已看不見時，桅杆還露在水面上。這說明洋面不是平的，而是彎曲的。他還指出，月蝕一定是地球的陰影掠過這個衛星的表面時引起的。既然這個陰影是圓的，大地本身也應該是圓的。但是，當時沒有幾個人相信他的話。人們不能理解，如果他的說法確實為真，那麼，住在球體另一端（即所謂對蹠點，對我們來說是澳洲）的人怎麼會頭朝下走路呢？難道他們不會掉下去嗎？為什麼那裏的水不會流向天空呢（圖 105）？

　　你瞧，當時的人們並不知道，物體的下落是由於受到了地球的吸引力。對於他們來說，「上」和「下」是空間的絕對方向，不論在哪裏都是一樣的。在他們看來，說把我們這個世界走上一半遠，「上」

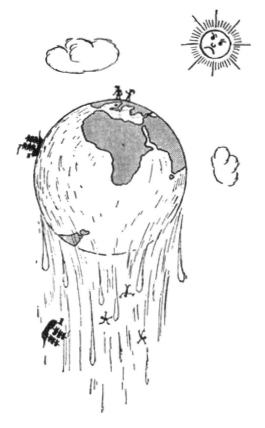

圖 105　反對大地為球形的論點

就會變成「下」，「下」就會變成「上」，當時人們對亞里斯多德
這種觀點的看法，正像今天某些人對愛因斯坦相對論的看法一樣。
當時，重物下墜的現象，被解釋成一切物體都有向下運動的「自然傾
向」，而不是像現在這樣解釋成受到地球的吸引。因此，當你竟然敢
冒險跑到這個地球的下面一半去時，就會向下掉到藍天裏去！對老觀
念進行調整的工作是異常艱難的，新觀念遭到了極為強烈的反對，甚
至到了 15 世紀，即亞里斯多德死後幾乎兩千年，還有人用地球對面

的人頭朝下站著的畫片，來嘲笑大地是球形的理論。就連偉大的哥倫布（Christopher Columbus）❶ 在動身前去尋找通往印度的「另一條路」時，也未必意識到他自己的計畫是健全的，而且他的行程也因美洲大陸的阻擋而未能全部實現。直到麥哲倫❷（Ferdinand de Magellan）進行了著名的環球航行後，人們對大地是球體的懷疑才終於消失了。

當人們首次意識到大地是球體後，自然要問一個問題：這個球到底有多大？和當時已知的世界相比情況如何？但是，古希臘的哲人們顯然是無法進行環球旅行的，那又怎麼來量度地球的尺寸呢？

嘿！有一個辦法。這個辦法是西元前 3 世紀古希臘著名的科學家艾拉托色尼（Eratosthenes）最先發現的。他住在古希臘當時的殖民地，古埃及的亞歷山卓。當時有個塞恩城（Syene），位於亞歷山卓以南五千斯塔德遠的尼羅河上游❸。他聽那裏的居民講，在夏至那一天正午，太陽正好懸在頭頂，凡是直立的物體都沒有影子。另外，艾拉托色尼又知道，這種事情從來沒有在亞歷山卓發生過；即使是在夏至那一天，太陽離天頂（即頭頂正上方）也有 7° 的角距離，這是整個圓周的 1/50 左右。艾拉托色尼從大地是球形的假設出發，給這個事實作了一個很簡單的解釋，這很容易從圖 106 上看出。事實上，既然兩座城市之間的地面是彎曲的，垂直射向塞恩的陽光一定會和位於北方的亞歷山卓成一定的交角。從地球中心畫兩條直線，一條通向塞恩，一條通向亞歷山卓，則從圖上還可以看出，兩條線的夾角等於通過亞歷山卓的那條線（即此處的天頂方向）和太陽正射塞

---

❶ 哥倫布（1451-1506），義大利航海家，於1492年發現「新大陸」美洲。——譯者
❷ 麥哲倫（1480-1521），葡萄牙航海家，於1519年首次率船隊展開環球航行，麥哲倫本人於1521年死於旅途，但船員繼續航行，於次年返回歐洲。——譯者
❸ 即現今的亞斯文水壩附近。——譯者

恩時的光線之間的夾角。

　　由於這個角是整個圓周的 1/50，整個圓周就應該是兩城之間距離的 50 倍，即 250,000 斯塔德。1 斯塔德約為 1/10 英里，所以，艾拉托色尼所得到的結果相當於 25,000 英里，即 40,000 公里，和現代的數值真是非常接近。

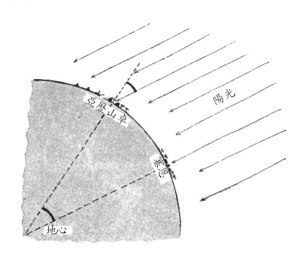

圖 106

　　然而，對地球進行第一次測量所得到的結果，重要的倒不是它如何精確，而是它使人們發現地球真是太大了。瞧，它的總面積一定比當時已知的全部陸地面積大幾百倍呢！這會是真的嗎？如果是真的，那麼，在已知的世界之外又是些什麼呢？

　　說到天文學距離，我們得先熟悉一下什麼叫視差位移（parallactic displacement，簡稱視差〔parallax〕）。這個名稱聽起來有點嚇人，但實際上，視差是件簡單而有用的東西。

　　我們可以從穿針引線的過程來認識視差。試著閉上一隻眼來穿針，你很快就會發現這麼做並不怎麼有把握：你手中的線頭不是跑到

針眼後頭老遠，就是在還不到針眼時就想把線穿進去。只憑一隻眼睛是判斷不出針和線離我們有多遠的。但是，如果睜開雙眼，這件事就很容易做到，至少是很容易學會怎樣做到。當用兩隻眼睛觀察一個物體時，人們會自動地把兩隻眼睛的視線都聚焦在這個物體上；物體越近，兩顆眼珠就轉動得更接近一些。而進行這種調整時眼球上肌肉所產生的感覺，就會相當可靠地告訴你這段距離是多少。

　　如果你不同時用兩隻眼睛來看，而是分別用左、右眼來看，你就會看到物體（在此例中為針）相對於後面背景（如房間裏的窗子）的位置是不一樣的。這個效應就叫做視差位移，大家一定都很熟悉。如果你從來沒聽說過，不妨自己實驗一下，或看看圖 107 所示的左眼和右眼分別看到的針和窗。物體越遠，視差位移越小。因此，我們可以用這種效應來測量距離。視差位移是可以用弧度表示的，這要比靠眼球肌肉的感覺來判斷距離的簡單方法準確得多。不過，我們的兩隻眼僅相距 3 英寸左右，因此，當物體的距離在幾英尺以外時就

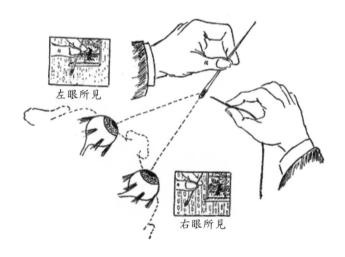

圖 107

不能量得很準了。這是因為物體越遠，兩隻眼睛的視線就越趨於平行，視差位移也就越不顯著。為了測量更遠的距離，就應該把兩眼分得開一些，以增大視差位移的角度。不，這可用不著做外科手術，只要用幾面鏡子就夠了。

在圖 108 上，我們能看到海軍使用的一種測量敵艦距離的裝置（在雷達發明之前）。這是一根長筒，兩眼前面的位置上各有一面鏡子（A, A'），兩端各有一面鏡子（B, B'）。從這樣一架測距儀上，真能夠做到一隻眼在 B 處看，另一眼在 B' 處看。這樣，你雙眼間的距離——所謂光學基線（optical base）——就顯著增大了，因此，所能估算的距離也就會長得多。當然，水兵們是不會單靠眼球肌肉的感覺來下判斷的。測距儀上裝有特殊部件和刻度盤，這樣能極精確地測定視差位移。

圖 108

這種海軍測距儀，即使對於出現在地平線上的敵艦，也是很有把握測準的。然而，用它來測量哪怕是最近的天體——月亮——效

果就不那麼好了。事實上，想要觀測月亮在恆星背景上出現的視差，光學基線（也就是兩眼間的距離）非得有幾百英里不可。當然，我們沒有必要搞出一套光學系統，讓我們能用一隻眼在華盛頓看，另一隻眼在紐約看。只要在兩地同時拍攝一張位於群星中的月亮照片就行了。把這兩張照片放到立體鏡（stereoscope）❹裏，就能看到月亮懸浮在群星前面。天文學家們就從這樣兩張在地球上兩個地點同時拍攝的月亮和星星的照片（圖 109），算出從地球一條直徑的兩端來看月亮的視差是 $1°24'5''$，由此得知地球和月亮的距離為地球直徑的 30.14 倍，即 384,403 公里，或 238,857 英里。

根據這個距離和觀測到的角直徑，我們算出這顆地球衛星的直徑為地球直徑的四分之一。它的表面積為地球面積的十六分之一，這約等於非洲大陸的面積。

用同樣的方法也能求出太陽離我們的距離。當然，由於太陽要遠得多，測量就更加困難一些。天文學家們測出這個距離是 149,450,000 公里（92,870,000 英里），也就是月亮地球距離的 385 倍。正是由於距離這麼大，太陽看起來才和月亮差不多大小，實際上，太陽要大得多，它的直徑是地球直徑的 109 倍。

如果太陽是個大南瓜，地球就是顆豌豆，月亮則是一粒罌粟籽，而紐約的帝國大廈只不過是在顯微鏡下才能看到的極小的細菌。不妨順便提一下，古希臘有個進步哲人阿那薩古臘（Anaxagoras），僅僅因為在講學時提出太陽是個像希臘那樣大小的火球，就遭到了流放的懲罰，並且還受到處死的威脅呢！

天文學家們還用同樣的方法算出了太陽系中各行星與太陽的距

---

❹ 立體鏡是一種觀看圖片立體效果的裝置。把兩張從兩個適當角度拍來的同一物體的照片放到裏面，兩眼分別觀看其中一張，就能產生立體效果。——譯者

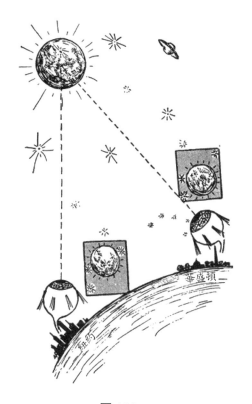

圖 109

離。不久前發現的最遠的冥王星，離太陽的距離約為地球和太陽的
距離的 40 倍，準確點說，這個距離是 3,668,000,000 英里。

二、銀河系

再向空間邁出一步，就從行星走到恆星世界了。視差方法在這裏
仍然可以運用，不過，即使是離我們最近的恆星，與我們的距離也是
很遠很遠的，因此，即便是在地球上距離最遠的兩點（地球的兩側）
進行觀測，也無法在廣袤的星際背景上找出什麼明顯的視差。然而，
我們還是有辦法的。如果我們能根據地球的尺寸求出它繞日軌道的大

小，那麼，為什麼不用這個軌道去求恆星的距離呢？換句話說，從地球軌道的兩端去觀測恆星，是否可以發現一兩顆恆星的相對位移呢？當然，要這樣做，兩次觀測的時間要相隔半年之久，但那又有什麼不可以的呢？

抱著這樣的想法，德國天文學家貝塞爾（Friedrich Wilhelm Bessel, 1784-1846）在 1838 年開始對相隔半年的星空進行了比較。一開始他並不走運，所選定的目標都未顯示出任何明顯的視差。這表示它們都太遠了，即使以地球軌道直徑為光學基線也無濟於事。可是，瞧，這裏有一顆恆星，它在天文學花名冊上叫做天鵝座 61（也就是天鵝座的第 61 顆暗星），它的位置和半年前稍有不同（圖 110）。

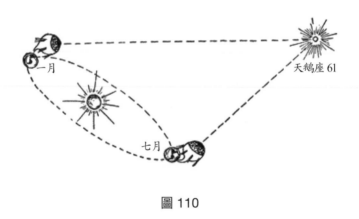

圖 110

再過半年進行觀測時，這顆星又回到了老地方。可見，這一定是視差效應無誤。因此，貝塞爾就成了拿著尺跨出太陽系進入星際空間的第一人。

在半年間觀察到的天鵝座 61 的位移是很小的，只有 0.6 角秒❺，這就是你在看 500 英里之外的一個人時視線所張的角度（如果你能

❺ 精確數值為 $0.600'' \pm 0.06''$。

看到那個人的話）！不過，天文儀器是很精密的，就連這樣小的角度也能以極高的精確度測出來。根據測出的視差和地球軌道直徑的已知數值，貝塞爾推算出這顆星在 103,000,000,000,000 公里之外，比太陽還遠 690,000 倍！這個數字的意義可不容易體會。在我們打過的那個比方中，太陽是個南瓜，在離它 200 英尺遠的地方有顆豌豆大小的地球在轉動，而這顆恆星則處在 3 萬英里遠的地方！

　　在天文學上，往往把很大的距離用光線走過這段距離所需的時間（光的速度為每秒 300,000 公里）來表示。光線繞地球一周只需 1/7 秒，從月亮到地球只要 1 秒出頭，從太陽到地球也不過是 8 分鐘左右。而從我們在宇宙中的近鄰天鵝座 61 來的光，差不多要 11 年才能到達我們這裏。如果天鵝座 61 在一場宇宙災難中熄滅了，或者在一團烈焰中爆炸了（這在恆星中是常常發生的），那麼，我們只有經過漫長的 11 年之後，才能從高速穿過星際空間到達地球的爆炸閃光和最後一線光芒得知，有一顆恆星已不復存在了。

　　貝塞爾根據測得的天鵝座 61 的距離，計算出這顆在黑暗的夜空中靜悄悄閃爍著的微弱光點，原來竟是光度（luminosity）僅比太陽小一點、大小只差 30% 的星體。這對於哥白尼（Copernicus, 1473-1543）關於太陽僅僅是散布在無垠空間中、彼此遙遙相距的無數星體中的一個星體這樣的革命性論點，是第一個直接的證據。

　　繼貝塞爾的發現之後，又有許多恆星的視差被測出來了。有幾顆比天鵝座 61 近一些，最近的是半人馬座 α（半人馬座內最明亮的星，即南門二），它離我們只有 4.3 光年。它在大小和光度上都與太陽相近。其他恆星大多數要遠得多，遠到即使用地球軌道的直徑作為光學基線，也測不出視差來。

　　恆星在大小和光度上的差別也很懸殊。大的有比太陽大 400 倍、

亮 3600 倍的獵戶座 α（即參宿四，300 光年）之類光輝奪目的巨星，
小的有比地球還小，並比太陽暗 10,000 倍的范馬南星（直徑只有地
球的 75%，距我們 13 光年）之類昏暗的矮星。

　　現在我們來談一談恆星的數目這個重要的問題。許多人，可能
包括讀者諸君在內，都以為天上星星數不清。然而，正如其他許多流
行的看法一樣，這種看法也是大錯特錯的，至少就肉眼可見的星星
而言是如此。事實上，從南北兩個半球可直接看到的星星加起來只有
六七千顆左右；又因為在任何一處地面上只能看到一半天空，而且地
平線附近大氣吸收光線的結果使得能見度降低，所以，就算是在晴朗
的無月之夜，憑肉眼也只能看到 2 千顆左右的星星。因此，以每秒鐘
一顆的速度勤快地數下去，半小時左右就可以把它們數完了。

　　不過，如果用普通的雙筒望遠鏡來觀測，就可以多看到 5 萬顆
星，而一架口徑為兩英寸半的望遠鏡，則會顯示出 100 多萬顆來。
從安放在加州威爾遜山（Mt. Wilson）天文臺的那架有名的 100 英寸
口徑的望遠鏡裏觀測時，能看到的星星就會達到 5 億顆。一秒鐘數
一顆，每天從日落數到天明，一個天文學家要數上一個世紀才能把
它們數完！

　　當然，不會有人真的透過望遠鏡去一顆顆地數，星星的總數是
把幾個不同區域內星星實際數目的平均值推廣到整個星空而得出的。

　　一百多年前，著名的英國天文學家赫歇爾（William Herschel,
1738-1822）用自製的大型望遠鏡觀察星空的時候，注意到了一個事
實：大部分肉眼可見的星星都分布在橫跨天際的一條叫做銀河（Milky
Way）的微弱光帶內。由於他的研究，天文學上才確立了這樣的概念：
這條銀河並不是天空中的一道普通星雲❻，而是由為數極多、距離很

---

❻ 星雲一般是稀薄的氣體和塵埃在宇宙空間中形成的不規則巨團。──譯者

遠、因而暗到肉眼不能一一分辨的恆星所組成的。

　　使用強大的望遠鏡，我們能看到銀河是由為數極多的一顆顆恆星組成的；望遠鏡越強大，看到的星星就越多。但是，銀河的主要部分依然處在一片模糊之中。然而，如果就此以為，在銀河範圍內的星星比其他地方的星星稠密些，那可是大錯特錯。實際上，星星在某個區域內看起來數目比較多的現象，並不真的是分布比較集中，而是星星在這個方向上分布得深遠些。在沿銀河伸展的方向上，星星一直伸展到目力（在望遠鏡的幫助下）所能及的邊緣。而在其他方向，星星並不伸展到視力的界限；在它們的後邊，幾乎是空無一物的空間。

　　沿銀河伸展的方向看去，就好像在密林裏向遠處張望，看到的是許多重疊交織的樹枝樹幹，形成一片連續的背景；而沿著其他方向，則能看到一塊塊空間，正如我們在樹林裏面，透過頭上的枝葉，可以看見一塊塊的藍天一樣。

　　可見，這一大群星體在空間裏占據了一個扁平的區域；在銀河平面內伸向很遠的地方，而在垂直於這個平面的方向上，相對來說範圍並不那麼遠。太陽只不過是銀河中無足輕重的一員。

　　經過幾代天文學家的仔細研究，已得到了結論：銀河包含有大約 40,000,000,000 顆恆星，它們分布在一個凸透鏡形的區域內，直徑有 100,000 光年左右，厚度在 5,000 ～ 10,000 光年上下。我們還得知，太陽根本不處在這個大星系的中心，而是位於靠近外緣的部分。對於我們人類的自尊心來說，這可真是當頭一棒啊！

　　我們想用圖 111 來告訴讀者們，銀河這個由恆星組成的大蜂窩看起來是什麼樣子。順便提一下，銀河在科學的語言中應該用銀河系（Galaxy）這個名稱來代替。圖中的銀河系是縮小了 1 億兆倍的。而

圖 111　一位天文學家在觀察銀河系。銀河系被縮小了
　　　　100,000,000,000,000,000,000 倍。太陽的位置大致就在天文學家
　　　　的頭部。

且，代表恆星的點也比 4 百億少得多，這當然是出自印刷方面的限制。

　　這個由一大群星星所組成的銀河系，它最顯著的一個性質，就是它也和我們這個太陽系一樣，處於快速的旋轉狀態中。就像水星、地球、木星和其他行星沿著近於圓形的軌道繞太陽運行一樣，組成銀河的幾百億顆星也繞著所謂銀心（galactic center）轉動。這個旋轉中心位於人馬座的方向上。因為當你順著天河跨過天空的方向找去時，會發現它那霧濛濛的模糊外形在接近人馬座時變得越來越寬，這表

示你現在望見的正是這個凸透鏡狀物體的中心部分（圖111中的那位天文學家正是朝那個方向看去的）。

　　銀心看起來是什麼樣子呢？我們現在還不知道，因為這一部分不幸被濃雲一般暗黑的星際懸浮物質所遮蓋了。事實上，如果觀察人馬座區域中銀河變厚的那一部分❼，你起初會認為這條神話中的河分成兩支「單航道」。但這種分叉並不是真實情況，這種印象是由懸浮在我們和銀心之間的星際塵埃和氣體的暗雲塊所造成的。它不同於銀河兩側的黑暗區，那些暗區是空間的黯黑背景，而這裏卻是不透明的黑雲。在中間那片黑雲上可看到的幾顆星星，其實是位於我們和黑雲之間的（圖112）。

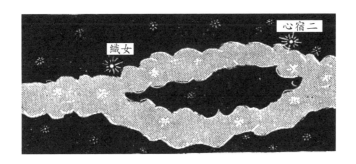

圖112　向銀心看去，給人的感覺是這條神話中的河分成兩支

　　看不到這個神祕的、連太陽都繞著它旋轉的銀心以及其他數十億個恆星，當然是件大憾事。不過，透過對散布在銀河之外的其他星系的觀察，我們也能大致判斷出我們這個銀心的樣子。在銀心中，並沒有一個像我們這個行星系中的太陽一樣的超級巨星在控制著星系的所有成員。對其他星系的研究（以後我們要講到）顯示，它們的中

❼ 這種觀察在初夏的晴夜進行最為有利。

心也是由許多恆星組成的，只不過銀心附近的恆星要比太陽附近的邊緣地區擁擠得多。如果把行星系統比做由太陽統治著的封建帝國，那麼，銀河系就像是一個民主國家，有一些星星占據了有影響力的中心位置，其他星星則只好屈尊於周邊的卑下社會地位。

如上所述，所有的恆星，包括我們的太陽，統統在巨大的軌道上圍繞銀心而運轉。可是，這是怎麼證明出來的呢？這些星星的軌道半徑有多大呢？繞上一周需要多長時間呢？

所有這些問題，都由荷蘭天文學家歐爾特（Jan Hendrik Oort, 1900-1992）在幾十年前作出了回答。他使用的觀察方法與哥白尼用以考察太陽系的方法很類似。

先看一看哥白尼的思考方式。古代巴比倫人和埃及人，以及其他古代民族，都注意到木星、土星這類大行星在天空運行的奇特路線。它們似乎先是順著太陽行進的方向沿著橢圓形軌道前進，然後突然停下來，向後走一段，再折回來朝原來的方向行進。在圖113下部，我們畫出了土星在兩年時間內的大致路線（土星運轉週期為29.5年）。過去，出於宗教偏見把地球當作宇宙的中心，認為所有行星和太陽都繞著地球旋轉，對於上面這種奇怪的運動，只好用行星軌道是一圈一圈的環套連成的假設來進行解釋。

但是，哥白尼的目光卻敏銳得多。他以天才的思想解釋道：這種神祕的連環現象，是由於地球和其他各行星都圍繞太陽作簡單圓周運動的結果。看看圖113的上部，這種解釋就好理解了。

圖的中心是太陽，地球（小一些的那個球）在小圓上運動，土星（有環者）以相同的方向在大圓上運轉。數字1, 2, 3, 4, 5標出了地球和土星在一年中的幾個位置。我們要記住，土星的運行比地球慢許多。從地球各個位置上引出的那些垂直線是指向某一顆固定恆星的。

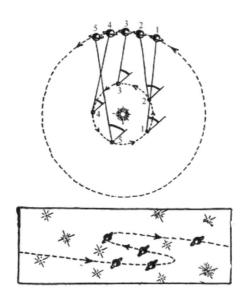

圖113

從地球的各個位置向相應時刻的土星上引連線,我們看出這兩個方向
(指向土星和固定恆星)間的夾角先是增大,繼而減小,然後又增大。
因此,那種環模式行進的表面現象並不意味著土星運動有任何特別
之處,只不過是我們在本身也在運動著的地球上觀測土星時的角度
不盡相同罷了。

　　歐爾特關於銀河系中恆星做圓周運動的論點,可從圖114中看
出。在圖的下方,可以看到銀心(有暗雲之類的東西),環繞中心,
整個圖上都有恆星。三個圓弧代表著距中心不同距離的恆星軌道,
中間的那個圓弧表示太陽的軌道。

　　我們來看八顆恆星(以四射的光芒標出,以別於其他恆星),其
中的兩顆與太陽在同一軌道上運動,一顆超前一些,一顆落後一些;
其他的恆星,或者軌道遠一些,或者近一些,如圖114所示。要記住,

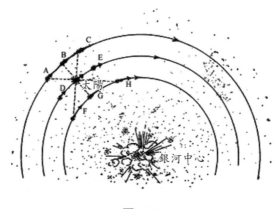

圖 114

由於萬有引力的作用，外側恆星的速度比太陽小，內層恆星的速度
比太陽大（圖上用箭頭的長短表示）。

　　這八顆恆星的運動情況，從太陽也就是從地球上看來，是怎樣
的呢？我們這裏所指的是恆星沿觀察者視線方向的運動，這可以根
據都卜勒效應（Doppler effect）❽很容易地理解。首先，與太陽同軌
道同速度的兩顆恆星（標為 D 和 E 的兩顆）顯然相對於太陽（或地
球）是靜止的。這一點也適用於與太陽處於同一半徑上的兩顆（B 和
G），因為它們與太陽的運動方向平行，沿觀測方向沒有速度分量。
處於外側的恆星 A 和 C 又如何呢？因為它們都以低於太陽運動的速
度運行，從圖上可以清楚看出，A 會逐漸落後，C 會被太陽趕上。因
此，到 A 的距離會增大，到 C 的距離會減小，而從這兩顆恆星射來
的光線則會分別顯示都卜勒紅移效應和紫移效應。對於內層的恆星 F
和 H，情況正好相反，F 會表現出紫移效應，H 會表現出紅移效應。
　　假定剛才所描述的現象是僅僅由於恆星的圓周運動所引起的，

───────────

❽ 可參考第十一章最後一節介紹都卜勒效應的部分。

那麼，如果恆星確實有這種運動，我們就不僅能證明這種假設，還能計算出恆星運動的軌道和速度來。透過搜集天空中各顆恆星的視運動的數據，歐爾特證明了他所假設的紅移和紫移這兩種都卜勒效應確實存在，從而確鑿地證明了銀河系的旋轉。

　　同樣也能夠證明，銀河系的旋轉也會影響到各恆星沿垂直於視線方向的視速度。儘管精確測定這個速度分量要困難得多（因為遠處的恆星哪怕具有很大的線速度，也只能產生極小的角位移），這種現象也被歐爾特和其他人觀察到了。

　　精確地測定出恆星運動的歐爾特效應（Oort effect），使我們能夠求出恆星軌道的大小及運行週期。現在已經知道，太陽以人馬座為中心的運行半徑是 30,000 光年，這相當於整個銀河系半徑的三分之二。太陽繞銀心運行一周的時間為兩億年左右。這當然是一段很長的時間，但是要知道，我們這個銀河系已有 50 億歲了；在這段時間內，我們的太陽已帶著它的行星家族一起轉了 20 多圈。如果照地球年這個術語的定義，把太陽公轉一周的時間稱為「太陽年」，我們就可以說，我們這個宇宙只有 20 多歲。在恆星的世界上，事情的確是發生得很緩慢的，因此，用太陽年作為記載宇宙歷史的時間單位，倒是頗為方便的。

三、走向未知的邊界

　　前面已經提到過，我們這個銀河系並不是唯一在巨大的宇宙空間中飄浮的、孤立的恆星社會。望遠鏡的研究已經在空間深處揭示出了許多巨大的系統，它們和我們這個太陽所屬的星群很相似。距我們最近的一個是著名的仙女座星雲，它可以直接用肉眼看到。它的樣子是一個又小又暗的相當長的模糊形體。圖版Ⅶ的 a 和 b 是用威爾遜山

天文臺的大望遠鏡拍攝到的兩個這樣的天體，它們是后髮座星雲的側觀和大熊星座星雲的正觀。可以注意到，它們有典型的漩渦結構，而在整體上構成了和我們這個銀河系一樣的凸透鏡形，因此這些星雲被稱為「漩渦狀星雲」（spiral nebula）。有許多證據表明，我們這個銀河系也是這樣一個漩渦體。當然，要從內部來確定這一點是件很困難的事，但我們還是了解到，太陽非常可能位於我們這個「銀河大星雲」的一條漩渦臂的末端上。

在很長一段時間裏，天文學家們並未意識到這類漩渦星雲是與我們這個銀河系很類似的巨大星系，卻把它們和一般的瀰散星雲（diffuse nebula）混為一談，後者是散布在空間中的微塵所形成的巨大雲狀物，例如懸浮在銀河系內恆星之間的獵戶座星雲。但是，人們後來發現，這些看起來霧濛濛的漩渦狀天體根本不是塵埃和霧氣。使用最高倍的望遠鏡，可以看到一個個小點，這證明它們是由單獨的恆星組成的。不過它們離我們太遠了，無法用視差法求出距離。

看來，我們量度天體距離的手段好像是到此為止了。但是，不！在科學研究中，當我們在某個無法克服的困難前面停下來時，耽擱往往只是暫時的；人們總是有新的發現，從而使我們再前進下去。在這裏，哈佛大學的天文學家沙普利（Harlow Shapley, 1885-1972）又找到了一根新的「量天尺」──所謂脈動星或造父變星❾。

天上星，數不清。大多數星星寧靜地吐著光輝，但有一些星星，它們的光度則是有規律地發生明暗的變化。這些巨大的星體像心臟一樣規則地搏動著，它的亮度也隨著搏動而進行週期性變化❿。恆星越

───────

❾ 這種星的脈動變化現象是首先在仙王座 β 星（造父一）上發現的，因而就以此命名。

❿ 不要和交食變星、即兩個互相圍繞對方轉動的雙星的週期性互相掩食現象相混。

大，脈動週期越長；這就像鐘擺越長，擺動就越慢一樣。很小的恆星（就恆星而論）幾小時就完成一個週期，巨星則需要很多年。而且，既然恆星越大就越亮，因此，造父變星的脈動週期與平均亮度之間一定存在著相互關係。透過觀測離我們相當近、因而能夠直接測出距離和絕對亮度的仙王座造父變星，這種關係是可以確定下來的。

　　如果我們發現了一顆脈動星，它的距離超出了視差法的量程，那麼，我們只要從望遠鏡裏觀測它的脈動週期，就能知道它的真實亮度，再把它與視亮度對比，就可以立即知道它的距離。沙普利就是用這種聰明的方法，成功地測出了銀河內的極遠距離，並有效地估計出我們這整個星系的大小。

　　當沙普利用這種方法來測量仙女座星雲中的幾顆脈動星時，所得到的結果使他大吃一驚：從地球到這幾顆恆星的距離——這當然也就是到仙女座星雲本身的距離——竟達 1,700,000 光年。這就是說，它比銀河系的直徑還要大得多。仙女座星雲的體積原來只比我們的銀河系略小一些。圖版 VII 上的兩個漩渦狀星雲還要更遠，它們的直徑也和仙女座星雲不相上下。

　　這個發現宣判了原本認為漩渦狀星雲是銀河系內的「小傢伙」的觀點的死刑，並確立了它們作為類似於銀河系的獨立星系的地位。如果在仙女座星雲中數以億計的恆星當中，有一顆恆星所屬的行星上有「人類」存在，那麼，他們所看到的我們這個銀河系的形狀，就和我們現在看它那個星系的形狀差不多一樣。對此，天文學家現在已不再有什麼懷疑了。

　　由於天文學家們，特別是知名的星系觀測家、威爾遜天文臺的哈勃（Edwin Powell Hubble, 1889-1953）的探索，這些遙遠的恆星集團已向我們披露了許多有趣而重要的事實。第一點，由強大的望遠

鏡所觀測到的為數眾多——比用肉眼能看到的星星還多——的星系
並不都是漩渦狀的，而且種類還不少。有球狀星系，它看起來像個
邊界模糊的圓盤；有扁平程度各不相同的橢球狀星系；即使是漩渦
狀的，其「捲繞的鬆緊程度」也有所不同。此外，還有形狀奇特的「棒
旋星系」（barred spiral）。

　　把觀測到的這各種星系類型排列起來，得到一個極為重要的事
實（圖 115）；這個序列可能表示了這些巨大星系的各個演化階段。

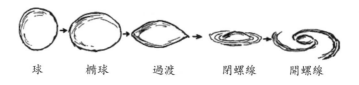

球　　　　橢球　　　　過渡　　　　閉螺線　　　開螺線

圖 115　星系在正常演化中的幾個階段

　　關於星系演化的詳細過程，我們還遠遠不到了解的地步，不過，
演化很可能是由於不斷收縮而造成的。大家都知道，當一團緩慢旋
轉的球狀氣體逐漸收縮時，它的旋轉速度會加快，形狀也隨之變為
橢球體。當收縮到一定階段，即當橢球的極軸半徑與赤道半徑的比
值達到 7/10 時，就會在赤道上出現一道明顯的稜，成為凸透鏡狀的
物體。再進一步收縮，旋轉的氣體物質就會沿稜圈方向散開，在赤
道面上形成一道薄薄的氣體簾幕，同時整團氣體仍大體上保持著透
鏡形狀不變。

　　英國著名物理學家兼天文學家金斯（James Hopwood Jeans, 1877-
1946）從數學上證明了上面這些說法對於旋轉的球狀氣體是成立的。
同時，這種論述也可以原封不動地應用到星系這類巨大的星雲上去。
事實上，當單個恆星就像是分子一樣，我們就可以把這樣密集在一

起的億萬顆恆星看成一團氣體了。

　　把金斯的理論計算和沙普利對星系的實際分類對照一下，就會發現兩者完全吻合。具體地說，我們已發現，所觀測到的最扁平的橢球狀星雲，其半徑之比為 7/10（E7）；而且這時開始在赤道位置上出現明顯的稜圈。至於演化後期出現的旋臂，顯然是由迅速旋轉時被甩出的物質形成的。不過，迄今為止，我們還不能非常圓滿地解釋為什麼會出現這種臂，它們是怎麼形成的，以及造成普通旋臂和棒型旋臂的差別的原因。

　　對這些星系的構造、運動和各部分組成的了解，還需要做許多研究。例如，有一個有趣的現象：前幾年，威爾遜山天文臺的天文學家巴德（Walter Baade）指出，漩渦狀星雲的中心部分（核）的恆星和球狀、橢球狀星系的恆星屬於同一種類型，但是在旋臂內卻出現了新的成員。這種「旋臂型」成員因其又熱又亮而和中心部分的成員不同，是所謂「藍巨星」（Blue Giant）。在漩渦星系的中心部分和球狀、橢球狀星系的內部找不到這種恆星。以後（在第十一章）我們將看到，藍巨星極可能代表新誕生不久的恆星，因此，我們有理由認為，旋臂是星空新成員的產房。可以假設，從正在收縮的橢球狀星系那膨脹的「腰部」甩出來的物質，有一大部分是氣體，它們來到寒冷的星際空間後，就凝縮為一塊塊巨大的天體。這些天體以後又經過收縮，變得熾熱而明亮。

　　在第十一章中，我們還要再回過頭來探討恆星的產生和經歷。現在，我們應該考慮一下星系在廣大宇宙空間中的大致分布。

　　得先說明一點：透過觀測脈動星來測量距離的方法，在用來判斷銀河附近的一些星系時得到了極好的結果。然而，當進入空間的更深處時，這種方法就變得很不靈了，因為這時的距離已大到即使用最

強大的望遠鏡也不能分辨出單個星星的程度。這時所看到的整個星系只不過是一團小小的長條星雲。在這種情況下，我們只能憑所見到的星系的大小來判斷距離，因為星系並不像單個恆星那樣大小有別，同一類型的星系是同樣大小的。如果所有的人都是一樣高矮，既無侏儒，又無巨人，你就可以根據一個人的視大小來判斷出他的遠近。這兩者是同樣的道理。

　　哈勃用這種方法估計了遠方的星系，他得出了在可見（用最大倍率的望遠鏡）的空間範圍內，星系或多或少是均勻分布的結論。我們說「或多或少」，是因為在許多地方，星系成群地聚集在一起，有時竟達上千個之多，就好像許多恆星聚成銀河系那樣擠在一起。

　　我們的這個星系——銀河系——看來顯然是屬於一個比較小的星系群，它的成員包括 3 個漩渦狀星系（包括銀河系和仙女座星雲）、6 個橢球狀星系及 4 個不規則星雲（其中有兩個是大、小麥哲倫星雲）。

　　不過，除了這種偶爾存在的群聚現象外，從帕洛馬山（Mt. Palomar）天文臺的 200 英寸望遠鏡看去，星系是相當均勻地散布在 10 億光年的可見距離內的，兩個相鄰星系的平均距離為 500 萬光年，在可見的宇宙地平線上，包容有幾十億個恆星世界！

　　如果還採用前面用過的比喻，把帝國大廈看作細菌那麼大，地球是顆豌豆，太陽是顆南瓜，那麼，銀河系就是分布在木星軌道範圍內的幾十億個南瓜，而許許多多這樣的南瓜堆又分布在半徑略小於從地球到最近的恆星這樣一個球形空間內。是啊！實在很難找出一種表示宇宙間各種距離所成比例的尺度來啊！瞧，即使把地球比成一顆豌豆，已知宇宙的大小還是個天文數字！我們試圖用圖 116 告訴大家，天文學家們是如何一步步地探測宇宙的：從地球開始到月亮，

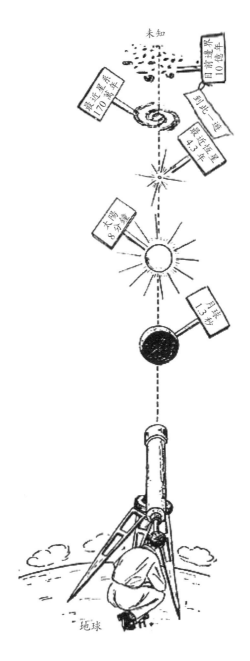

圖 116　探測宇宙的里程碑，距離用光年表示

然後是太陽、恆星，然後是遙遠的星系，一直到未知世界的邊界。

　　現在，我們準備來解答宇宙的大小這個根本問題。宇宙是無限伸展的？還是有限的（雖然相當大）體積？隨著望遠鏡越做越大，越來越精密，我們探詢的目光到底是總能發現一些新的、未被勘查過的空間呢，還是與此相反，我們最終將，至少在理論上，發現最後一顆恆星呢？

　　當我們說宇宙可能有「確定的大小」的時候，當然並不是想告訴大家，在遠到幾十億光年的地方，人們會碰到一堵大牆，上面寫著「此路不通」的字樣。

　　事實上，我們在第三章裏已經講過，空間可以是有限而沒有邊界的。這是因為它可以是彎曲的，而且「自我封閉」起來。因此，一位假想中的空間探險家，儘管他筆直地駕駛著太空船，卻會在空間中描繪出一條短程線，並回到他出發的地方。

　　當然，這就像一個古希臘探險者，從他的家鄉雅典城出發一直向西走，結果在走了許久之後，卻發現自己從東門進了這座城一樣。

　　正如同我們無需周遊世界，只憑在一塊相對來說很小的部位上進行幾何測量，就可以測定地球的曲率一樣，我們也可以在現有望遠鏡的視程內，測定出宇宙三維空間的曲率。在第五章中，我們曾看到，有兩種不同的曲率：對應於有確定體積的閉空間的正曲率，和對應於馬鞍形無限開空間的負曲率（參看圖42）。這兩種空間的區別在於：在閉空間裏，均勻散布在距觀察者一定距離之內的物體，其數量增加得比距離的立方慢；而在開空間裏則恰恰相反。

　　宇宙空間內「均勻散布的物體」就是各個星系。因此，要解決宇宙曲率的問題，只需統計不同距離內單個星系的數目就行了。

　　哈勃曾作了這種實際統計，他發現，星系的數目很可能比距離的

立方增加得慢一些，因此，宇宙大概是個有確定體積的正曲率空間。但必須提一下，哈勃所觀察到的這種效應非常不顯著，只是在威爾遜山上那架 100 英寸望遠鏡視線的盡頭才觀察到這種效應。至於用帕洛馬山上那架新的 200 英寸反射式望遠鏡在最近進行的最新觀測，還沒有對這個重大問題做出更明確的結果。

　　現在還不能對宇宙是否有限這個問題做出肯定回答的原因還在於：遠處星系的距離只能靠它們的視亮度來確定（根據平方反比定律）。使用這個方法，需要假設所有的星系都具有同樣的亮度。然而，如果星系的亮度隨時變化（即與年代有關），就會導致錯誤的結論。要知道，透過帕洛馬山望遠鏡所看到的最遠星系，大多都在 10 億年的遠處，因此我們看到的是它們在 10 億年前的情況。如果星系隨著自己的衰老而變暗（可能是因為有些恆星成員死亡，造成恆星數目減少），那就得對哈勃的結論進行修正。事實上，只要星系的光度在 10 億年裏（相當於它們壽命的 1/7 左右）改變一個很小的百分比，就會把宇宙有限這個結論顛倒過來。

　　於是，大家都看到了，為了確定我們的宇宙到底是有限還是無限，還有許許多多的工作等著我們去做呢！

11
「創世」的年代

一、行星的誕生

　　對於我們這些居住在七大洲（包括南極洲）上的人來說，「實地」這個詞可以說是穩定的同義詞。當我們想到我們所熟悉的地球表面時，無論是大陸還是海洋，山脈還是河流，它們都像是自開天闢地以來就存在似的。當然，古代的地質學資料表明，大地的表面一直在變化當中：大片的陸地可能被海洋淹沒，海底也可能浮出水面；古老的山脈會被雨水逐漸沖刷成平地，新的山系也會由於地殼的變動而不時產生。不過，這些變化都只是我們這個星球的固體外殼發生了變化而已。

　　然而，我們並不難看出，地球曾有過一段根本沒有地殼的時代。那時候，地球是一個發光的熔岩球體。事實上，根據對地球內部的研究得知，地球的大部分目前仍處於熔融狀態。我們不經意地說出來的「實地」這個東西，實際上只是漂浮在岩漿上面的一層相對來說很薄的硬殼而已。要得出這個結論，最簡單的方法就是測量地球內部各個深度上的溫度。測量結果顯示，每向下 1000 公尺，地溫就上升 30℃ 左右（或每向下行 1000 英尺，上升 16°F）。正因為如此，在世界最深的礦井（南非的羅賓遜深井〔Robinson Deep〕）裏，井壁是

如此之燙，以致必須安裝空調裝備，否則礦工們就會被活活烤熟。

按照這種增長率，到了地下 50 公里的深度，也就是還不到地球半徑的百分之一處，地溫就會達到岩石的熔點（1200 ～ 1800℃）。在這個深度以下，地球質量的 97% 多都是以完全熔融的狀態存在。

顯然，這種狀態絕不會永遠持續不變。我們現在所觀察到的，只是從地球曾經是一個完全熔融體的過去開始、到地球冷卻成一個完全固體球的遙遠未來為止這樣一個逐漸冷卻的過程的某個階段，從冷卻率和地殼加厚速率粗略計算一下，可以得知，地球的冷凝過程一定在幾十億年前就開始了。

藉由估算地殼內岩石的年齡，也得到了同樣的資料。乍看之下，岩石好像並不具有可變的特質，因此，人們才常用「堅如磐石」這句成語。但實際上，許多種岩石中都有一種「天然鐘」，依靠它們，有經驗的地質學家可以判斷出這些岩石自熔融狀態凝固以來所經過的時間。

這種揭露岩石年齡的地質鐘就是微量的鈾和釷。在地面和地下各個深度的岩石裏，常常會有它們的蹤跡。在第七章裏我們提過，這些原子會自發進行緩慢的放射性衰變，而最終生成穩定的元素鉛。

為了確定含有這些放射性元素的岩石有多大年齡，我們只要測出由於長期放射性衰變而累積起來的鉛元素的含量就行了。

事實上，只要岩石處在熔融狀態下，放射性衰變的產物就會因擴散和對流作用而離開原處。而一旦岩石凝固以後，放射性元素所轉變成的鉛就會開始累積，其數量可以準確地告訴我們這個過程持續的時間。這種情況就和間諜從亂扔在太平洋兩座島嶼上棕櫚林裏的空啤酒罐的數目，就可以判斷出敵方艦隊在這個地方駐紮了多長時間一樣。

近來，人們又應用經過改良的技術，精確地測定了岩石中的鉛同位素及其他不穩定同位素（如鈾87和鉀40）的衰變產物的累積量，由此算出最古老的岩石大約存在了45億年。因此，我們的結論是：地殼一定是在大約50億年前由熔岩凝成的。

因此，我們能夠想像，地球在50億年前是一個完全熔融的球體，外面環繞著稠密的大氣層，其中有空氣和水蒸氣，可能還有其他揮發性很強的氣體。

這一大團熾熱的宇宙物質又是從哪裏來的呢？是什麼樣的力決定了它的形成呢？這些有關我們這個星球和太陽系其他星球起源的問題，是宇宙論（Cosmogony，有關宇宙起源的理論）的基本課題，也是多少世紀以來一直縈繞在天文學家腦海中的一個謎。

1749年，知名的法國博物學家布豐首次試圖用科學方法來解答這些問題。布豐在他四十四卷巨著《自然史》（*Natural History*）的其中一卷中提出，行星系統是由星際空間闖來的一顆彗星和太陽相撞的結果。他的想像力生動地為人們描繪出這樣的情景：一顆拖著明亮長尾巴的「奪命彗星」從當時孤零零的太陽的邊緣上擦過，從它的巨大形體上撞下一些「小塊」，它們在衝擊力的作用下進入空間，並開始自轉起來（圖117a）。

幾十年後，德國的知名哲學家康德（Immanuel Kant, 1724-1804）提出了一個截然不同的觀點。他認為各行星是太陽自己創造的，與其他天體無關。康德設想，早期的太陽是一個較冷的巨大氣體團，它占據了目前的整個行星系空間，並繞著自己的軸心緩慢轉動。由於向四周空間進行輻射，這個球體逐漸地冷卻，從而使自己一步步收縮，旋轉的速度也隨之加快，結果，由旋轉產生的離心力也隨之增大，而使得這個處在原始狀態的太陽不斷變扁，最後沿不斷擴張的赤道面

噴射出一連串的氣體環（圖 117b）。普拉多（Plateau）曾做過物質
團旋轉時形成圓環的經典實驗：他使一大滴油（不像太陽那樣是氣
體）懸浮在與油的密度相同的另一種液體裏，用一種附加機械裝置
使油滴旋轉。當旋轉速度達到某個限度時，油滴周圍就會形成油環。
康德假定，太陽以這種方式形成的各個環，後來又由於某種原因斷
裂開來，並集中形成各個行星，在不同的距離下繞太陽運轉。

圖 117　宇宙論的兩種學派
a. 布豐的碰撞說；b. 康德的氣體環說

　　後來，這些觀點被知名的法國數學家拉普拉斯（Pierre-Simon
Laplace, 1749-1827）所採納和發展，並於 1796 年發表在《對世界系
統的解釋》（*Exposition du Système du monde*）一書中。拉普拉斯是
一位偉大的數學家，然而在這本書裏，他卻沒有使用數學工具，僅
就太陽系形成的理論作了半通俗化的定性論述。

　　60 年後，英國物理學家馬克士威（James Clerk Maxwell, 1831-

1879）首次試圖從數學上說明康德和拉普拉斯的宇宙學說。這時，他遇到了明顯而無法解釋的矛盾。計算結果顯示，如果太陽系的這幾個行星是由原來均勻散布在整個太陽系空間內的物質所形成的，那麼這些物質的密度實在是太低了。根本無從藉由彼此間的萬有引力聚成各個行星。因此，太陽收縮時甩出的圓環將永遠保持著這種狀態，就像土星的情況那樣。大家知道，土星的周邊有一個環，那是由無數沿圓形軌道繞土星運轉的小微粒所組成的，我們看不出它們有「凝縮」成一個固體衛星的傾向。

想擺脫這種困境，唯一的出路是假設初始態的太陽所拋出的物質要比現在行星所具有的物質多得多（至少多 100 倍），這些物質中的絕大部分後來又回到太陽內，只有不到 1% 的一部分留下來，形成各個行星。

然而，這種假設也會導致新的矛盾，這個矛盾的嚴重性並不亞於原先的那個。就是說：如果這一大部分物質——它們當然具有與行星運動相等的速度——確實落到太陽上，必然會使太陽自轉的角速度變為實際速度的 5 千倍。那麼，太陽就不會像目前這樣大約每四個星期自轉一周，而是一個鐘頭要轉上 7 圈了。

以上這些思考看來已宣判了康德—拉普拉斯假說的死刑，因此，天文學家們充滿希望的目光又轉向別的地方。在美國科學家錢伯倫（Thomas Chrowder Chamberlin）、莫爾頓（Forest Ray Moulton）以及著名英國科學家金斯的努力下，布豐的碰撞說又復活了。當然，隨著科學知識的不斷增加，他們對布豐原有的觀點作了一定的修改。與太陽相撞的那顆彗星被摒棄了，因為這時人們已經知道，彗星的質量小到即使與月亮相比也微不足道的地步。這一回，假設的進犯者是大小和質量都與太陽相當的另一顆恆星。

但是，這個新的碰撞假說，雖然避開了康德—拉普拉斯假說的根本性困難，它自己卻也難以立足。人們很難理解：為什麼一顆恆星與太陽猛烈相撞時，碰出來的各個小塊物質都沿著近乎圓形的軌道運動，而不是在空間中描繪出一些拉得很長的橢圓軌道呢？

為了挽救這個情勢，人們只好又假設，在太陽受到那顆恆星衝擊而形成行星的時候，它的周圍包圍著一層旋轉著的均勻氣體，在這種氣體包層的作用下，細長的橢圓軌道就變成了正圓形。但是，在行星運行的這一片區域內，目前並未發現這種介質。因此，人們又得假設，這些介質後來逐漸散入星際空間，目前人們在太陽的黃道（ecliptic）附近看到的微弱的黃道光（Zodiacal Light），就是這種往日的光輪的殘餘。這麼一來，就得到了一個雜交的理論，其中既有康德—拉普拉斯的原始氣體層假設，又有布豐的碰撞假設。這個假說也不能完全令人滿意。但正如俗語所說，「兩害相權取其輕」，碰撞假說就這樣被接受為行星起源的正確學說，直到不久以前還出現在所有科學論文、教科書和一般書籍中（包括我自己的兩本書《太陽的生與死》和《地球自傳》在內）。

直到 1943 年秋，才有一位年輕的德國物理學家魏茨澤克（Carl Friedrich von Weizsäcker, 1912-2007）把這個行星起源理論中的癥結解開。魏茨澤克根據最新的天文研究資料指出，康德—拉普拉斯假說中所有的那些阻礙都很容易消除，關於行星起源的詳細理論是可以建立起來的，行星系的許多迄今為止未被原有理論接觸到的重要方面也得到了解釋。

魏茨澤克的主要論點是建立在最近幾十年天體物理學家們完全改變了他們對宇宙化學成分的看法這個基礎上的。過去，人們普遍認為，太陽和其他一切恆星的化學成分的百分比與地球相同。對地球進

行的化學分析告訴我們，地球主要是由氧（以各種氧化物的形式）、
矽、鐵和少量其他重元素組成的，而氫、氦（還有氖、氬等所謂稀
有氣體）等較輕的氣體在地球上只以很少的數量存在❶。

　　當時，由於天文學家們沒有其他更好的證據，只好假設這些氣
體在太陽和其他恆星內也是非常稀少的。然而，透過對天體結構所進
行的詳細理論研究，丹麥天體物理學家史特龍根（B. Stromgren）下
結論說，上述假設大謬不然。事實上，太陽的物質中至少有 35% 是
純氫。後來，這個比例又增至 50% 以上。此外，還有占一定百分比
的純氦。對太陽內部的理論研究（這在史瓦西〔M. Schwarzschild〕
的重要著作中達到了登峰造極的地步）也好，對太陽表面所進行的
精密光譜分析也好，都使天體物理學家們做出令人驚訝的結論說：
在地球上普遍存在的化學元素，在太陽上只占 1% 左右，其餘全都是
氫和氦，氫稍微多一些。顯然，這個分析也同樣適用於其他恆星。

　　人們還進一步知道，星際空間並非真空，而是充斥著氣體和微塵
的混合物，平均密度為每 1,000,000 立方英里 1 毫克左右。顯然，這
種彌漫的、極其稀薄的物質具有與太陽及其他恆星相同的化學成分。

　　儘管這種物質的密度低得令人難以置信，它們的存在卻是很容
易證明的。因為，從遙遠恆星發來的光，在進入我們的望遠鏡之前，
要走過幾十萬光年的空間，這就足以產生可以察覺的吸收光譜了。由
這些「星空吸收譜線」的強度和位置，可以很好地計算出這些彌漫
物質的密度，並判斷出它們幾乎完全是由氫（可能還有氦）組成的。
事實上，其中各種「地球物質」的微塵（直徑約 0.001 公釐左右），
還占不到總質量的 1%。

---

❶ 在我們這個行星上，絕大部分的氫以它的氧化物——水的形式存在。大家知
　道，水雖然覆蓋了地球表面3/4的面積，但其質量與地球總質量相比是很小的。

現在，讓我們回到魏茨澤克的基本論點上。我們說，對於宇宙中物質的化學成分的最新知識是直接有利於康德—拉普拉斯假說的。事實上，如果太陽周邊原有的氣體包層是由這種物質組成的，那麼，其中就只有一小部分，即較重的那些地球元素，能用於構成地球和其他行星，其餘那些不凝的氫氣和氦氣，必定以某種方式與之分離，要麼落到太陽上去，要麼逸散到星際空間之中。然而，我們在前面已經說過，第一種情況會使得太陽獲得很高的自轉速度，所以，我們必須接受第二種說法，即當「地球元素」形成各個行星以後，氣態的「剩餘物質」就擴散到空間中去了。

這種觀點為我們提供了行星系形成的如下景象：當星際物質凝聚而生成太陽時（見下一節），其中一大部分物質，大約有現在行星系總質量的 100 倍，仍留在太陽之外，形成一個巨大的旋轉包層。（產生旋轉包層的原因很明顯是由於星際物質向初始太陽集中時，各部分的旋轉狀態不同所造成的。）這個迅速旋轉的包層由不凝的氣體（noncondensible gases，氫、氦和少量其他氣體）以及各種地球物質的塵粒（如鐵的氧化物、矽的化合物、水氣和冰晶等）組成，後者被包含在前者之內，並隨之一起旋轉。大塊的「地球物質」，也就是各行星，一定是塵粒互相碰撞並逐漸會聚的結果。在圖 118 中顯示出以隕星的速度進行碰撞所造成的後果。

運用邏輯推理，可以得出結論說，如果兩塊質量相近的微粒以這種速度相撞，當然會雙雙粉身碎骨（圖 118a），它們非但沒有增大，反而變得更小。與此相反，如果一塊小的與一塊很大的相撞（圖 118b），顯然小的一塊會埋入大塊之內，形成一塊稍大一些的新物體。

很明顯，這兩種過程的進行將使小顆的微粒逐漸減少，並形成大塊物體。越到後來，物體塊就越大，越能憑藉自己的萬有引力把

周圍的微粒拉來與自己合併，這個過程也就越加速進行。圖118c畫出了大塊物體的俘獲效應增強的情況。

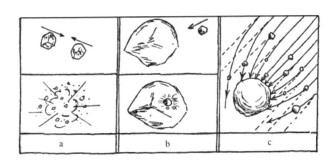

圖 118

魏茨澤克曾經證明，在當今行星系所占據的空間裏，那些原來遍布各處的細微塵粒，能夠在幾億年的時間裏會聚成幾團巨大的物質——行星。

當這些行星在繞太陽行進的路上吞併大大小小的宇宙物質而長大的時候，表面一定會由於這些新成員的持續轟炸而變得很熱。然而，一旦這些星際微塵、石粒和岩塊用罄之後，行星的成長即告終止，表面也就會由於向空間輻射熱量而迅速變冷，從而形成一層固態地殼。隨著行星內部的緩慢冷卻，地殼也變得越來越厚。

各種天體理論試圖解釋的另一個重要問題，是各行星與太陽的距離所呈現的特殊規律（叫做提丟斯—波德〔Titus-Bode〕定律）。我們來看看下面的那張表，表中所列的是太陽系的九大行星及小行星帶與太陽的距離。小行星顯然是一群由於特殊情況而沒有凝聚成大行星的單獨小塊。

表中最後一欄數字特別令人感興趣。這些數字雖然有相當出入，

但都和數字 2 相差不遠。因此，我們可以建立一條粗略的規律：每
一顆行星的軌道半徑都差不多是前一行星軌道半徑的兩倍。

行星名稱	與太陽的距離（以地球與太陽的距離為單位）	各行星與太陽的距離同前一行星與太陽距離的比值
水星	0.387	
金星	0.723	1.86
地球	1.000	1.38
火星	1.524	1.52
小行星帶	2.7 左右	1.77
木星	5.203	1.92
土星	9.539	1.83
天王星	19.191	2.001
海王星	30.07	1.56
冥王星	39.52	1.31

有趣的是，這條規律也適用於各行星的衛星。例如，下表中所
列的土星的九個衛星與土星的距離就證實了這條規律。

衛星名稱	距土星的距離（以土星半徑為單位）	相鄰兩顆衛星距離之比（大數比小數）
土衛一	3.11	
土衛二	3.99	1.28
土衛三	4.94	1.24
土衛四	6.33	1.28
土衛五	8.84	1.39
土衛六	20.48	2.31
土衛七	24.82	1.21
土衛八	59.68	2.40
土衛九	216.8	3.63

　　在這裏，我們也同太陽系中的情況一樣，遇到了很大的出入（特別是土衛九），但我們仍可堅信，衛星中也存在著同樣的規則分布。

　　太陽周邊原有的這些微塵為什麼不形成一個單獨的大行星呢？這些行星又為什麼以這種特殊規律分布著？

　　為了解答這些問題，我們得對原始塵埃雲中微塵的運動有一番更細膩的了解。首先，我們都還記得，一切物體——無論是微塵、小隕石、或是大行星——都按照牛頓萬有引力定律沿著橢圓形軌道運動，太陽則位於橢圓的一個焦點上。如果形成各行星的這些微塵是一些直徑 0.0001 公分的粒子❷，那麼，在開始時一定有數量為 10^{45} 的粒子在各種大小不同、圓扁程度不同的軌道上運動。很明顯，在這種擁擠的交通下，粒子間必定經常發生碰撞。整個系統在這種不斷地撞擊下會逐漸變得整齊些。不難理解，這樣的碰撞要不是使「肇事者」粉身碎骨，就必定是迫使它移到不那麼擁擠的路線上去。那麼，這種「有組織的」（至少是部分有組織的）「交通」，是由什麼規律控制的呢？

　　對於這個問題，我們先從一群繞太陽公轉而週期相同的粒子開始。在這些粒子當中，有一些會在一定半徑的圓形軌道上運轉，另一些則在扁長程度不等的橢圓軌道上行進（圖 119a）。現在，我們從一個以太陽為圓心、以粒子公轉週期為週期的旋轉坐標系（X, Y）來描述這些粒子的運動。

　　很清楚，從這種旋轉坐標系上進行觀察時，沿圓形軌道運動的粒子 A 永遠靜止在某一點 A' 上，而沿橢圓形軌道行進的粒子 B，它有時離太陽近，有時離太陽遠；近時角速度大，遠時角速度小；因此，從勻速旋轉的坐標系（X, Y）上看，B 有時搶在前頭，有時又落在後

❷ 這是星際空間彌漫物質的平均大小。

面。不難看出，這個粒子從這個坐標系看來是在空間描繪出一個封閉的蠶豆形軌跡，在圖 119 中以 B' 表示。另一個粒子 C 的軌道更為扁長，在坐標系（X, Y）上看來，它也描出一個蠶豆形的軌跡，不過要大一些，以 C' 表示。

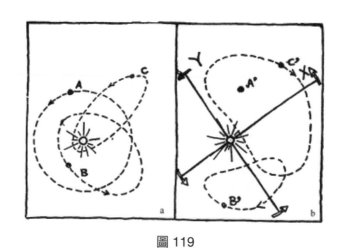

圖 119

a. 從靜止坐標系上觀察圓形和橢圓形運動；
b. 從旋轉坐標系上觀察圓形和橢圓形運動

很明顯，要使這一大群粒子不致相撞，各粒子在勻速旋轉的坐標系（X, Y）中所描繪出的蠶豆形軌跡必須沒有相交的可能才行。

我們還記得，具有相同運行週期的粒子，距太陽的平均距離是相同的。因此，（X, Y）系中各個粒子軌跡不相交的圖形一定是像一串環繞太陽的「蠶豆項鍊」的樣子。

上面這些分析對讀者來說恐怕是太艱深了些，實際上它所表述的卻是一個相當簡單的過程，目的在於弄清楚一群與太陽的平均距離相同，因而旋轉週期相同的粒子不致相交的交通路線圖。我們會想到，原先繞太陽運行的那些粒子會有各種不同的平均距離，旋轉週期也

隨之不同，因此實際情況還要複雜得多。「蠶豆項鍊」不會只有一串，而是有很多串。這些項鍊以不同的速度旋轉著。魏茨澤克以細密的分析指出，為了使這樣一個系統能夠穩定下來，每一條「項鍊」必須包括 5 個單獨的漩渦狀系統，整個情況看來就是如圖 120 所示。這種安排可以保證同一條鍊內的「交通安全」。但是，各串項鍊旋轉的速度是各不相同的，因而在兩條「項鍊」相遇的地方一定會有「交通事故」發生。在這些作為相鄰鍊環的共同邊界的地區，大量的相撞必然造成粒子的會聚，因而在這些特定距離上會形成越來越大的物體。因此，隨著每一條鍊內物質的逐漸稀薄，在邊界地區物質會逐漸積聚，最後就形成了行星。

圖 120　在早期的太陽包層中微塵的通道

　　這段對於行星系統形成過程的描述，簡單地解釋了行星軌道半徑所呈現出的規律。事實上，只需進行簡單的幾何推斷，就能看出在圖 120 所示的圖樣中，各條鍊子的邊界半徑構成了一個幾何級數，

每一項都是前一項的兩倍。我們還能看出為什麼這條規律不是精確成立的，因為事實上，決定這些微塵的運動的並不是嚴格的定律，而只是不規則運動所會達到的一種傾向而已。

　　這條規律也同樣適用於太陽系各行星的衛星系統。事實表明，衛星的形成基本上也遵循了同樣的途徑。當太陽四周的原始微塵分成各個單獨的粒子群而形成行星時，上述過程在各群粒子中都得到重複：各粒子群中的大部分粒子會集中在中心成為行星體，其餘的部分則會在外圍運轉，並逐漸聚成一群衛星。

　　在討論這種微塵的碰撞和會聚時，我們不能忘記考慮原來占太陽包層 99% 左右的那些氣體成分的去向。這個問題相對來說是很容易回答的。

　　當微塵碰來碰去、越聚越大時，那些不能加入這個過程的氣體會逐漸消散到星際空間去。無需作很複雜的計算就能求出，這種消散過程所需的時間約為 1 億年，這和行星系生成所需的時間差不多。因此，在各行星產生的同時，太陽包層的大部分氫和氦都逃離太陽系，只剩下微乎其微的一部分，這就是我們之前提到的黃道光。

　　魏茨澤克理論的一個重要結論是：行星系的形成並不是偶然的事件，而是在所有恆星周圍都必然會發生的現象。而碰撞理論則認為，行星的形成在宇宙歷史中甚為罕見。計算的結果顯示，在銀河系的四百億顆恆星中，在它幾十億年的歷史中，充其量只能發生幾起恆星相撞的事件。

　　魏茨澤克的理論與碰撞理論截然相反。按照他的觀點，每顆恆星都有自己的行星系統。因此，就在我們這個銀河系內，也一定有數以百萬計的行星，它們的各種物理條件都與地球基本上相同。如果在這些「可供居住」的地方竟然不存在生命，竟然不能發展到最

高階段，那才是怪事吧？

　　事實上，我們在第九章中已經看到，最簡單的生命，例如各種病毒，無非是一些由碳、氫、氧、氮等原子組成的複雜分子而已。這些元素在任何新形成的行星體表面上都會大量存在。因此，我們可以確信，一旦固態地殼生成，大氣中大量的水蒸氣降落到地面匯成水域後，遲早總會有一些這類分子在偶然的機緣下由必要的原子按必要的次序生成。當然，這些活分子的結構很複雜，因此偶然形成它們的機率極低，如同靠搖動一盒七巧板，就想正好得到某個預定圖樣的可能性一樣低。但是另一方面，我們也不要忘記，不斷相撞的原子是那麼多，時間又是那麼長，遲早總會出現這種機會的。我們地球上的生命在地殼形成後不久就出現了，這個事實表明，儘管看起來好像不可能，但複雜的有機分子確實能在幾億年的時間內靠偶然的機會生成。一旦這種最簡單的生命形式在新行星的表面上誕生，它們的繁殖和逐步演化，必將導致越來越複雜的生物體不斷形成❸。我們還不知道，在各個「可供居住」的行星上，生命的演化是否也遵循著和地球上一樣的過程。因此，對這些地方的生命進行研究，將使我們更為了解演化的過程。

　　不久的將來，我們會乘著「核動力推進的太空船」作進一步的探險旅行，去火星和金星（太陽系中最「可供居住」的行星）對它們是否有生命存在進行研究。至於在幾百、幾千光年遠的世界上是否有生命存在，以及那裏的生命存在方式，則恐怕是科學上永遠無法解答的問題了。

---

❸ 關於地球上生命起源和演化的詳細論述，可參看本書作者的另一本著作《地球自傳》。

二、恆星的「私生活」

對於恆星如何擁有自己的行星家族，我們已有了一定的了解，現在該考慮一下恆星本身了。

恆星的履歷如何？有關它們的誕生、長期的變化以及最後的結局，詳細情況又是怎樣呢？

要研究這類問題，我們不妨先從太陽開始，因為它是我們這個銀河系的幾十億顆恆星中很典型的一顆。首先，我們知道，太陽的年齡很大了，因為據古生物學的資料來判斷，太陽已經以不變的強度照耀了幾十億年，使地球上的生物得以發展。任何普通能源都不可能在這樣長的時間內提供這麼多的能量，所以，太陽的能量輻射過去一直是科學上最令人困惑的一個謎。直到不久以前，由於發現了元素的放射性嬗變和人工嬗變，才揭示出這種潛藏在原子核深處的巨大能量。在第七章中我們曾看到，差不多每一種化學元素都可以視為一種潛在的、具有巨大能量的燃料，這些能量會在這些元素達到幾百萬度高溫時釋放出來。

這樣的高溫，在地球上的實驗室裏幾乎是無法獲得的，然而，在星際空間中卻不足為奇。以太陽為例，它的表面溫度只有 6000℃，但溫度向內逐漸升高，直到中心部分達 2000 萬度高溫。這個數字並不難得到，根據測得的太陽表面溫度和已知的太陽氣體的熱傳導性質就可以求出。這正像我們知道了一個熱馬鈴薯的表皮有多熱，又知道它的熱傳導係數，就可以推算出它內部的溫度，而無需把它切開一樣。

把已知的太陽中心溫度和各種核嬗變的具體情況結合起來考慮，我們就能得知太陽內部放出的能量是由哪些反應造成的。這些重要

的反應叫「碳循環」（carbon-cycle），是兩個對天體物理學感興趣的核子物理學家貝特（Hans Albrecht Bethe）和魏茨澤克同時發現的。

　　太陽所釋放出的能量，主要是由一系列互相關聯的熱核轉變共同產生的，而不是單靠一種。我們把這一系列轉變稱為一條反應鏈。這條反應鏈的最有趣之處，在於它是一條閉合鏈，它在進行了6步驟反應之後，又重新回到起點。從圖 121 這幅太陽反應鏈的示意圖中，我們可以看出，這個循環反應的主要參加者是碳核和氮核，以及與它們碰撞的高溫質子。

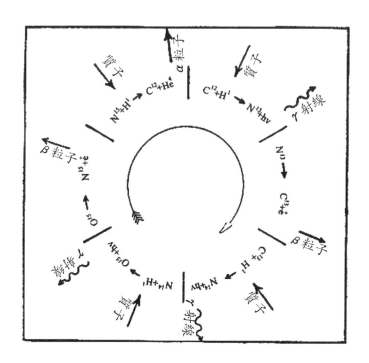

圖 121　太陽的能量是由這條循環的核反應鏈產生的

我們不妨從碳開始。普通碳（C^{12}）和一個質子碰撞，形成了氮的輕同位素（N^{13}），並以 γ 射線的形式放出一些原子核能。這一步反應是核子物理學家所熟知的，並已在實驗室中用人工加速的高能質子實現了。N^{13} 的原子核並不穩定，它會自動進行調整，放出一個正電子（即 β^+ 粒子），從而變成碳的比較穩定的重同位素（C^{13}），煤中就含有少量這種元素。這個碳同位素的核再被一個質子撞上，就會在強烈的 γ 輻射中變成普通的氮 N^{14}。（我們也可以從 N^{14} 開始，來描述整個反應鏈。）這個 N^{14} 核再和一個（第三個）熱質子相遇，就變成了不穩定的氧同位素 O^{15}，它很快就放出一個正電子，變成穩定的 N^{15}。最後，N^{15} 再接受第四個質子，然後分裂成兩個不相等的部分，一個就是開頭那個 C^{12} 的原子核，另一個是氦核，也就是 α 粒子。

我們可以看到，在這個循環的反應鏈裏，碳原子和氮原子是不斷地重新產生的，因此，用化學的術語來說，它們只是擔任催化劑的角色。這個反應的實際結果是，接連進入反應的四個質子變成了一個氦原子核。因此，我們可以這樣來敘述整個過程：*在高溫下，氫在碳和氮的催化作用下嬗變為氦。*

貝特成功地證明了，在 2000 萬度高溫下進行的這種循環反應所釋放的能量，正好與太陽輻射的實際能量相符。其他各種可能發生的反應，其計算結果都與天體物理學的觀測不符。因此，可以確定，*太陽能主要是由碳、氮循環產生的*。還應該注意，在太陽內部的溫度條件下，完成圖 121 所示的這樣一個循環，差不多要 500 萬年的時間。因此，每當這樣一個週期結束時，每一個碳（或氮）原子核就又會以剛進入反應時的姿態重新出現。

原先曾經有人認為，太陽的熱量是來自煤的燃燒。現在，當我

們了解到碳在整個過程中所扮演的角色後，我們知道這裏的「煤」不是真正的燃料，而像是神話中「不死鳥」❹的角色。

特別值得注意的是，太陽的這種釋能反應的速率主要由中心溫度和密度決定，同時也在一定程度上依賴太陽內氫、碳、氮的數量。由此我們可立即找出這樣一種方法，即選擇不同濃度的反應物，使它所發出的光度與觀測相符，從而分析出太陽氣體中的各種成分來。這一方法是史瓦西近年提出的。用這種方法，他發現太陽的一大半物質是純氫，氦略少於一半，只有很少一部分是其他元素。

對於太陽能量所進行的解釋，可以很容易地推廣到其他大部分的恆星。結論是這樣的：不同質量的恆星，具有不同的中心溫度，因而能量釋放率也不同。例如，波江座 O_2-C 質量是太陽的 1/5，因此，它的光度只有太陽的 1% 左右；而大犬座 α（俗稱天狼星）質量為太陽的 2.5 倍，它的光比太陽強 40 倍。還有更大的恆星，如天鵝座 Y380，它比太陽重 40 倍左右，因此它比太陽亮幾十萬倍。上述各例所表現出的質量越大、光度越強的關係，都可以用高溫下「碳循環」反應速率會增大這一點來滿意地解釋。在這類屬於所謂「主序星」（Main Sequence）的恆星中，我們還發現，隨著恆星質量的增大，它們的半徑也增大（波江座 O_2-C 的半徑是太陽半徑的 0.43 倍，天鵝座 Y380 則為太陽的 29 倍），平均密度則隨之減小（波江座 O_2-C 為 2.5，太陽為 1.4，天鵝座 Y380 為 0.002）。圖 122 上列出了屬於主序星的一些恆星的數據。

除了這些由質量決定其半徑、密度和光度的「正常」恆星之外，天文學家們還在天空中發現了一些完全不遵從這種簡單規律的星體。

---

❹ 不死鳥是埃及神話中的一種神鳥，每活過500年即投火自焚，然後由灰燼中再生。——譯者

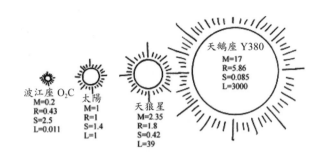

圖 122　屬於主序星的恆星

　　首先我們要提到所謂「紅巨星」（red giant）和「超巨星」（supergiant），它們具有與「正常」恆星相同的質量和光度，但卻要大得多。圖 123 上畫出了幾個這樣的異常恆星，它們是著名的御夫座 α、飛馬座 β、金牛座 α、獵戶座 α、武仙座 α 和御夫座 ε。

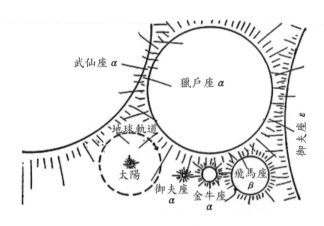

圖 123　巨星和超巨星與地球軌道的比較

　　這些恆星之所以會有令人難以置信的大尺寸，顯然是由於某種我們還無法解釋的內部作用力所造成的。因此，這種星的密度才遠

比一般恆星為小。

　　與這種「浮腫」恆星形成對照的是另一類縮得很小的恆星，它們叫做「白矮星」（white dwarf）❺。圖 124 就畫出了一顆，同時還畫出地球作為比較。它是天狼星的伴星❻，直徑只有地球的 3 倍大，卻具有太陽的質量；因此，它的平均密度一定是水的 50 萬倍！毫無疑問，這種白矮星正是恆星耗盡了所有可用的氫燃料後所達到的末期狀態。

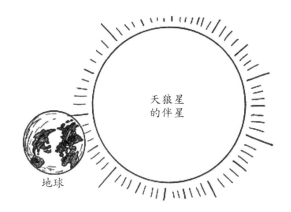

天狼星
的伴星

地球

圖 124　白矮星與地球的比較

　　我們已經知道，恆星的生命來自從氫到氦的緩慢的核嬗變過程。當恆星還年輕、剛剛從星際瀰漫物質形成時，氫元素的比例超過了整體質量的 50%。我們可以料到，它還有極長的壽命。例如，根據

---

❺　「紅巨星」和「白矮星」這兩個名稱，來源於它們的光度與表面的關係。由於那些密度較小的恆星有很大的表面供其釋放內部產生的能量，所以表面溫度較低，呈紅色；密度很高的恆星正好相反，表面必定有極高的溫度，因而呈白熱狀態。

❻　恆星中有許多是兩個為一組、圍繞共同的質量中心運轉的，這樣的星叫雙星。人們往往把雙星中較小（或較暗）的一顆稱為另一顆的伴星。──譯者

太陽的光度，人們判斷出它每秒鐘要消耗 6.6 億噸氫。太陽的質量是 2×10^{27} 噸，其中有一半為氫，因此，太陽的壽命將是 1.5×10^{18} 秒，即 500 億年！要知道，太陽現在只有三四十億歲❼，因此，它還很年輕，還能以和目前差不多的光度，連續不斷地照耀幾百億年呢！

但是，質量越大，光度也就越強，這樣的恆星消耗氫的速度要快得多了。以天狼星為例，它的質量是太陽的 2.3 倍，因此它原有的氫燃料也是太陽的 2.3 倍；但它的光度，卻是太陽的 39 倍。在相同的時間裏，天狼星所消耗的燃料 39 倍於太陽，而原有的儲存量只 2.3 倍於太陽，因此，只需要 30 億年，天狼星就會把燃料用光。對於更亮的恆星，如天鵝座 Y380（質量為太陽的 17 倍，光度為太陽的 30,000 倍），它原有的氫儲存量不會支援到一億年以上。

一旦恆星內的氫終於耗盡以後，它們會變成什麼樣子呢？

當這種長期支持恆星的核能源喪失以後，星體必然會收縮，因此，在以後的各個階段，密度會越來越大。

天文觀測發現了一大批這類「萎縮恆星」的存在，它們的平均密度比水大幾十萬倍以上。它們至今仍然還是熾熱的，由於表面溫度這麼高，它們會放射出明亮的白光，因而和主序星中發黃光或者紅光的恆星有明顯不同。不過，由於這些恆星的體積很小，它們的總光度就相當低，比太陽要低幾千倍。天文學家們把這種處於末期演化階段的恆星叫做「白矮星」，這個「矮」字既有幾何尺寸上的意義，又有光度上的含義。再到後來，白矮星將逐漸失去自己的光輝，最後變成一大團冷物質——「黑矮星」。這種天體是普通的天文觀測所無法發現的。

---

❼ 根據魏茨澤克的理論，太陽的形成不會比行星系形成早很多，因此我們地球的年齡也是差不多這麼大。

　　還有，我們要注意，這些年邁的恆星在燒光自己所有的氫燃料而逐漸收縮和冷卻的時候，並不總是安靜和平穩的。這些「風燭殘年」的恆星經常會發生極大的突變，好像是要反抗命運的判決一樣。

　　這類災變式的事件——所謂新星爆發（novae explosion）和超新星爆發——是天體研究中最令人振奮的題目之一。一顆這樣的恆星，原本看起來和其他恆星沒有什麼兩樣，但在幾天時間內，它的光度就增加了幾十萬倍，表面溫度也顯著地升到極高溫。研究它的光譜變化，能看出星體在迅速膨脹，最外層的擴展速度可達每秒鐘 2000 公里。但是，光度的這種增強只是短期的，在達到極大值後，它就開始慢慢地平靜下來。通常，這顆恆星會在爆發後 1 年左右的時間內回復原有的光度。不過，在這以後很長一段時間內，它的輻射強度還會有小幅度變化。光度是恢復正常了，其他方面卻並不一定如此。爆發時隨星體一起迅速膨脹的一部分氣體，還會繼續向外運動。因此，這顆星外面會包上一層不斷增大的發光氣體外殼。目前，我們只獲得了一顆這樣的新星在爆發前的光譜（御夫座新星，1918 年），而且就連這唯一的一份資料也很不完全，對它的表面溫度和原來的半徑都不能十分確定。因此，關於這一類恆星是否在持續變化的問題，目前還缺乏確定的證據。

　　另一類星體是所謂超新星（supernovae），對它們的爆發所進行的觀測使我們對這種爆發的結果有了較清楚的了解。這類巨大的爆發在銀河系內幾個世紀才發生一次（而一般的新星爆發則是每年 40 次左右），爆發時的光度要比一般新星強幾千倍。在光度達到極大值時，一顆超新星所發出的光可以抵過整個星系。第谷·布拉赫（Tycho Brahe）在 1572 年所觀測到的可在白天見到的星❽、中國天文學家在

❽ 指仙后座超新星。——譯者

1054 年記載的客星❾、也許還包括伯利恆之星❿，都是我們這個銀河系內超新星的典型例子。

第一顆銀河系外的超新星是 1885 年在仙女座星雲附近發現的，它的光度比在這個星系中發現的所有新星都強上千倍。這類大爆發雖然很少發生，但由於巴德（Walter Baade）和茲威基（Fritz Zwicky）首先認識到了這兩種爆發的重大不同之處，並對各遙遠星系中出現的超新星進行了系統性的研究，我們對這類星體的性質近幾年來已有了相當的了解。

超新星爆發時的光度與普通的新星爆發時差別極大，但它們在許多方面是相似的：由兩者光度的迅速增強和以後的緩慢減弱所決定的光度曲線形狀相同（比例尺當然是不同的）；超新星爆發也產生一個迅速擴展的氣體外殼，不過，這個外殼所含的物質要多得多。但是，新星爆發所產生的外殼會很快變稀薄，並消失到四周的空間去，而超新星所拋出的氣體物質卻在爆發所及的範圍內形成了光度很強的星雲。例如，在 1054 年看到超新星爆發的位置上，我們現在看到了「蟹狀星雲」（Crab Nebula）。這個星雲肯定是由爆發時所噴出的氣體形成的（見圖版Ⅷ）。

在這顆超新星上，我們還找到了這顆恆星爆發後的某些殘留痕跡的證據。事實上，就在蟹狀星雲的正中心，我們可以觀測到一顆昏暗的星，據判斷，這是一顆高密度的白矮星。

這一切都表明，超新星爆發和新星爆發是類似的過程，只不過

---

❾ 指金牛座超新星，即現今的蟹狀星雲(見圖版Ⅷ)。中國《宋史》中有關於這顆超新星的準確記載：「嘉元年三月，司天監言：『客星沒，客去之兆也。』初，至和元年五日晨出東方，守天關。晝見如太白，芒角四出，色赤白，凡見二十三日。」——譯者

❿ 指蛇夫座超新星。——譯者

前者的規模在各方面都大得多就是了。

　　在接受新星和超新星的「坍縮理論」之前，我們還得先自問：造成整個星體猛烈收縮的原因是什麼呢？根據目前看來頗為可信的一種看法，原因是這樣的：由大量熾熱氣體物質構成的恆星，它們原來之所以能處於平衡狀態，完全是靠本身內部熾熱氣體的極高壓力在支撐著。只要恆星中心的「碳反應循環」在進行，星體表面所輻射出的能量就能從內部所產生的原子核能得到補充。因此，恆星幾乎不會發生什麼大的改變。但是，一旦氫元素完全耗盡，再無能量可以補充，星體就必然會收縮，並把自己的重力位能轉變成輻射。不過，由於星體內的物質極不善於傳導熱能，熱能從內部傳到表面的過程進行得很慢，所以，這種重力收縮是相當緩慢的。以太陽為例，計算結果顯示，要使太陽的直徑收縮成現在的一半，需要 1 千萬年以上。任何能使收縮加快的因素都會馬上使星體釋放出更多的重力位能，引起內部溫度和壓力的增加，從而使收縮的速度減慢。根據這個道理，想造成新星和超新星那樣的迅速坍縮，唯一途徑是從內部運走收縮時所釋放的能量。譬如說，如果星體內部物質的傳導率增強幾十億倍，它的收縮速度也會加快同樣倍數，因而在幾天之內，一顆恆星就會坍縮。然而，目前的理論確切地表明：物質的傳導率是其密度和溫度的確定函數，想要把它減小數百倍或數十倍，都幾乎是不可能的事。因此，這種可能性被排除了。

　　我和我的同事沈伯格（Schenberg）最近提出一種看法：星體坍縮的真正原因是微中子的大量形成。我們在第七章曾詳細討論過這種微小的核粒子，並且知道，整個星體對於它就如同一塊窗玻璃對於可見光那樣透明。因此，它恰好可以充當從正在收縮的恆星內部帶走多餘能量的理想搬運工。不過，我們得弄清楚，在收縮星體的

熾熱內部是否會產生微中子，以及微中子的數量是否夠多。

　　有很多種元素的原子核在俘獲高速電子時會發射出微中子。當一個高速電子鑽入原子核時，馬上會放出一個高能微中子；而原子核得到電子後，變成原子量不變的另一種元素的不穩定核。由於不穩定，這個新原子核只能存在一段時間，然後就會衰變，放出一個電子，同時又放出一個微中子。然後，這種過程又可以從頭開始，並導致新的微中子不斷產生（圖 125）。我們把這種過程叫做尤卡過程（Urca process）。

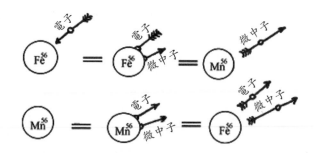

圖 125　在鐵原子核中發生的尤卡過程可以無止境地產生微中子

　　在正在收縮的星體內部，如果溫度很高，密度很大，那麼，微中子所造成的能量損失將是極大的。例如，鐵原子核在俘獲和發射電子的過程中轉換成微中子的能量，可達每克每秒 10^{11} 爾格（erg）。如果換成成分是氧（它所產生的不穩定同位素是放射性氮，衰變期為9秒）的恒星，那麼，它所失去的能量可達每克每秒 10^{17} 爾格之多。在後面這種情況下，能量釋放得如此之快，以致只需要 25 分鐘，恆星就會完全坍縮。

　　由此可見，從收縮恆星的熾熱中心區域開始產生微中子輻射這

種說法，可以完全解釋星體坍縮的原因。

　　不過，我們還得說，儘管微中子所造成的能量損失可以比較容易地計算出來，但要研究恆星坍縮本身還存在著許多數學上的困難，因此，目前我們只能提出某些定性的解釋。

　　我們不妨這樣設想：由於星體內部氣體的壓力不夠大，周邊的大量物質就會開始在重力作用下落向中心。不過，恆星一般都處於不同速度的旋轉之中，因此，坍縮過程進行得並不一致，極區（即靠近旋轉軸的部分）物質先落入內部，這樣就會把赤道區物質給擠出來（圖 126）。

圖 126　超新星爆發的早期和末期

　　這一來，原先藏在深處的物質就跑了出來，並被加熱到幾十億度的高溫。這個溫度會造成星體光度的驟增。隨著這個過程的繼續進行，原先那顆恆星中收縮進去的部分就緊緊收縮成極為緻密的白

矮星，而擠出來的那部分則逐漸冷卻，並且繼續擴張，形成像蟹狀星雲那樣朦朧的東西。

三、原始的混沌，膨脹的宇宙

把宇宙作為一個整體來看，我們立刻就會面臨它是否會隨時間而演化這個極為重要的問題。宇宙在過去、現在和未來都大致維持目前我們所看到的這副模樣呢，還是經過了各個演化階段而不停地變化著呢？

總結從科學的各個不同分支所得到的經驗，我們得到了確定的回答。是的，我們這個宇宙是在不斷變化的。它的久已湮沒的過去，它的現在，它的遙遠的未來，是三種大不相同的狀態。由各門科學搜集來的大量事實還進一步顯示，我們的宇宙有過一個開端，從這個開端起，宇宙經過不斷變化，發展成現在這個樣子。大家已經知道，行星系的年齡有幾十億歲了，這個數字在各項不同的獨立研究中都頑強地一再出現。月亮顯然是被太陽用強大吸引力從地球上扯下來的一塊物質，同樣也應該是在幾十億年前形成的。

對一顆顆恆星的演化所進行的研究（見上節）顯示，我們在天上所見到的大多數恆星也都有幾十億年的歲數。透過對恆星運動的普遍研究，特別是對雙星、三星和更複雜的銀河星團（galactic cluster）相對運動的考察，使天文學家們得出結論說，這幾種結構的存在時間不會比幾十億年更長。

另一個獨立的證據是來自各種化學元素，特別是釷、鈾之類緩慢衰變的放射性元素的大量存在這個事實。它們雖然在不斷衰變，至今卻仍然在宇宙中存在著，這就使我們有根據假設說，要麼這些元素目前還在由其他輕元素的原子核不斷形成，要麼它們是大自然

貨架上那些年代久遠的產物的存貨。

我們目前所具備的核嬗變知識，迫使我們放棄第一種可能性。因為即使在最熱的恆星內部，溫度也未高達足以「炮製」出重原子核的程度。事實上，我們已經知道，恆星內部的溫度有幾千萬度，而想要從輕元素的原子核「炮製」出放射性的原子核，溫度得有幾十億度才行。

因此，我們必須假設，這些重元素的原子核是在宇宙某個過去的年代裏產生的，在那個特殊的時候，所有的物質都受到極為可怕的高溫和高壓的作用。

我們能夠把這個宇宙的「煉獄」時期大致地計算出來。我們知道，釷和鈾238的半衰期分別是180億年和45億年，而它們迄今還沒有大量衰變，因為它們目前的數量還和別的穩定重元素一樣豐富。至於鈾235，它的半衰期只有5億年上下，而它的數量要比鈾238少140倍。釷和鈾238的大量存在說明，這些元素的形成距今不會超過數十億年，同時，我們還能從含量較少的鈾235進一步計算一下這個時間，因為這種元素每隔5億年減少一半，所以，必須經過大約七個這樣的半衰期（即35億年），才能減少為原來數量的1/140，因為：

$$\frac{1}{2} \times \frac{1}{2} \times \frac{1}{2} \times \frac{1}{2} \times \frac{1}{2} \times \frac{1}{2} \times \frac{1}{2} = \frac{1}{128}$$

從核子物理學角度出發對化學元素的年齡所進行的這種計算，與根據天文學資料算出的星系、恆星和行星的年齡，兩者非常符合！

不過，在幾十億年前，在萬物剛開始形成的早期階段，宇宙是處在何種狀態呢？宇宙又經歷了什麼變化，才達到現今這種樣子？

對這兩個問題，最適當的解答是透過研究「宇宙膨脹」現象而得出的。前面我們已看到，在宇宙的巨大空間中，散布著大量的巨大

星系，太陽所屬的包含幾百億個恆星的銀河系只是其中的一個，我們還看到，在我們視力所及的範圍內（當然，這視力是藉由 200 英寸望遠鏡的幫忙），這些星系基本上是均勻分布的。

　　威爾遜山的天文學家哈勃在研究來自遙遠星系的光線時，發現它們的光譜都向紅端作輕微移動；而且，星系越遠，這種「紅移」（red shift）就越大。實際上，我們發現，各星系「紅移」的大小與它們離我們的距離成正比。

　　關於這種現象，最自然的解釋莫過於假設一切星系都在離開我們，離開的速度隨距離的增大而增大。這個解釋建立在所謂「都卜勒效應」上。也就是說，當光源向我們接近時，光的顏色會向光譜的紫端移動；當光源離我們而去時，光的顏色會向紅端變化。當然，想要獲得明顯的譜線移動，光源與觀察者之間的相對速度一定要很大才行。伍德（R. W. Wood）教授曾因在巴爾的摩開車闖紅燈而被拘留。他對法官說，由於都卜勒效應，當他朝著紅綠燈接近時，那紅綠燈射出的紅光看起來像是綠光。這位教授純粹是在愚弄法官。如果法官的物理學學得不錯，他就會問伍德教授說，要把紅光看成綠光，汽車得以多高的速度行駛才行！然後再以超速行車的理由課以罰金！

　　我們還是回到星系的「紅移」問題。這個問題乍看之下有點蹊蹺：為什麼宇宙間的所有星系都在離開我們的銀河系呢？難道銀河系竟是一個能嚇退一切的夜叉嗎？如果真是如此，我們的銀河系又具有什麼嚇人的性質呢？為什麼它看來竟會如此與眾不同？如果把這個問題好好思考一下，就很容易發現，銀河系本身並無特殊之處，別的星系實際上也並不是故意躲開我們，事實只不過是所有的星系都在彼此分開罷了。設想有一個氣球，上面塗有一個個小圓點（圖127）。如果向這個氣球裏吹氣，使它越來越脹大，各點間的距離都

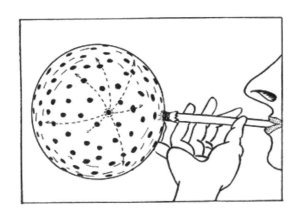

圖 127　　當氣球膨脹時，上面的每一個點都逐漸遠離其他各點

會增大。因此，待在任何一個圓點上的一隻螞蟻就會認為，其他所有各點都在「逃離」它所在的這個點。不僅如此，在這個膨脹的氣球上，各圓點的退行速度都是與它們和螞蟻之間的距離成正比的。

　　這個例子很清楚地說明，哈勃所觀察到的星系後退的現象，和我們這個銀河系所處的位置或它所具有的性質並沒有什麼關係，這個現象只不過是由於散布著星系的宇宙空間在經歷著普遍的均勻膨脹而已。

　　根據所觀測到的膨脹速度和現今各相鄰星系間的距離，可以很容易地算出，這個膨脹至少在 50 億年前就開始了❶。

　　在這之前，當時的星雲（目前的各個星系）正在形成在整個宇宙空間內均勻分布著的恆星。再往前，這些恆星也都緊緊擠在一起，

---

❶ 哈勃的原始數據是：兩個相鄰星系的平均距離為170萬光年（即1.6×10^{19}公里），它們之間相對退行的速度為每秒300公里左右。假設宇宙是均勻膨脹的，它膨脹的時間就會是：

$$\frac{1.6 \times 10^{19}}{300} = 5 \times 10^{16} 秒 = 1.8 \times 10^{9} 年$$

根據目前新取得的資料所算出的值要比上面這個數字更大一些。

使宇宙充滿了連續的熾熱氣體。再往前，這種氣體越來越緻密，越來越熾熱，這個階段顯然應該是各種元素（特別是放射性元素）產生的時代。再往前去，宇宙間的物質都處於超密和超熱的狀態下，成了我們在第七章提到過的那種核液體。

現在讓我們把這些情況歸納起來，按正常的順序來看一看宇宙的進化吧。

在整個歷史的開端，在宇宙的胚胎階段，所有用當今威爾遜山望遠鏡（觀察半徑為 5 億光年）看到的一切物質都被擠在一個半徑八倍於太陽的球體內 ❶ 。但是這種極為緻密的狀態不會長期存在。只需兩秒鐘，在迅速膨脹之下，宇宙的密度就會降到水的幾百萬倍；幾小時後，就會降到跟水的密度一樣。大概就在這個時候，原先連續的氣體會分裂成單獨的氣體球，它們就是如今的恆星。在不斷地膨脹下，這些恆星後來又被分開，形成各個星雲系統，它們就是現在的各個星系，如今仍在向著不可測的宇宙深處退去。

我們現在可以自問一下：造成這種宇宙膨脹的作用力是怎樣的一種力呢？這種膨脹將來會不會停止，並轉成收縮呢？宇宙是否有可能掉過頭來，把銀河系、太陽、地球和人類重新擠成具有原子核密度的凝塊呢？

根據目前最可靠的資訊，這種事是絕對不會發生的。很久以前，在宇宙進化的早期，宇宙衝破了束縛自己的鎖鏈──這鎖鏈就是阻

---

❶ 核液體的密度為 10^{14} 克/立方公分，而目前空間物質的密度為 10^{-30} 克/立方公分，所以宇宙的線收縮率為

$$\sqrt[3]{\frac{10^{14}}{10^{-30}}} = 5 \times 10^{14}$$

因此，5×10^8 光年（5億光年）的距離在當時只有 $\frac{5 \times 10^8}{5 \times 10^{14}} = 10^{-6}$ 光年，即1000萬公里。

止了宇宙間物質分離的重力——而膨脹了，因此，它們就會依照慣性定律接著膨脹下去。

　　我們舉一個簡單例子來說明這種情況。從地球表面向星際空間發射一枚火箭。我們知道，過去所有的火箭，包括著名的 V-2 火箭❸在內，都沒有足夠的推動力以進入太空；在它們上升的路途中就會被重力所停止，並落回地球上來。不過，如果我們能使火箭具有足夠的功率，使它的起始速度超過 11 公里／秒，這枚火箭就可以排除重力的拉扯而進入自由空間，並且不受阻擋地運行下去。11 公里／秒這個速度通常稱為克服地球重力的「逃逸速度」（escape velocity）。

　　設想有一發炮彈在空中爆炸了，它的碎片向四面飛去（圖128a）。爆炸時產生的力抵抗了想把它們拉到一起的引力，而使彈片互相飛離。不用說，在這個例子中，各彈片之間的引力作用極為微弱，根本不足以影響它們在空間中的運動，因而可以忽略不計。但是，如果這種重力很強，就會使各彈片在中途停住，再轉回頭來落回它們的共同重心（圖128b）。它們到底是落回來，還是無限制地飛開，這取決於它們的動能和重力位能的相對大小。

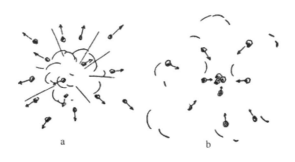

圖 128

❸ 德國在第二次世界大戰期間使用的一種以液體燃料推動的中程火箭。——譯者

　　把炮彈片換成星系，就會得到前面所說的膨脹宇宙的圖景。不過，這時各星系的巨大質量造成了很強的重力位能，與動能不相上下❶，因此，有關宇宙膨脹的前景，只有在仔細研究這兩種能量以後才能得知。

　　根據目前所掌握的最可靠的星系質量的資料來看，各個互相離開的星系所具有的動能是其重力位能的好幾倍。因此，大概可以這樣說，宇宙會無限地膨脹下去，而不會被它們之間的引力重新拉近。不過要記住，有關宇宙的資料整體來說都不很準確，將來的進一步研究很可能把整個結論顛倒過來。不過，即使宇宙真的會停止膨脹，並且轉回來進行收縮，那也得需要幾十億年的時間。因此，黑人詩歌裏所預言的那種「星星開始墜落」、我們在坍縮星系的重壓下粉身碎骨的景象，眼下還不會發生。

　　這種造成宇宙各部分以可怕速度飛離的高爆炸力物質究竟是什麼東西呢？這個問題的解答可能會讓你失望：事實上，很可能從來就不曾有過所謂爆炸。宇宙現在之所以會膨脹，只是因為在這之前它曾從無限廣闊的地域收縮成很緻密的狀態（當然，這段歷史是沒有任何紀錄保留下來的），然後又反彈回來，如同被壓縮的物體具有強大的彈力一樣。如果你走進一間桌球室，正好看到一個乒乓球從地板上彈到空中，你當然會得出結論（根本不用怎麼思考）說，在你進入這個房間之前，這個球一定是從某個高度落到了地板上，並由於彈力而再次彈起來的。

　　現在，我們不妨讓想像力自由馳騁，設想一下在這個宇宙的壓縮階段，一切事物是否都會與目前進行的順序相反。

---

❶ 動能與運動物體的質量成正比，位能卻與質量的平方成正比。

　　如果是在 80 億年或 100 億年前，你是否就會從最後一頁讀起，把這本書讀到第一頁？那時的人是否會從自己嘴裏扯出一隻油炸雞，在廚房裏使它復活，再把它送到養雞場；在那裏，它從一隻大雞「長」成一隻小雞，最後縮進一隻蛋殼裏，再經過幾週的時間變成一枚新鮮雞蛋呢？這倒是挺有趣的。不過，對於這類問題，是不可能從純粹的科學觀點進行解答的，因為在這種情況下，宇宙內部的極大壓力會把一切物質擠成一種均勻的核液體，從而把以前的一切痕跡完全抹掉。

圖版

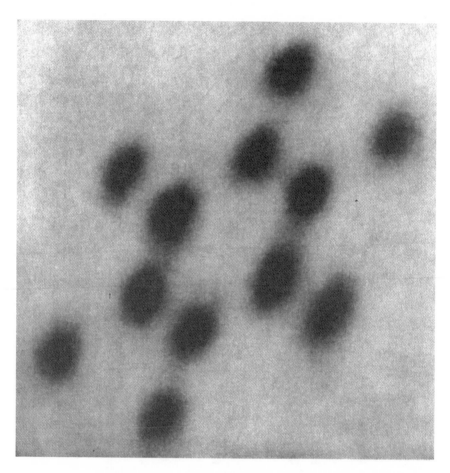

圖版 I　放大 175,000,000 倍的六甲苯分子

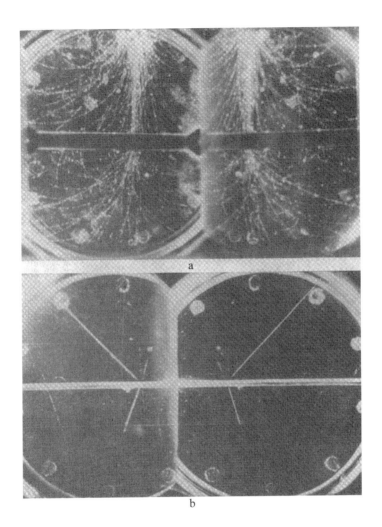

a

b

圖版 II

a. 開始於雲室外壁和中央鉛片的宇宙線簇射。在磁場的作
　　用下，簇射產生的正、負電子向相反的方向偏轉；

b. 宇宙線粒子在中央隔片上引起核衰變

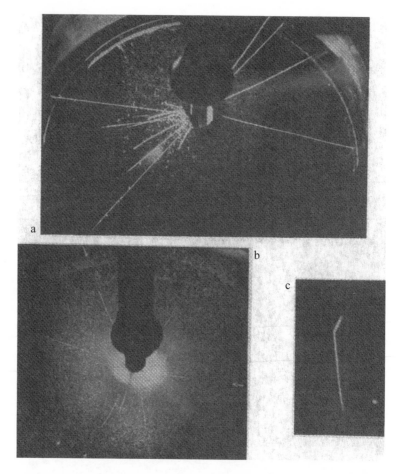

圖版 III　人工加速的粒子所造成的原子核嬗變

a. 一個快氘核擊中雲室中重氫氣體的一個氘核，產生一個氚核和一個普通的氫核（$_1D^2 + _1D^2 \longrightarrow _1T^3 + _1H^1$）；

b. 一個快質子擊中硼核後，硼核分裂成三個相等的部分（$_5B^{11} + _1H^1 \longrightarrow 3_2He^4$）；

c. 一個看不見的中子從左方射來，把氮核分裂成一個硼核（向上的軌跡）和一個氦核（向下的軌跡）（$_7N^{14} + _0n^1 \longrightarrow _5B^{11} + _2He^4$）

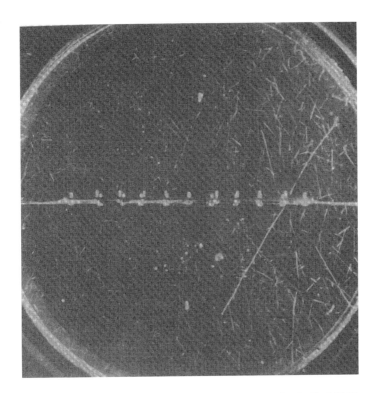

圖版 IV　在雲室中拍攝的鈾核裂變照片。一個中子（當然
　　　　　是看不見的）擊中橫放在雲室中的薄鈾箔的一個
　　　　　鈾核。兩條軌跡代表兩塊分裂物各帶著一億電子
　　　　　伏特的能量飛離。

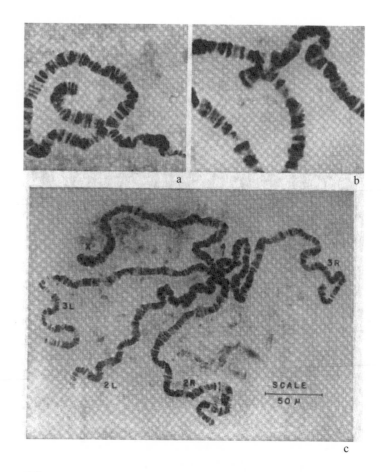

圖版 V

a. 和 b. 黑腹果蠅的唾液腺體中染色體的顯微照片。從圖中可以看到倒位和相互易位的現象；

c. 雌性黑腹果蠅幼體染色體的顯微照片。圖中標有 X 的是緊緊挨在一起的一對 X 染色體，2L 和 2R 是第二對染色體，3L 和 3R 是第三對，標有 4 的是第四對。

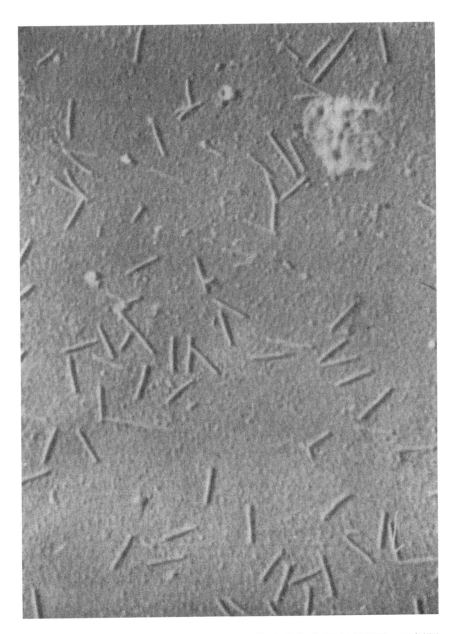

圖版 VI　這是活的分子嗎？放大 34,800 倍的菸草花葉病病毒體。這幅照
片是用電子顯微鏡拍攝的。

圖版 VII

a. 大熊座中的漩渦星系。它是一個遙遠的宇宙島（正視圖）

b. 后髮座中的漩渦星系 NGC4565（側視圖）

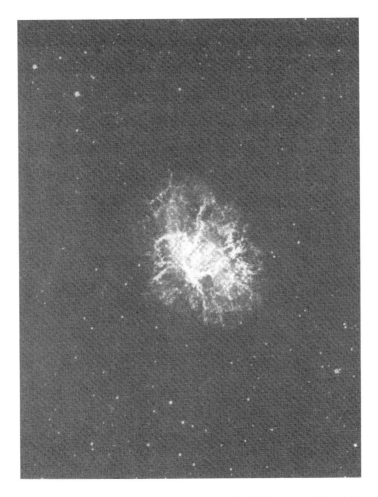

圖版 VIII　　蟹狀星雲。中國古代天文學家於 1054 年在這個
星雲的位置上觀測到一顆超新星爆發,這個星雲
是爆發時拋出的氣體膨脹而形成的包層。

國家圖書館出版品預行編目資料

從一到無限大：科學中的事實與臆測 / 喬治·加
莫夫（George Gamow）著；暴永寧譯. -- 初版.
-- 臺北市：經濟新潮社出版：家庭傳媒城邦分公
司發行, 2020.04
　　面；　　公分. --（自由學習；27）
譯自：One, two, three...infinity : facts &
　　speculations of science

ISBN　978-986-98680-4-4（平裝）

1.科學

300　　　　　　　　　　　　　　109004073